深度学习计算机视觉实战

肖铃 刘东 / 著

電子工業出版社
Publishing House of Electronics Industry
北京·BEIJING

内 容 简 介

本书是一本学习计算机视觉的实战指南，通过理论与实践相结合的思想，真正一站式搞定理论学习、算法开发到模型部署上线。

全书内容可分为四个部分。第一部分包括第 1~2 章，主要讲解深度学习和计算机视觉基础，如计算机视觉领域的经典网络和常见的目标检测算法；第二部分包括第 3~6 章，主要讲解图像处理知识，结合应用案例，对知识点进行分析说明；第三部分包括第 7~11 章，主要讲解计算机视觉中的实战项目，对实现细节做了追本溯源的讲解；第四部分包括第 12~13 章，主要讲解模型的落地部署，该部分的讲解基于 TensorFlow Lite 框架，该框架受众广、热度高，且在各种平台都有对应的支持与优化加速方案，方便读者使用。

本书中的上百个知识点与近 60 个案例都是作者工程应用中的经验总结，每章末尾均有“进阶必备”，给读者提供更多的拓展知识。本书适合计算机视觉的初学者、计算机视觉算法开发人员、对深度学习有兴趣的用户或者亟须工程落地使用的用户阅读，也适合作为高校相关专业的教材。

图书在版编目（CIP）数据

深度学习计算机视觉实战 / 肖铃，刘东著. —北京：电子工业出版社，2021.11

ISBN 978-7-121-41759-7

Ⅰ. ①深… Ⅱ. ①肖… ②刘… Ⅲ. ①机器学习②计算机视觉 Ⅳ. ①TP181②TP302.7

中国版本图书馆 CIP 数据核字（2021）第 159432 号

责任编辑：刘　伟　　　　特约编辑：田学清
印　　刷：北京天宇星印刷厂
装　　订：北京天宇星印刷厂
出版发行：电子工业出版社
　　　　　北京市海淀区万寿路 173 信箱　　　邮编：100036
开　　本：787×980　1/16　印张：18.75　字数：464.4 千字
版　　次：2021 年 11 月第 1 版
印　　次：2021 年 11 月第 1 次印刷
定　　价：99.00 元

凡所购买电子工业出版社图书有缺损问题，请向购买书店调换。若书店售缺，请与本社发行部联系，联系及邮购电话：（010）88254888，88258888。

质量投诉请发邮件至 zlts@phei.com.cn，盗版侵权举报请发邮件至 dbqq@phei.com.cn。

本书咨询联系方式：010-51260888-819，faq@phei.com.cn。

序

近十年来，得益于互联网技术的进步与计算机算力的增强，科技变革的最大热点之一是人工智能的兴起和蓬勃发展。人工智能带来的不仅是人类生产技术的革新，还是人类生活方式的一场变革，乃至思维方式的创新。在 2017 年的全国“两会”上，人工智能首次被写入政府工作报告，这意味着人工智能已经成为国家战略。随着一系列政策的引导和激励措施的实施，可以预见在不久的将来，人工智能将会渗透到我们生产、生活的方方面面，作为下一个科技浪潮，其前景可期。作为时代的一份子，我们不仅要开拓视野，学习并应用人工智能技术，让那些枯燥无味的劳动随着历史的脚步远去，让人工智能最大限度地辅助人类提升生产力；还要勇于迎接人工智能发展的浪潮，从而更加便利和丰富我们的生活。

人工智能自 20 世纪 50 年代提出以来，经历过两起两落，至今仍让很多人心存疑虑。而今，人工智能的第三次兴起，虽然才短短几年时间，但是发展可以说是日新月异。我国人工智能技术的发展，无论是算法研究还是应用落地，在世界上都处于第一方阵。但是，人工智能是一个涉及学科众多、综合性很强的领域，目前只有为数不多的高校和科研院所成立了人工智能研究院，人才储备还有限，“通适性”教育也很少。因此，人工智能虽已逐步走入寻常百姓家，为人们的生活带来诸多便利，但对于很多“门外汉”来说仍很“陌生”。对于想学习运用人工智能工具的用户来说，如何选择合适的人工智能知识与现有研究或应用相结合，常常不知从何处下手。人工智能知识体系庞大，对于并非长期从事这个行业的人来说，埋头书本钻研算法只会增加学习的难度，也会消磨学习的热情。将人工智能作为工具使用的人，只需要对算法进行理解与应用，然后将算法移植到自己的研究和应用领域中去。

人工智能的发展前路漫漫，这需要大量的创新与工程应用人才投入到该行业中，需要一本把人工智能作为技术工具使用的入门书。由南方海洋科学与工程广东省实验室肖铃工程师和中国科学院合肥物质科学研究院刘东研究员合著的《深度学习计算机视觉实战》，作为工具书是一次非常必要的尝试。肖铃工程师 2016 年毕业于中国科技大学环境科学与光电技术学院，研究生期间负责图像处理相关的研究工作，毕业后先后任职于中兴通讯和金山办公，研究方向为图像处理、计算机视觉算法和人工智能功能部署。刘东研究员主要从事大气光学研究，其在云观测和参数反演算法中，采用了深度学习等方法。实践出真知，理论与实践相结合才是一门技术推广与发展的应有之道。作者通过多年学习研究和应用人工智能的总结，对图像处理、深度学习计算机视觉应用及人工智能功能的部署做了全面的介绍。图像处理部分的介绍让读者熟悉传统的算法应用，深度学习计算机视觉部分的介绍让读者了解常见理论算法的来源。此外本书介绍了丰富的实战案例，并最终将这些案例应用部署到不同的硬件平台。本书对深度学习模型的开发与部署做了系统的介绍，繁简得宜，难度适中，可以为各领域研究者自学与科研提供参考。相信本书能给广大的读者提供帮助，为人工智能这一新兴技术的传播贡献一份力量。

王英俭

研究员、博士生导师、中国科学院大气光学重点实验室主任

前言

写作目的

犹记数年之前，自己在学习深度学习技术时的苦恼。那时，有一款能识别不同的植物的 App 带给我很大的震撼，于是想弄明白图像处理的原理及其实现方法，结果不甚理想。后来，才知道这个 App 是通过 AI 技术实现的，自己也萌生了将其复现出来的想法。当时的我没有任何 AI 技术基础，于是买了很多书来学习，但这些书讲的都是高深的理论和复杂的公式，即使对我这个从业者而言也很难有读下去的欲望，常常看了几页就没了兴致，甚至怀疑自己可能不适合这个方向。这么断断续续地看下去，机器学习常用算法的理论公式推导了不少，但还是不知道怎么去做出一款 App。

通过跌跌撞撞的学习，我开始对机器学习、深度学习有了一个模糊的轮廓，然后明确了自己的学习方向——钻研计算机视觉。然而，这个方向的图书绝大部分是长篇累牍地讲某种深度学习框架的使用，如 TensorFlow、PyTorch，或者是将某个功能模型的搭建代码贴出来而鲜有详细说明，在给出训练结果后草草结束。至于这些训练出来的模型怎么使用，以及为什么这么搭建，书中并没有详细说明，很多读者想入门而不得。因此，写作本书的目的是让读者不重蹈覆辙，为读者指明学习的方向，帮助初学者快速入门，为工程应用提供相应的落地解决方案。

主要内容

本书从算法实现到最后的落地部署都有详细的介绍，全书内容可分为四个部分。

第一部分包括第 1 ~ 2 章，主要讲解深度学习基础和计算机视觉基础。本部分讲解计算机视觉领域的经典网络，这些网络是很多视觉算法模型的主干网络，用于特征的提取；还讲解常见的目标检测算法，有关的算法论文在介绍时都有指出，读者可以查看论文原文，了解更多的算法细节。

第二部分包括第 3 ~ 6 章，主要讲解图像处理知识。对每个知识的作用点进行分析，说明 OpenCV 中 Python 和 C++接口的详情，并给出多个应用案例，让读者能够清晰地看到图像处理的效果，增加对知识点的理解。

第三部分包括第 7 ~ 11 章，主要讲解计算机视觉中的实战项目。这些应用是计算机视觉方向的常见任务，有很多开源代码可供参考。本书在讲解时依照相同的结构讲解，包括数据预处理、网络搭建和模型训练三个模块，这些算法模型经过转换之后的应用效果在本书中也有介绍。在进行项目介绍时，本书对代码做了详细的注释，对于实现细节也做了追本溯源的讲解，让读者能够理解设计意图。

第四部分包括第 12～13 章，主要讲解模型的落地部署。本书基于 TensorFlow Lite 进行模型部署的讲解，选用此框架一方面是因为 TensorFlow 的受众较广、热度很高；另一方面是因为该框架在各平台都有对应的支持与优化加速，性能较高，文档完备，比较容易使用。本部分讲解部署中的模型转换、模型优化、部署中可能遇到的问题及解决办法，这些都是我在工程应用中的经验总结，遇到的问题也是在部署过程中亲历并顺利解决的，在此讲解是希望帮助读者少走弯路，以最小的代价实现自己的需求。

本书每章末尾设置了“进阶必备”，作为扩展阅读给读者提供更多的知识，其形式多样，既有学习方向的指引与选择（如第 1、2 章）、工具或开发库的讲解（第 3 章），也有对比于深度学习方法而使用传统图像处理算法实现的任务案例（第 8、10 章），还有经验的总结与分享（第 9、12 章）等。全书共有近 60 个案例，使用理论与实践相结合的思想，真正实现理论学习、算法开发、模型部署上线的一站式搞定。

学习建议

对于本书的使用，有以下一些建议可供参考。

（1）对于初学者，可按照本书写作的顺序阅读，对不熟悉的算法不需要深究，可以在动手完成案例的过程中加深理解。从案例中学习，不仅有助于学习理解，还能增加学习的信心与成就感。

（2）对于计算机视觉算法开发人员，本书的算法部分可以作为参考阅读，部署部分可以帮助算法工程师了解模型研发出来后的部署详情。了解了部署过程中的资源受限情况，可以在算法研发过程中做一些优化，如模型量化的量化感知训练就是在模型的训练阶段完成的。如果存储或执行速度受限，算法工程师在选择算法时就应该评估训练出的模型参数量，进而选择合适的算法以匹配存储或执行速度的要求。另外，执行性能与准确率之间的权衡最好在算法研发的过程中就有所考量。

（3）对于对深度学习有兴趣的用户或者亟须工程落地使用的用户来说，可能只是想通过 AI 技术实现某一个功能，这些功能可能使用开源的模型就能满足，那么这些用户只需要参考阅读部署章节。因为这些用户需要考虑的是如何将手上的模型转换为适合部署的模型，以及将这个模型部署到自己负责的端侧设备上去。

最后，希望本书能给予正在学习的读者一些帮助，这将是笔者莫大的荣幸。由于能力有限，书中可能存在一些疏漏之处，恳请读者不吝赐教。

肖铃

2021 年 5 月 30 日

目录

第 1 章 深度学习基础

本章讲解深度学习的基础，包括神经网络、卷积神经网络（Convolutional Neural Networks，CNN）、循环神经网络（Recurrent Neural Networks，RNN），以及计算机视觉领域的经典网络的介绍。

对于初学者来说，本章的内容是进入深度学习领域的路线指引；对于有深度学习基础的用户来说，本章的内容也可以作为一个交流参考。

本章的内容主要来源于算法方向的论文，力求突出知识重点，细节上有所取舍，用户如果想要深入研究，可以参考给出的论文题目下载原文学习。

1.1 神经网络

1.1.1 感知机

神经网络指的是人工神经网络，是仿照动物神经网络的行为特征设计的一种处理信息的模型。谈到人工神经网络，首先需要介绍的就是感知机，它是人工神经网络的一种简单模型。感知机的网络结构如图 1.1 所示。

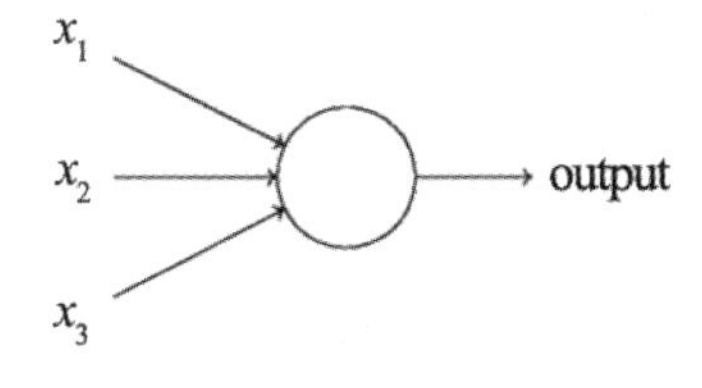

图 1.1

感知机可以有不同数量的二值输入 x_1、x_2、x_3……，经过一些简单的规则[如加权求和是否超过一个阈值（threshold）]得到一个二值输出（output）。感知机的工作原理可用公式（1.1）描述。

$$\text{output} = \begin{cases} 0 & \text{if } \sum_i w_i x_i \leqslant \text{threshold} \\ 1 & \text{if } \sum_i w_i x_i > \text{threshold} \end{cases} \tag{1.1}$$

感知机就是一个简单的数学模型，和用户在生活中做出一个决定有些类似。例如，你决定周末要不要外出爬山，会考虑：

（1）自己会不会被要求回公司加班?

（2）周末的天气好不好?

（3）有没有朋友愿意一起?

在考虑这个计划的时候，根据重要性给以上三个要素分配权重，分别为 0.5、0.3、0.2，然后知道了不加班的可能性为 90%（0.9）、天气是晴天（1）、朋友不确定去不去（0.5），此时，三个因素的计算就是 0.9×0.5+1×0.3+0.5×0.2=0.85。最后能不能去爬山就看自己的意愿有多强烈，若很强烈则可以不考虑太多，将 threshold 设置为比较低的值，超过这个值就可以实施计划；若不是很强烈，则可以将 threshold 设置得高一些，在需要很多条件都满足的情况下才能实施计划。

1.1.2 神经网络原理

感知机只能解决一些简单的问题，对于复杂的问题，就需要增加网络的复杂度，使用多层网络来解决。多层网络的感知机就是神经网络，神经网络的网络结构如图 1.2 所示。

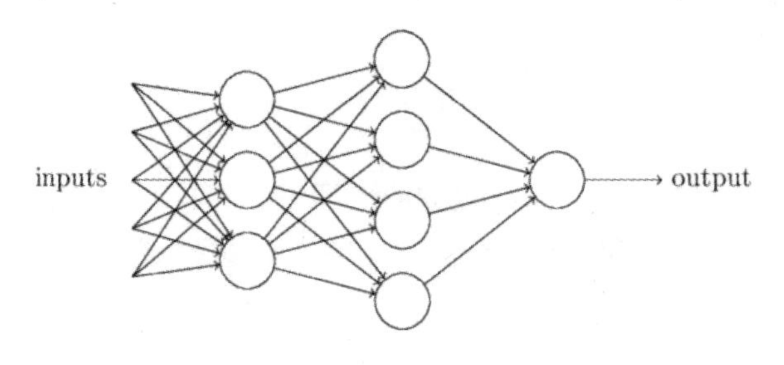

图 1.2

由图 1.2 看出，神经网络包含很多层，输入所在的层为输入层，最终输出结果所在的层为输出层，输入层和输出层中间的层为隐藏层，图 1.2 中包含两层隐藏层。

对于神经网络来说，每一层都遵循公式(1.1)的执行方式，将这些输入 x_1、x_2、x_3……矢量化为 $\boldsymbol{x}$，同理将权重矢量化为 $\boldsymbol{w}$，将 threshold 移到不等式的左边，令 b=−threshold，则神经网络的公式可以表示为公式（1.2）。

$$\text{output} = \begin{cases} 0 & \text{if } \boldsymbol{wx} + b \leqslant 0 \\ 1 & \text{if } \boldsymbol{wx} + b > 0 \end{cases} \tag{1.2}$$

感知机可以较简单地给定对应的权重，但是对于多层网络，如何确定 $\boldsymbol{w}$ 和 b 就成了一个难题。目前采用的办法是给网络的所有权重各赋一个随机初值，此时网络就可以得到一个输出值，将这个输出值与真实值进行比较，根据比较的结果调整 $\boldsymbol{w}$ 和 b，直到输出值和真实值的差异在可接受范围内，这就是网络训练的过程。其中，通过输出值调节 $\boldsymbol{w}$ 和 b 的过程被称为反向传播。

因此，神经网络的训练过程包含以下四个步骤：

第一步，收集输入、输出数据；

第二步，根据规则搭建神经网络；

第三步，用一组数据计算网络输出值，根据输出值调整 $\boldsymbol{w}$ 和 b；

第四步，反复执行第三步，得到最终的 $\boldsymbol{w}$ 和 b。

1.2　卷积神经网络

1.2.1　CNN 基本操作

1. 卷积

卷积是分析数学中的一种重要运算，在许多工程学中有着重要的应用，如信号处理。在深度学习中，卷积是一种核心算子。深度学习的卷积计算方式和信号处理的卷积计算方式有较大的差异。本书只讨论深度学习的卷积。

对于单通道的卷积，计算方式如图 1.3 所示。

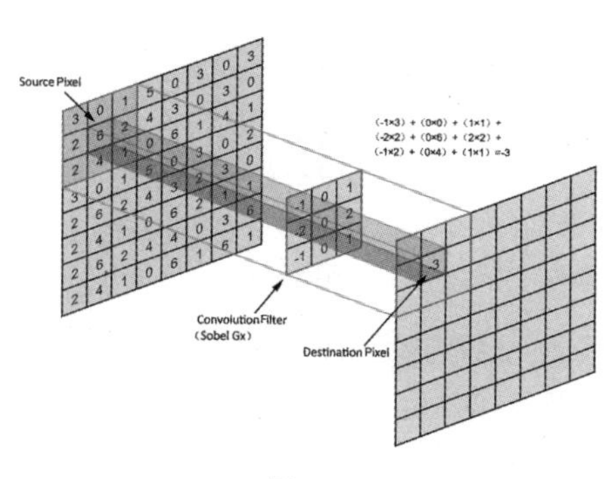

图 1.3

由图 1.3 可以看出，卷积的计算方式是输入矩阵与卷积核（Convolution Filter）之间对应位置的乘加运算。为了便于确定目标像素的位置，一般选取的卷积核的大小为奇数，在深度学习中常用的卷积核的大小有 1×1、3×3、5×5 等。值得一提的是，1×1 的卷积核常用于调整维度。

卷积窗口的滑动通过步长（Stride）控制，当卷积步长为 1 且不做 padding 操作时，卷积计算后的特征图（Feature Map）会变小，如 7×7 的输入与 3×3 的卷积核相乘，生成的特征图的大小为 5×5。此时若想保持目标特征图的大小不变，则可以使用 padding 操作。padding 操作的常用方法是在输入矩阵的外围补 0，这样 7×7 的输入在经过 padding 操作之后，大小变为 9×9，与 3×3 的卷积核卷积之后得到的特征图的大小仍为 7×7。

注意：本书中出现的卷积核大小（如 3×3）、图像大小（如 224×224×3）、步长大小（如 1）、特征图大小（如 5×5）等的单位均为像素（pixel，px），后文将不再逐一说明。

2. **激活**

在 CNN 中激活函数用于提供非线性操作，增加模型的表达能力。常见的激活函数有 Sigmoid、Tanh、ReLU 等。每种激活函数都有各自的优缺点，在实际工程中可以根据业务需要选择。

Sigmoid 函数又称 Logistic 函数。Sigmoid 函数的函数曲线如图 1.4 所示。

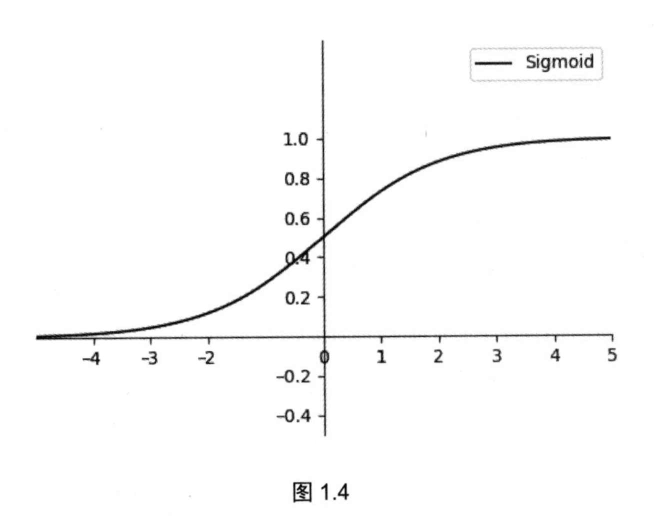

图 1.4

由图 1.4 可以看出，Sigmoid 函数的输出范围为 0～1，该函数可以将较大的负数转换为 0，较大的正数转换为 1，用于将一个实数映射到 0～1 的范围内，在二分类中使用得较多。

Sigmoid 函数的致命缺点在于梯度消失，当输出接近于 0 或 1 时，神经元饱和，此时的梯度接近于 0，神经元权重几乎不更新，导致网络无法反向传播，因而无法继续训练。另外 Sigmoid 函数的输出不以 0 为中心，计算量比 ReLU 函数大。

Tanh 函数又称双曲正切激活函数，输出范围为−1～1。Tanh 函数的函数曲线如图 1.5 所示。

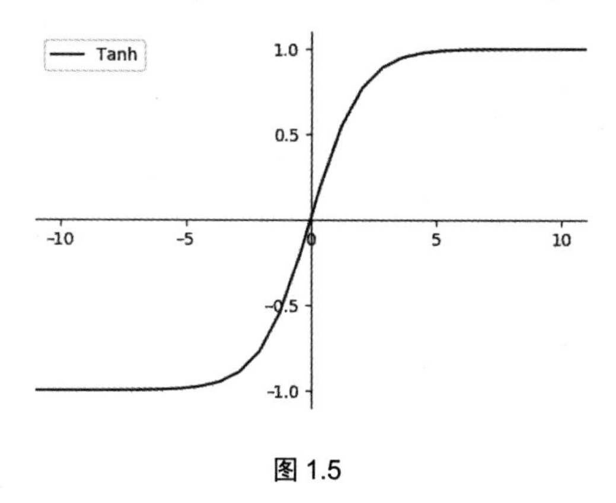

图 1.5

Tanh 函数的输出以 0 为中心，但是仍然存在梯度消失的问题，计算量也比较大。

在深度学习中，最常见的激活函数为 ReLU 函数。当 ReLU 函数的输入 $x<0$ 时，输出为 0；当 $x\geqslant 0$ 时，输出为 x。ReLU 函数的函数曲线如图 1.6 所示。

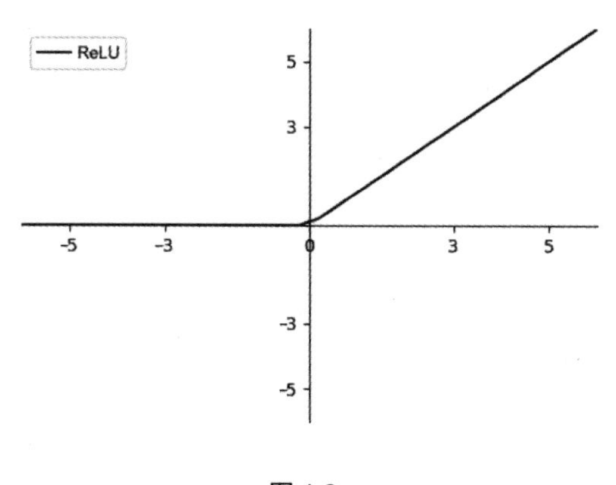

图 1.6

ReLU 函数有效地解决了梯度消失的问题，有助于模型更快地收敛，在计算中不存在指数等复杂的运算，计算量较小。但是 ReLU 函数也存在一些缺点，最重要的就是神经元坏死的问题，当输入 $x<0$ 时，ReLU 函数的输出为 0，在向后传递的过程中，该神经元不会被重新激活。这将导致梯

度无法更新，影响网络学习。该问题的解决办法是使用 Leaky ReLU 函数，该函数在输入 $x<0$ 时仍会有较小的输出。

3. 池化

池化操作常被用于卷积操作之后，可以减小特征表示的空间大小，减少网络中的参数量和计算量，有助于控制过拟合。池化操作的池化核（kernel）大小常设置为 2×2。常用的池化操作包括最大池化（max-pooling）和平均池化（average-pooling）。最大池化的操作如图 1.7 所示。

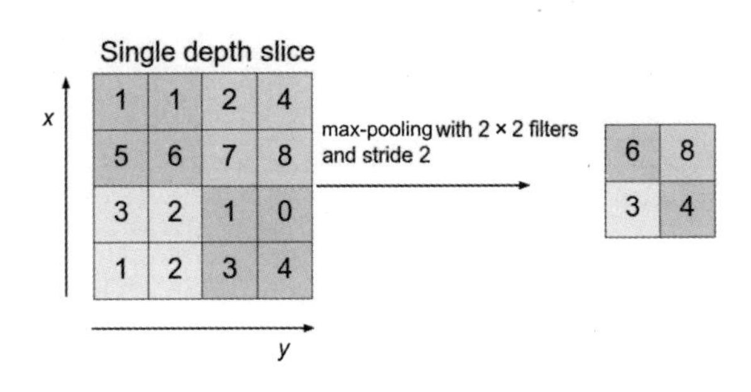

图 1.7

如图 1.7 所示，池化操作使用的 kernel 大小为 2×2，步长为 2，对应左上角的 2×2 区域的 4 个值——1、1、5、6，最大池化就是选取其中的最大值，即 6。平均池化的操作类似，只是计算 2×2 区域中 4 个值的平均值。

4. 全连接

全连接（Fully Connected，FC）计算和卷积计算类似。卷积计算通过卷积核在特征图上滑动计算，获取的是局部感知特征，对输入特征图的大小没有要求。全连接计算的权重固定，针对整个特征图卷积，获取的是全局信息，需要固定大小的输入特征图。在 CNN 中，卷积、池化和激活操作负责特征的提取，而在模型的最后加上全连接操作则是为了使用所有的特征进行分类等。

全连接的参数量在整个模型的参数量中占比相当高，很多参数存在冗余，参数量大会给模型训练和部署增加难度。因此，有的算法采用全局平均池化（Global Average Pooling，GAP）等方式替代全连接，这样可以减少计算的参数量。

1.2.2 CNN 原理

CNN 是深度学习的基础，在 LeCun 进行手写数字识别任务的研究时被提出。CNN 的设计思想包括以下三点：

（1）局部感知（Local Receptive Fields）；

（2）共享权重（Shared Weights）；

（3）空间或时间下采样（Spatial or Temporal Sub-Sampling）。

简单的 CNN 主要由 4 种结构构成：卷积、激活、池化和全连接。图 1.8 所示为常见的分类网络。

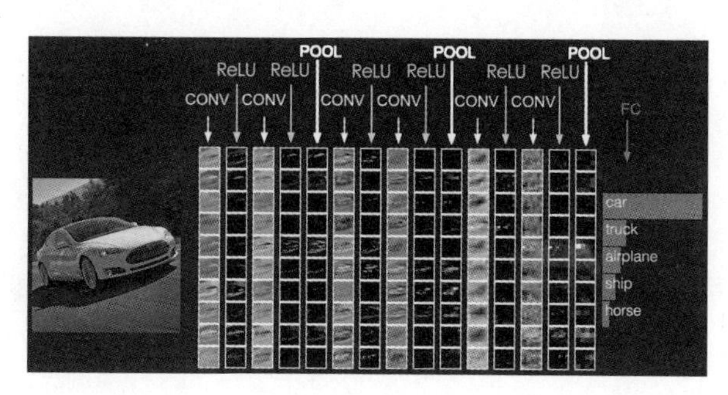

图 1.8

图 1.8 所示的网络输入通过卷积、激活、池化和全连接操作，最后输出图像所属的类别。其中，卷积层（CONV，与 conv 相同，下面不再说明）执行计算输入的特征图与卷积核的卷积操作，用于提取图像中的特征；激活层（ReLU）用于增加非线性运算，此处使用的激活函数是 ReLU；池化层（POOL）用于执行池化操作，对输入的特征图进行采样；全连接层（FC）用于计算分类任务的类别分数，进行分类操作，从而预测输入图片的类别。

图 1.8 所示的分类网络对输入的原始图像进行逐层计算，得到最终的类别分数，通过网络训练更新卷积层和全连接层的权重和偏置参数，激活层和池化层不需要进行参数训练。另外，在网络训练中有一些参数需要设置与调整，但是这些参数不是通过网络的学习而变化的，需要人工设置调整变化，如学习率等，这些参数被称为超参数，网络调参就是调整超参数。

1.3　循环神经网络

CNN 的每个输入都是独立的，如输入一张图片，图片的像素之间是没有联系的。但是现实中很多场景的输入数据之间是有联系的，如需要结合上下文翻译一句话，这种场景在 CNN 中无法处理，因此引入了 RNN。

1.3.1　RNN

RNN 和 CNN 一样，属于神经网络的一种，在语音识别、自然语言处理（NLP）等领域有着重要的作用。RNN 主要用于处理序列数据，也就是数据的前后有关系。RNN 同样具有神经网络的层（输入层、隐藏层和输出层）及中间的激活函数等。普通的神经网络只建立层之间的连接，而 RNN 在层之间的神经元之间也建立了权重的连接。RNN 的结构如图 1.9 所示。

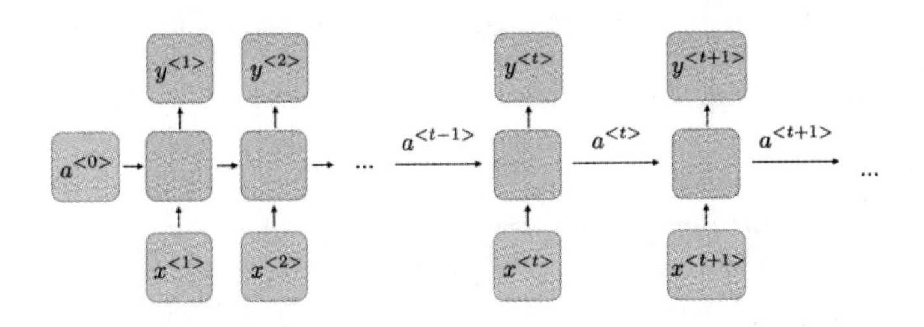

图 1.9

图 1.9 所示为一个典型的 RNN 结构，其中，x 表示输入，a 表示激活，y 表示输出。对任一时刻 t，激活 a 与输出 y 可以通过如下公式计算。

$$a^{<t>} = g_1(W_{aa}a^{<t-1>} + W_{ax}x^{<t>} + b_a)$$

$$y^{<t>} = g_2(W_{ya}a^{<t>} + b_y)$$

其中，W 为权重参数；g 为激活函数；t 时刻的输出不仅与 t 时刻的输入有关，还与 t–1 时刻的输出有关。

传统的 RNN 接受任意长度的输入，而模型大小不会随着输入长度变长而变大，在计算时考虑历史信息，在时间上局部权重共享。但是，传统的 RNN 有其自身的缺点，如计算较慢，在较长时间序列上难以进行信息传递，只考虑历史信息，没有考虑未来的输入信息，而且传统的 RNN 容易出现梯度消失或者梯度爆炸。解决这种问题可以使用 LSTM/GRU。

1.3.2 LSTM 与 GRU

RNN 在处理序列信息时有其自身的局限性，因此提出了长短时记忆网络（Long Short-Term Memory，LSTM）和门控循环单元（Gated Recurrent Unit，GRU），两者内部都通过门（Gate）调节信息流。LSTM 和 GRU 只保留相关信息来进行预测，舍弃不相关的数据。LSTM 的结构如图 1.10（a）所示。GRU 的结构如图 1.10（b）所示。

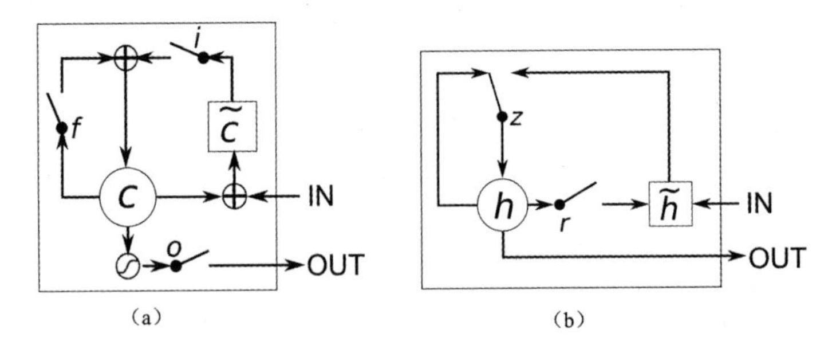

图 1.10

LSTM 的关键在于三种门：输入门、输出门和遗忘门，这三种门也就是 LSTM 的单元状态（Cell State）。门是不同的神经网络，用来决定哪些信息被允许进入单元状态，在模型的训练中由门选择信息的保留或舍弃。

LSTM 的输入门负责更新单元状态，输出门输出下一个隐藏状态，遗忘门决定信息的保留或舍弃。之前的隐藏状态和当前的输入信息经过 Sigmoid 函数，输出范围为 0~1，接近于 0 表示舍弃，接近于 1 表示保留。

GRU 的结构和 LSTM 类似，GRU 中只有重置门（Reset Gate）和更新门（Update Gate），结构更加简单，比 LSTM 的计算量小。GRU 的重置门用于将新的输入信息与历史信息结合，更新门决定有多少历史信息用于当前时刻。若将重置门设置为 1，更新门设置为 0，则 GRU 就回退为一个传统的 RNN 结构。

1.4 经典网络

受到 ILSVRC（ImageNet Large-Scale Visual Recognition Challenge）比赛（ImageNet 比赛）的促进，自 2012 年的比赛之后诞生了一系列的经典网络，这些经典网络被广泛用于计算机视觉任务的开发。本节将对常用的经典网络 AlexNet、VGG、GoogLeNet、ResNet 和 MobileNet 进行介绍。

1.4.1 AlexNet

2012 年，对 ILSVRC 比赛来说是不平凡的一年，在这一年的比赛中 AlexNet 凭借深度学习的方法将 top-5 的分类误差记录降到了 15.3%，第二名的成绩为 26.2%，自此掀起了深度学习研究的热潮。

AlexNet 的网络结构如图 1.11 所示。

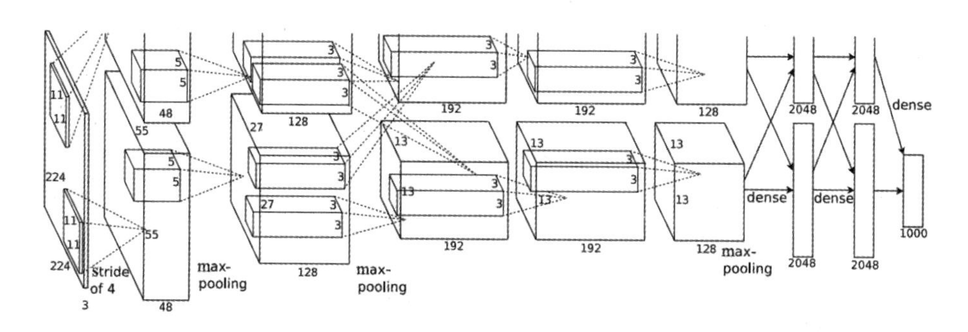

图 1.11

AlexNet 的网络结构分为上下两个部分，原因是当时使用两个 GPU（图形处理器）进行训练，两个 GPU 上的训练只在特定的节点上有连接。该网络输入图像的大小为 224 × 224 × 3，包含 8 个层，其中 5 个卷积层和 3 个全连接层。

AlexNet 网络的深入研究可以参考论文 *ImageNet Classification with Deep Convolutional Neural Networks*。

在上述论文中还使用了很多的算法技巧，这些技巧在后来的算法研究中有着重要的作用，如 ReLU 激活函数、数据增强、Dropout 等。另外，局部响应归一化（Local Response Normalization，LRN）和重叠池化（Overlapping Pooling）也是该论文的创新点，这些在后续的算法研究中用得较少。

1.4.2 VGG

VGG 是由牛津大学 Visual Geometry Group 组在 2014 年提出的，算法的名字也由此而来。VGG 的提出证明了网络深度的增加可以提升网络的性能。VGG 常用的网络结构有两种：VGG-16 和 VGG-19，网络结构在本质上没有差异，只是网络的深度不一样。

VGG 相比以前的网络有一个重要的改进，使用连续的小的卷积核代替较大的卷积核，如使用两个 3 × 3 的卷积核代替一个 5 × 5 的卷积核。这种替换不仅可以增加网络的深度，还可以显著地减少网络的计算量，对性能的提升有较大作用。

VGG 的网络结构如图 1.12 所示。图 1.12 中 D 列所示为 VGG-16，该网络包含 16 个隐藏层，其中 13 个卷积层和 3 个全连接层；E 列所示为 VGG-19，该网络包含 19 个隐藏层，其中 16 个卷积层和 3 个全连接层。VGG 中的卷积都是采用 3 × 3 的卷积核，池化使用的是 kernel 大小为 2 × 2 的最大池化操作。

ConvNet Configuration					
A	A-LRN	B	C	D	E
11 weight layers	11 weight layers	13 weight layers	16 weight layers	16 weight layers	19 weight layers
input（224 × 224 RGB image）					
conv3-64	conv3-64 **LRN**	conv3-64 **conv3-64**	conv3-64 conv3-64	conv3-64 conv3-64	conv3-64 conv3-64
max-pooling					
conv3-128	conv3-128	conv3-128 **conv3-128**	conv3-128 conv3-128	conv3-128 conv3-128	conv3-128 conv3-128
max-pooling					
conv3-256 conv3-256	conv3-256 conv3-256	conv3-256 conv3-256	conv3-256 conv3-256 **conv1-256**	conv3-256 conv3-256 **conv3-256**	conv3-256 conv3-256 conv3-256 **conv3-256**
max-pooling					
conv3-512 conv3-512	conv3-512 conv3-512	conv3-512 conv3-512	conv3-512 conv3-512 **conv1-512**	conv3-512 conv3-512 **conv3-512**	conv3-512 conv3-512 conv3-512 **conv3-512**
max-pooling					
conv3-512 conv3-512	conv3-512 conv3-512	conv3-512 conv3-512	conv3-512 conv3-512 **conv1-512**	conv3-512 conv3-512 **conv3-512**	conv3-512 conv3-512 conv3-512 **conv3-512**
max-pooling					
FC-4096					
FC-4096					
FC-1000					
soft-max					

图 1.12

VGG 网络是很多算法中特征提取的主干网络（backbone），具有重要的意义，但是 VGG 的显著缺点是参数量很大，需要耗费较大的计算资源，参数量很大部分来源于 3 个全连接层，所以将 VGG 作为特征提取网络时，常用的做法是只使用网络的卷积部分。

VGG 网络的深入研究可以参考论文 *Very Deep Convolutional Networks for Large-Scale Image Recognition*。

1.4.3 GoogLeNet

GoogLeNet 是 2014 年 ILSVRC 比赛的冠军，由 Google 团队提出。GoogLeNet 的命名方式也是对 LeNet-5 网络的致敬。GoogLeNet 网络有 22 层，采用模块化设计，引入 Inception 结构，如图 1.13 所示。用户可以参考论文 *Going Deeper with Convolutions* 深入了解 GoogLeNet 的结构。

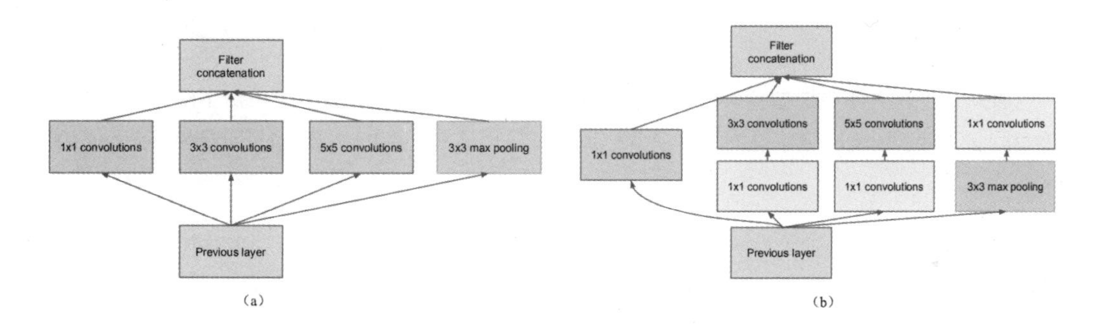

图 1.13

图 1.13（a）所示为原生的 Inception 结构，为了得到不同的感受野，使用不同的卷积核；通过将不同的卷积核的结果进行拼接来使用不同尺度的特征；因为增加池化有助于提升模型效果，所以增加池化后再进行特征的拼接。

图 1.13（b）所示为降维的 Inception 结构，使用卷积核大小为 1 × 1 的卷积进行降维，减少参数量，Inception 结构的使用使 GoogLeNet 的参数量相对于 VGG 的参数量显著减少。

上面介绍的 Inception 结构被称为 Inception-v1，Google 团队后面陆续推出了 Inception-v2、Inception-v3 和 Inception-v4。

Inception-v2 和 Inception-v3 可以参考论文 *Rethinking the Inception Architecture for Computer Vision* 进行了解，该论文将 5 × 5 的卷积核用两个 3 × 3 的卷积核替换，$n \times n$ 的卷积核用 $1 \times n$ 和 $n \times 1$ 的卷积核替换。Inception-v4 可以参考论文 *Inception-v4, Inception-ResNet and the Impact of Residual Connections on Learning* 进行了解，该论文对 Inception-v4 引入了残差连接。

1.4.4 ResNet

在深度学习算法的研究过程中发现增加模型的深度和宽度可以有效地提升其精度。但是当模型深度增加到一定的程度后，训练过程中的 loss 不会继续下降，而且继续增加深度，训练的 loss 反而会上升，这种现象称为网络退化。如图 1.14 所示，56 层的网络的训练误差和测试误差比 20 层的网络的训练误差和测试误差更大。

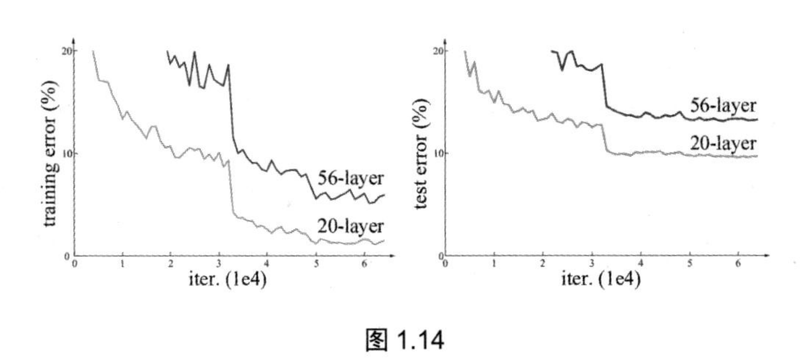

图 1.14

这种网络退化并不是过拟合导致的，因为在过拟合时网络的训练 loss 会一直下降，而测试 loss 则没有同步下降。残差网络就是为了解决网络退化现象而研究出来的。图 1.15 所示为残差块的基本结构。

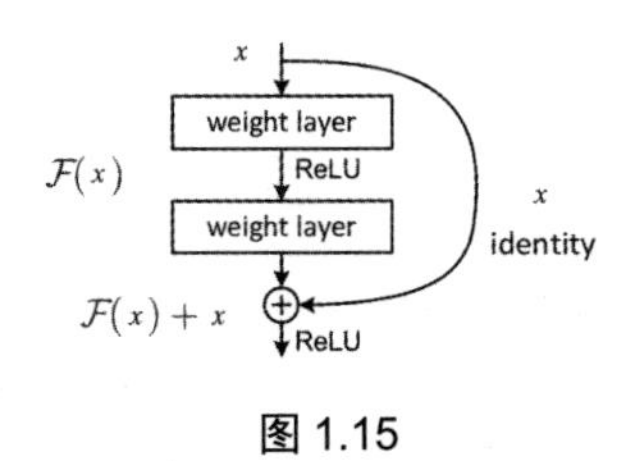

图 1.15

如图 1.15 所示，残差块是在网络结构的基础上增加了残差连接，将低层特征引入高层，这样可以有效地解决网络退化的问题。图 1.16 所示是论文作者在 ImageNet 上训练的模型结果对比，左图是普通网络的训练结果，右图是残差网络的训练结果。

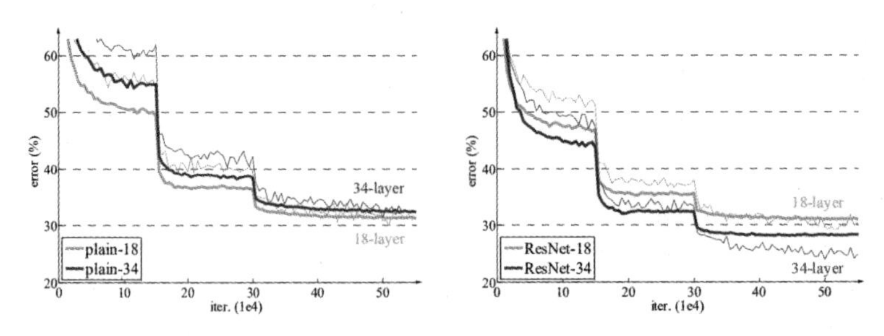

图 1.16

由图 1.16 的对比可以看到，普通网络出现了网络退化现象，而残差网络则有效解决了这个问题。

通过使用残差块，论文作者设计了 ResNet-50、ResNet-101 和 ResNet-152，增加了网络的深度，从而提升了精度，而且 152 层的残差网络的参数量比 VGG-16 和 VGG-19 小很多。

ResNet 的深入研究可以参考论文 *Deep Residual Learning for Image Recognition*。

1.4.5 MobileNet

MobileNet 为 Google 推出的轻量级算法网络，目的是将深度学习应用于移动端和嵌入式端，该算法包括 3 个版本：MobileNet-v1、MobileNet-v2 和 MobileNet-v3。

1. MobileNet-v1

MobileNet-v1 的最大亮点在于使用深度可分离卷积代替了普通卷积，大幅减少了参数计算量。图 1.17 所示为普通卷积和深度可分离卷积的结构对比。

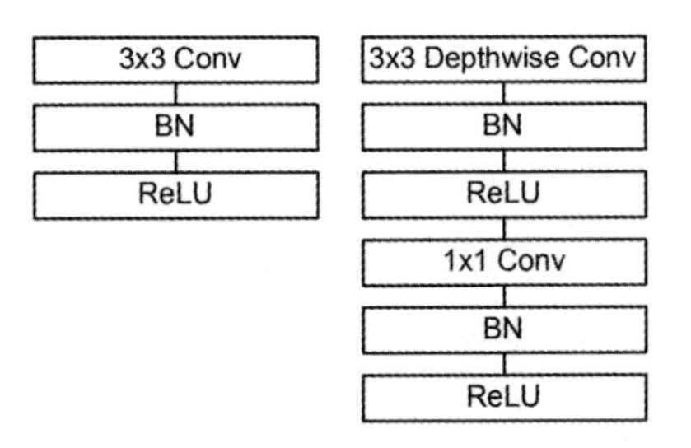

图 1.17

图 1.17 中左图为普通卷积单元，包括一个 3×3 卷积、BN（BatchNorm）、ReLU；右图为深度可分离卷积单元，包括 Depthwise 卷积（3×3 卷积、BN、ReLU）和 Pointwise 卷积（1×1 卷积、BN、ReLU）两个部分。两个部分的详细计算如图 1.18 所示。

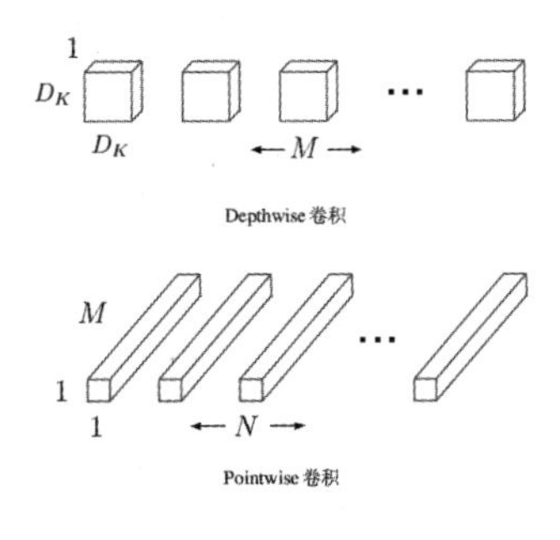

图 1.18

输入特征图的尺寸为 $D_F \times D_F \times M$（如 512×512×3），卷积核的尺寸为 $D_K \times D_K \times N$（如 3×3×32）。普通卷积计算是将 N 个卷积核中的每个卷积核与 M 个输入特征图卷积后的结果相加得到 N 个特征图，计算量为 $D_F \times D_F \times M \times D_K \times D_K \times N$（即 512×512×3×3×3×32），$D_F$ 为特征尺寸。

图 1.18 中 Depthwise 卷积计算为卷积核对输入特征图做卷积，并不将其连接起来（特征图相加）产生新的特征图，因此计算量为 $D_F \times D_F \times M \times D_K \times D_K$。图 1.18 中 Pointwise 卷积使用 1×1 的卷积核产生新的卷积核，改变卷积的通道数，计算量为 $D_F \times D_F \times M \times N$。

因此深度可分离卷积的计算量为 $D_F \times D_F \times M \times D_K \times D_K + D_F \times D_F \times M \times N$，计算量大约为普通卷积的 1/8～1/9，精度只有较小的损失。

MobileNet-v1 的网络基于深度可分离卷积单元搭建，结构设计没有特别之处，用户若想深入研究该算法，可以参考论文 *MobileNets: Efficient Convolutional Neural Networks for Mobile Vision Applications*。

2. MobileNet-v2

MobileNet-v2 网络也是由 Google 提出的，该算法的创新之处在于引入了 Linear Bottleneck 和 Inverted Residuals。

在 MobileNet-v2 中引入 Linear Bottleneck，作用是减少使用 ReLU 非线性激活导致有用信息被破坏的情况的发生，对提升模型效果有一定的帮助。

MobileNet-v2 中引入的 Inverted Residuals 也属于残差连接，和普通残差连接相比，Inverted Residuals 采用的残差单元结构为两边窄、中间宽，并且使用深度可分离卷积代替普通卷积，两者的比较如图 1.19 所示。图 1.19（a）图为残差模块（Residual Block），图 1.19（b）图为逆残差模块（Inverted Residual Block），块的厚度代表通道数量的多少。

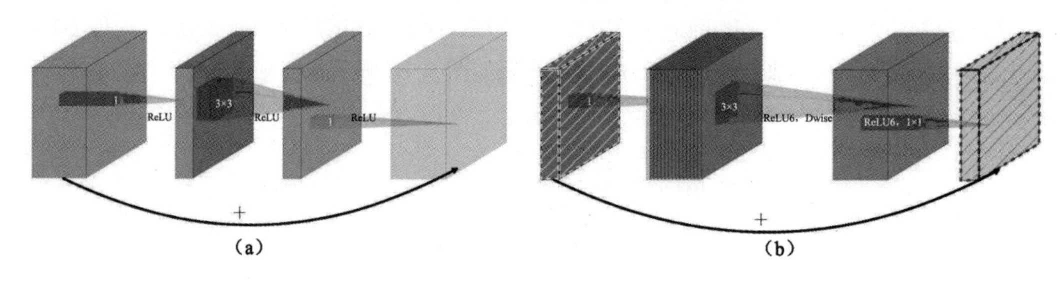

图 1.19

MobileNet-v2 网络的深入研究可以参考论文 *MobileNetv2: Inverted Residuals and Linear Bottlenecks*。

3. MobileNet-v3

MobileNet-v3 较前两个版本做了一系列的改进，在精度上有了较大的提升，而且较大幅度地降低了耗时，该算法的主要创新包括以下几点。

（1）引入 SE（Sequeeze and Excite）模块。SE 模块是一种轻量级的通道注意力模块，结构如图 1.20 所示。

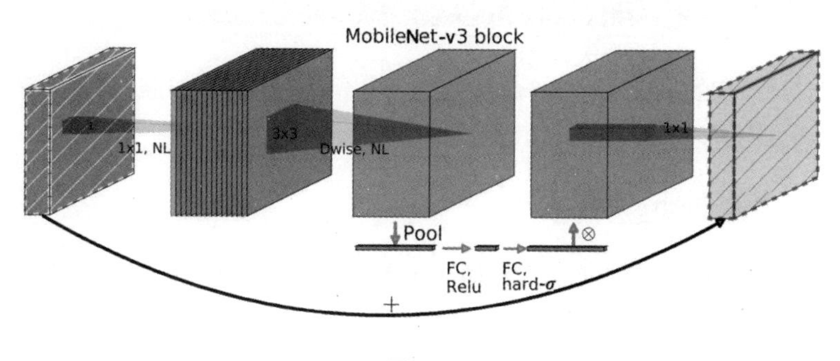

图 1.20

该设计是在 Depthwise 卷积之后，接入池化层，然后经过第一个全连接层，将通道数缩减为原来的 1/4，又经过第二个全连接层，将通道数扩张 4 倍变为和原来一样，然后计算 Pointwise 卷积。该设计不会增加耗时，却可以提升精度。

（2）引入网络结构搜索（Network Architecture Search，NAS），搜索网络的配置和参数。

（3）修改网络的尾部结构，修改后减少了 3 个耗时的层，却没有降低模型的精度。修改前后的尾部结构对比如图 1.21 所示，上图为原来的尾部结构，下图为新的尾部结构。

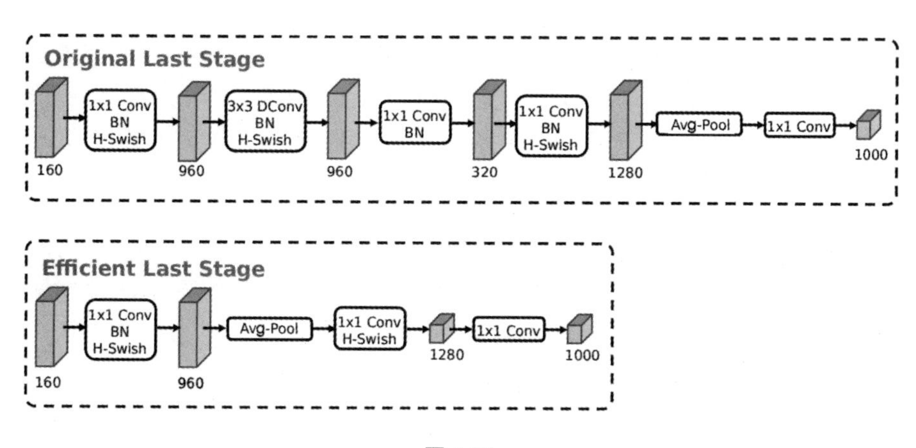

图 1.21

（4）引入 H-Swish 激活函数替代 Swish 激活函数，可以有效地减少耗时。

论文作者在提出 MobileNet-v3 时，根据可用资源的情况设计了两种 MobileNet-v3 结构：MobileNetV3-Large 和 MobileNetV3-Small，两种结构在耗时和精度上均优于 MobileNet-v2。

如果想进一步了解 MobileNet-v3 的细节，可以参考论文 *Searching for MobileNetV3*。

1.5 进阶必备：如何学习深度学习并“落地”求职

本章讲述了深度学习的基础，是一个概括性的介绍，对于初学者来说这些是远远不够的。本节将分析一下初学者如何进入深度学习的领域。

1.5.1 深度学习如何快速入门

对于很多初学者来说，最关心的莫过于如何快速入门深度学习。AI 是一个新兴行业，国内很多高校可能就是最近两年才有了相关的专业，因此这个专业的学生几乎还没有毕业。现在企业中从事相关工作的开发者，多是自学入门的，所以对于想进入这个领域的从业者来说，本节具有学习方向的指引作用。

那么深度学习如何入门呢？这个问题不仅仅指深度学习领域，对于想进入AI领域的初学者来说，面对这个问题，也需要从以下两个方面思考。

1. 研究方向

研究方向是最基本的一个问题，没有确定研究方向或者研究方向不明确，不仅会给自己的学习增加很大的难度，还会打击初学者的信心。毕竟这个领域的知识是很庞大的，深入学习之后每个细分领域的知识差异很大。

深度学习方向有计算机视觉、自然语言处理等，还有一些综合方向，如无人驾驶等。这些方向还会继续划分为更加细致的方向，如计算机视觉方向还包括图像分类、图像分割、人脸识别等。初学者需要知道自己选择的方向，有针对性地学习，这对于在求职时选择岗位也比较重要。

2. 学习内容

深度学习有很多不同的子方向，用户需要掌握该方向的专业知识，如计算机视觉方向需要图像处理基础。但不管是哪个方向，都需要掌握相同的基础知识。深度学习的基础包括数学基础、机器学习基础和编程基础。

数学基础学科包括高等数学、概率统计、线性代数等，需要掌握导数、梯度、矩阵计算等技能。

机器学习基础需要掌握常用的机器学习算法，如支持向量机（Support Vector Machine，SVM）、决策树等，以及这些算法的理论及算法推导。

算法的开发最终需要通过程序实现，因此需要一定的编程基础。深度学习中最常用的编程语言是 Python。在实际应用中，可能还需要掌握一两种其他主流开发语言，如 C、C++、Java 等。

另外，深度学习算法工程化涉及的内容非常广，需要对平台硬件、编译、优化加速等有较深入的研究。

3. 学习方法

受益于强大的互联网，如今人们去掌握一门新的知识的学习途径有很多。在入门深度学习时，可以选择一些好书深入研究，选择的书不能完全偏于理论，否则会失去学习的兴趣。例如，本书理论与实践相结合，通过案例学习，有利于加深理论的学习印象，还有利于提升学习的信心。

在学习一门知识的时候，特别是工程技术，最重要的一环就是实践。对于本书中的案例，强烈建议用户在学习时不要停留在看的层面，需要搭建好开发环境，将每个案例都切实实践出来，这个过程中会遇到一些问题，解决问题的过程更有利于学习、成长。

还可以观看一些好的值得推荐的开源学习课程，如斯坦福大学的吴恩达教授的机器学习课程和李飞飞教授的深度学习课程。读者可以跟着这些课程系统地学习。

1.5.2　深度学习行业求职技巧

很多人对深度学习岗位的理解，就是选择深度学习某个方向的算法工程师职位，实际上这只是其中的一个方向。深度学习岗位有很多可供切入的方向，如深度学习产品、深度学习架构等，这些方向的岗位可以研究深度学习的产品或框架。很多公司都推出了自研的深度学习训练和推理框架，这些都需要相关的开发者。

即使选择深度学习算法工程师类型的岗位，也不能限于模型训练和调参，需要结合实际的使用场景，考虑模型的优化及部署使用等，毕竟很多需求的推进会受限于现有的软硬件条件。

如果本身从事非计算机或互联网软件开发行业，最好考虑深度学习与本行业的结合，如医疗领域的 AI 医疗，这种结合具有一定的技术壁垒，更加有利于读者在深度学习领域的长足发展。

第 2 章 计算机视觉基础

目标检测和图像分割是计算机视觉和图像处理领域常见的两种任务，这两种任务在图像处理领域早已有较多的研究，但是自深度学习方法出现后，这些研究的效果就显得逊色很多。本章将介绍使用深度学习方法进行目标检测和图像分割。

目标检测用于检测数字图像或视频中特定的语义对象（如人、建筑物或汽车），其常见研究包括人脸检测和行人检测，被广泛用于图像检索和视频监控等。

图像分割是将数字图像分割成多个部分，以简化图像表示，便于进行图像分析，在三维重建、医学成像、人脸检测、指纹或虹膜识别等场景中有应用。

2.1 目标检测 Two-stage 算法

目标检测是很多任务的基础，如人脸识别需要人脸检测，OCR（Optical Character Recognition，光学字符识别）需要先对文本行进行检测，这些都是目标检测的范畴。

目标检测算法可以分为两类：一类是 Two-stage 算法，需要先产生候选框，然后对候选框进行分类，这类算法主要是 R-CNN 系列（R-CNN、Fast R-CNN、Faster R-CNN）算法，该类算法的精度高一些，但是速度慢一些；另一类是 One-stage 算法，最具代表性的就是 YOLO 系列算法和 SSD 算法，该类算法直接使用 CNN 预测输入图像的类别与位置，速度较快，但是精度会低一些，本节先介绍 Two-stage 算法，第 2.2 节介绍 One-stage 算法。

2.1.1 R-CNN 算法

R-CNN 是第一个将深度学习引入目标检测领域的算法，该算法的创新点在于使用 CNN 作为目标检测的特征提取器，定位检测目标；另外 R-CNN 使用模型预训练解决标注的训练数据不足的问题。在 PASCAL VOC 2012 数据集上，R-CNN 将目标检测的精度提高了很多。R-CNN 的算法框架如图 2.1 所示。

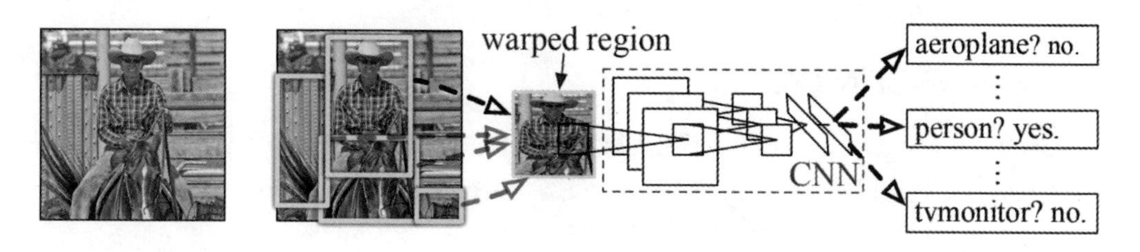

图 2.1

R-CNN 的基本流程如下：

（1）获取输入图像；

（2）提取约 2000 个自上而下的候选区域；

（3）使用 CNN 提取每个候选区域的特征，输出特征向量；

（4）使用 SVM 对每个候选区域进行分类。

论文作者列举了较多的候选区域生成的算法，R-CNN 选用的是 Selective Search 方法。

特征提取网络使用的是 5 个卷积层和 2 个全连接层，对于提取的候选区域，需要将其大小调整为固定大小 227 × 227，然后送入 CNN。

在测试时也是使用 Selective Search 方法，从输入图像中提取约 2000 个候选区域，然后送入 CNN 中计算特征。每个类都有一个为该类训练的 SVM，将提取的特征送入 SVM 中进行分类。对于给定图像中所有的得分区域，应用非极大值抑制（NMS）。

模型训练是先在 ILSVRC-2012 分类数据集上进行预训练模型，预训练模型技巧在以后的模型训练中常被用到。

图 2.2 所示为 R-CNN 与其他算法在 PASCAL VOC 2010 数据集上的对比结果。

method	aero	bike	bird	boat	bottle	bus	car	cat	chair	cow	table	dog	horse	mbike	person	plant	sheep	sofa	train	tv	mAP(%)
DPM v5 [20]†	49.2	53.8	13.1	15.3	35.5	53.4	49.7	27.0	17.2	28.8	14.7	17.8	46.4	51.2	47.7	10.8	34.2	20.7	43.8	38.3	33.4
UVA [39]	56.2	42.4	15.3	12.6	21.8	49.3	36.8	46.1	12.9	32.1	30.0	36.5	43.5	52.9	32.9	15.3	41.1	31.8	47.0	44.8	35.1
Regionlets [41]	65.0	48.9	25.9	24.6	24.5	56.1	54.5	51.2	17.0	28.9	30.2	35.8	40.2	55.7	43.5	14.3	43.9	32.6	54.0	45.9	39.7
SegDPM [18]†	61.4	53.4	25.6	25.2	35.5	51.7	50.6	50.8	19.3	33.8	26.8	40.4	48.3	54.4	47.1	14.8	38.7	35.0	52.8	43.1	40.4
R-CNN	67.1	64.1	46.7	32.0	30.5	56.4	57.2	65.9	27.0	47.3	40.9	66.6	57.8	65.9	53.6	26.7	56.5	38.1	52.8	50.2	50.2
R-CNN BB	**71.8**	**65.8**	**53.0**	**36.8**	**35.9**	**59.7**	**60.0**	**69.9**	**27.9**	**50.6**	**41.4**	**70.0**	**62.0**	**69.0**	**58.1**	**29.5**	**59.4**	**39.3**	**61.2**	**52.4**	**53.7**

图 2.2

由图 2.2 可以看出，R-CNN 的检测结果远胜于当时其他算法的检测结果，自此深度学习的方法开始被广泛用于目标检测领域。

如果想深入了解 R-CNN，可以参考论文 *Rich Feature Hierarchies for Accurate Object Detection and Semantic Segmentation Tech Report*（*v5*）。

2.1.2 Fast R-CNN 算法

R-CNN 在当时的效果非常显著，但是其算法设计还是有一些缺陷的，最显著的问题就是算法分为多个流程，提取候选区域会产生大量的冗余，使算法运行速度很慢。Fast R-CNN 算法做了一些创新，不仅极大地提高了运行速度，还提升了精度。

Fast R-CNN 的流程如图 2.3 所示。

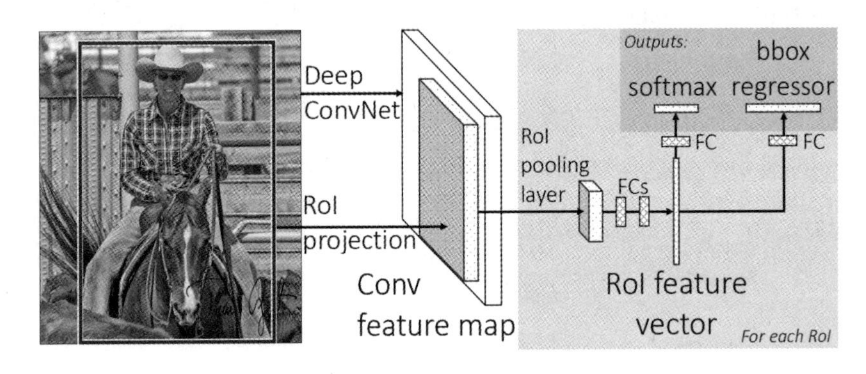

图 2.3

由图 2.3 可以看出，Fast R-CNN 将整张输入图像送入卷积网络，而不是对每个候选框（Region Proposal）进行卷积，这样减少了重复计算，极大地提高了运行速度。因为 Fast R-CNN 最后使用了全连接层，所以使用 RoI pooling 进行特征图的尺寸变换。Fast R-CNN 将边框回归和网络一起训练，分类任务使用 softmax 分类器。

改进后的网络与 R-CNN 和 SPPNet 相比有更高的精度，只有一个训练阶段且使用多任务损失，训练过程可以更新所有的网络层，不需要在本地缓存特征。

SPPNet 是目标检测领域非常重要的一个网络，由何恺明于 2015 年提出，相较于 R-CNN，SPPNet 的影响力稍逊，故此处不再详述。感兴趣的用户可以参考论文 *Spatial Pyramid Pooling in Deep Convolutional Networks for Visual Recognition* 进行学习。

Fast R-CNN 在速度和精度上都有很大的提升。图 2.4 所示为 Fast R-CNN 与其他算法在 PASCAL VOC 2012 数据集上的对比结果。

method	train set	aero	bike	bird	boat	bottle	bus	car	cat	chair	cow	table	dog	horse	mbike	person	plant	sheep	sofa	train	tv	mAP(%)
BabyLearning	Prop.	78.0	74.2	61.3	45.7	42.7	68.2	66.8	80.2	40.6	70.0	49.8	79.0	74.5	77.9	64.0	35.3	67.9	55.7	68.7	62.6	63.2
NUS_NIN_c2000	Unk.	80.2	73.8	61.9	43.7	**43.0**	70.3	67.6	80.7	41.9	69.7	51.7	78.2	75.2	76.9	65.1	**38.6**	**68.3**	58.0	68.7	63.3	63.8
R-CNN BB [10]	12	79.6	72.7	61.9	41.2	41.9	65.9	66.4	84.6	38.5	67.2	46.7	82.0	74.8	76.0	65.2	35.6	65.4	54.2	67.4	60.3	62.4
FRCN [ours]	12	80.3	74.7	66.9	46.9	37.7	73.9	68.6	87.7	41.7	71.1	51.1	86.0	77.8	79.8	69.8	32.1	65.5	63.8	76.4	61.7	65.7
FRCN [ours]	07+12	**82.3**	**78.4**	**70.8**	**52.3**	38.7	**77.8**	**71.6**	**89.3**	**44.2**	**73.0**	**55.0**	**87.5**	**80.5**	**80.8**	**72.0**	35.1	**68.3**	**65.7**	**80.4**	**64.2**	**68.4**

图 2.4

如果想深入了解 Fast R-CNN 算法，可以参考论文 *Fast R-CNN*。

2.1.3 Faster R-CNN 算法

Fast R-CNN 的速度虽然较 R-CNN 有所提高，但是离实时的要求还有很大的差距，其候选框的提取依旧使用 Selective Search 方法，这个过程耗时很长。Faster R-CNN 将特征提取、生成候选区域、Bounding Box 回归和分类都融合到一个网络中，极大地提升了性能。

Faster R-CNN 的网络架构如图 2.5 所示。

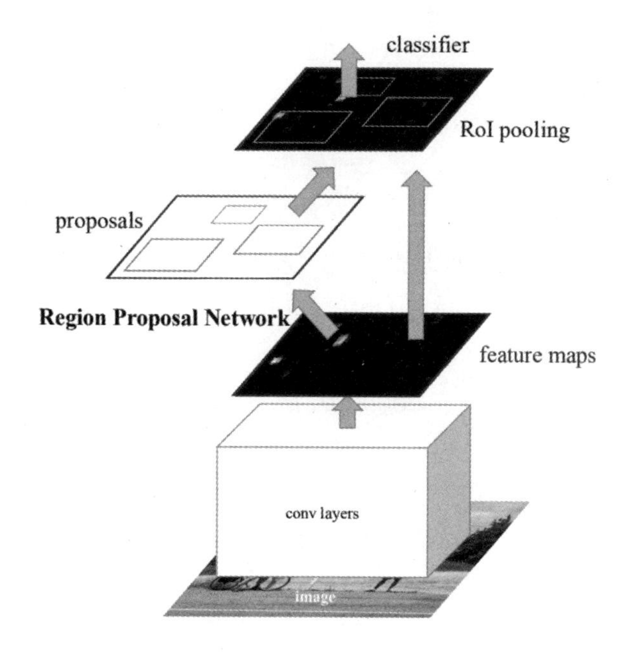

图 2.5

由图 2.5 可以看出，整个网络分为四大部分。

（1）卷积层：卷积层用于提取输入图像特征图，输出给 RPN（Region Proposal Network）和 RoI pooling 层。

（2）RPN：RPN 用于生成候选区域，取代之前算法的 Selective Search 方法。

（3）RoI pooling 层：该层用于处理输入的特征图和 RPN 生成的候选框，处理后送入全连接网络进行分类。

（4）分类器：对结果分类并进行 Bounding Box 回归。

卷积层可以使用 VGG-16 等作为特征提取网络。VGG 网络在 1.4.2 节有介绍。

Faster R-CNN 最大的改变就是使用 RPN 产生候选框，代替 Selective Search 这种手动的方法。RPN 可以输入任意大小的图像，输出一系列的矩形框，每个矩形框还有一个对象得分。

RPN 的框架如图 2.6 所示。

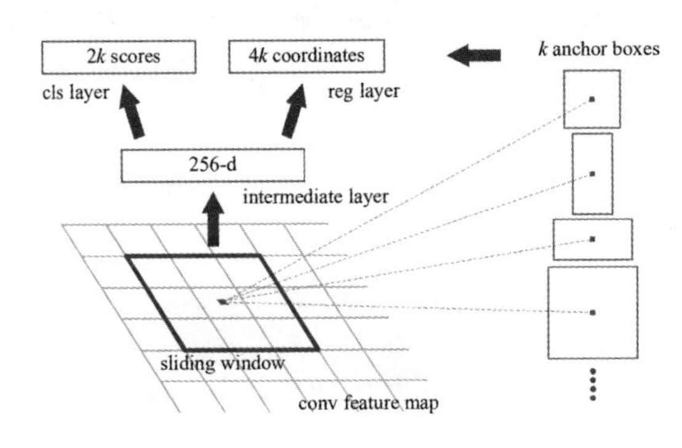

图 2.6

RPN 在卷积层的特征图上使用滑动窗口产生一系列的矩形框（anchor boxes），这些矩形框具有不同的尺寸和长宽比。如图 2.6 所示，在每个位置上产生 k 个矩形框，论文作者使用了 3 个尺度和 3 种不同的比率，每个位置可以产生 9 个矩形框，即 k=9，这种设计达到了多尺度检测的目的。

因为每个矩形框会分为 positive 和 negative，所以有 2 个得分，每个矩形框会有一个位置偏移量，因此 RPN 的 cls 层输出 2k 个得分，而 reg 层输出 4k 个坐标。另外，在 RPN 训练时，由于产生的矩形框很多，所以论文作者按照一定的规则随机选取其中的 256 个矩形框用于训练。

使用 RPN 在 PASCAL VOC 2007 数据集上的测试效果如图 2.7 所示。

method	# proposals	data	mAP (%)
SS	2000	07	66.9†
SS	2000	07+12	70.0
RPN+VGG, unshared	300	07	68.5
RPN+VGG, shared	300	07	69.9
RPN+VGG, shared	300	07+12	**73.2**
RPN+VGG, shared	300	COCO+07+12	**78.8**

图 2.7

图 2.7 所示为该论文作者的几个尝试，使用 RPN+VGG 而不使用共享特征的 mAP 为 68.5%，使用 RPN+VGG 且使用共享特征的 mAP 为 69.9%，这说明了共享特征的重要性。另外，该论文作者还展示了在 VOC 2007、VOC 2012 及 COCO 数据集上训练对结果的影响，发现数据集的扩充对结果影响较大。

如果想深入了解 Faster R-CNN 算法，可以参考论文 *Faster R-CNN：Towards Real-Time Object Detection with Region Proposal Networks*。

2.2　目标检测 One-stage 算法

使用 Two-stage 算法进行检测时会先进行候选框的提取，这个过程耗时很长，因此目标检测领域另外一条研究路线就是直接使用 CNN 提取特征预测目标的类别和位置，这就是 One- stage 算法，常见的有 YOLO 系列算法和 SSD 算法。

2.2.1　YOLO 系列算法

YOLO 系列算法是目标检测 One-stage 算法的代表，从 YOLO-v1 到 YOLO-v3，算法在不断改进。本节将介绍 YOLO 系列算法。

1. YOLO-v1 算法

YOLO-v1 提出将目标检测作为一个单一的回归问题，从图像中直接预测目标的类别和位置，运行速度较 R-CNN 系列算法提高了很多。YOLO-v1 的流程如图 2.8 所示。

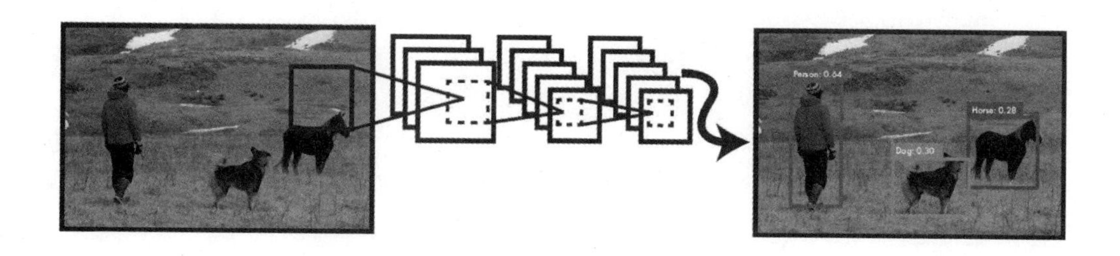

图 2.8

由图 2.8 可以看到，YOLO-v1 的流程分为三步：

（1）将输入图像的大小调整到 448 × 448；

（2）在图像上运行卷积网络；

（3）通过模型的置信度使用非极大值抑制得到检测类别。

YOLO-v1 所有的训练和测试代码论文作者都已经开源，一些预训练的模型也可以被下载。

YOLO-v1 的模型结构如图 2.9 所示。

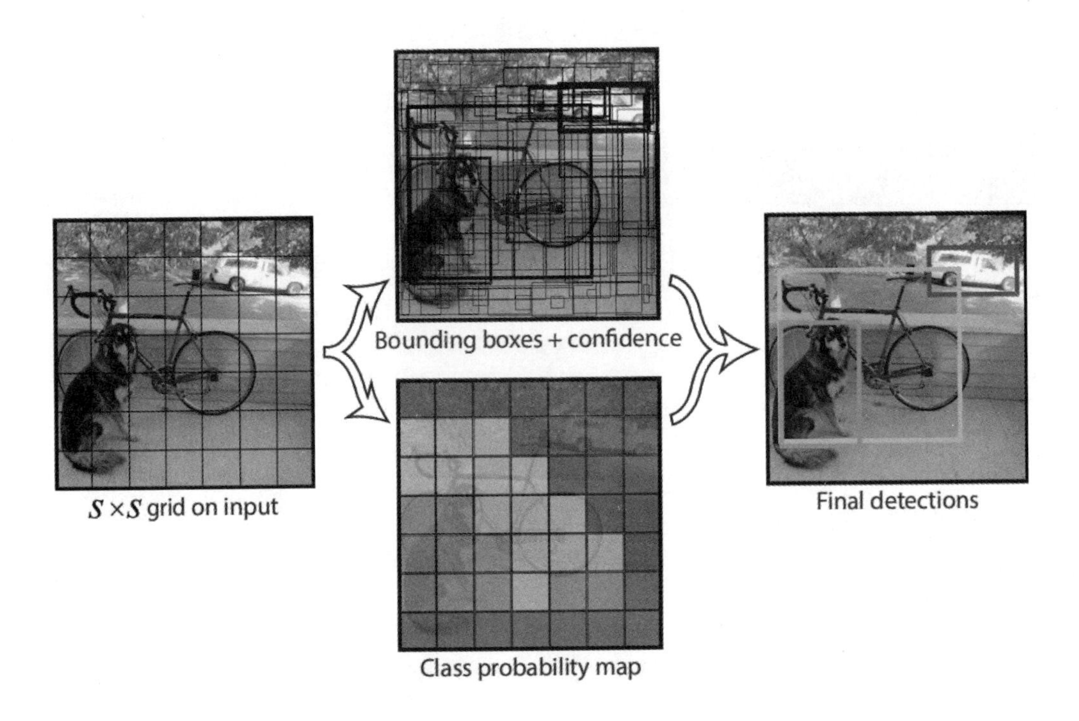

图 2.9

如图 2.9 所示，YOLO-v1 将输入图像划分为 $S \times S$ 网格，若被检测对象的中心落入某个网格单元，则该网格单元负责检测该对象。每个网格单元预测包围框和这些框的置信度分数。每个 Bounding Box（包围框）预测 5 个值，x、y、w、h 和 confidence。（x,y）坐标表示相对于网格单元的边界的包围框的中心，宽（w）和高（h）的预测是相对于整个图像的，置信度（confidence）的预测即预测框与标注框之间的 IOU（交并比）。另外，每个网格还需要预测 C 个类别的概率（总共有 C 个类别，每个网格属于 C 个类别中的某一个的概率，因此是一个条件概率）。

网络架构采用类似于 GoogLeNet 模型的结构，将其中的 Inception 结构替换为 1×1 卷积，后接 3×3 卷积的形式，整个网络包含 24 个卷积层和 2 个全连接层，如图 2.10 所示。还有一个快速版本，使用 9 层卷积，其他的参数都是相同的。

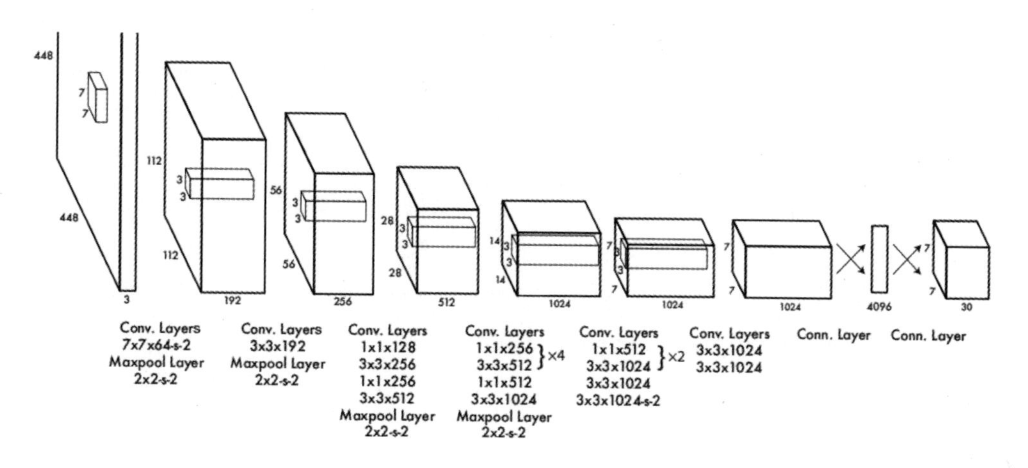

图 2.10

论文作者在 PASCAL VOC 数据集上评估 YOLO，使用的网格数为 7×7，每个网格预测 2 个包围框。PASCAL VOC 有 20 个标签类，所以预测类别为 20 个，因此可以计算得到最后的预测输出张量是 7×7×30。

提示：每个网格预测 20 个类别，每个包围框预测 5 个参数，有 2 个包围框，所以最终结果为 20+5×2=30。

YOLO-v1 虽然运行速度较快，但是有局限性。因为每个网格单元只预测两个框，并且只预测一个类别，所以这种设计对于小物体（如鸟群）的检测会出现漏检情况。如果想深入了解 YOLO-v1，可以参考论文 *You Only Look Once: Unified, Real-Time Object Detection*。

2. YOLO-v2 算法

在 YOLO-v1 之后，论文作者发表了 YOLO 系列算法的第二篇论文 *YOLO9000 : Better,Faster,Stronger*，文中提出了两种 YOLO 的升级模型：YOLO 9000 和 YOLO-v2。

YOLO-v2 使用了一种新颖的、多尺度的训练方法，相同的 YOLO-v2 模型可以在不同大小的输入下运行，更容易在速度和精度之间做一个权衡，达到了 state-of-the-art 的效果。

针对 YOLO-v1 检测位置的误差较 Faster R-CNN 大，以及相较于 Region Proposal 方法召回低的问题，YOLO-v2 做了较大的改进。YOLO-v2 没有采用更大、更深的网络来提升性能，而是简化了网络，并且采取了一些策略。下面对几个重要的策略进行介绍。

（1）Batch Normalization（批归一化）。使用 Batch Normalization 之后，就不需要其他形式的正则化（如 Dropout）了。在添加 Batch Normalization 后 mAP 至少提高了 2%，这个操作是目前网络搭建中的常用操作，可以有效地减少过拟合，提高收敛速度。

（2）High Resolution Classifier（分类网络高分辨率预训练）。YOLO-v2 在 ImageNet 上使用了 10 个 epochs（轮次），以 448 × 448 的输入对分类网络进行微调，然后将该网络用于目标检测任务的微调，论文作者使用这种方法让 mAP 提高了近 4%。

（3）Convolutional with Anchor Boxes（带矩形框的卷积）。论文作者使用该方法让准确率略有下降，但是召回率有了极大的提升，召回率的增加给模型提供了更大的提升空间。

（4）Dimension Clusters（使用聚类选择矩形框）。论文作者采用 K-means 聚类方法而非手动的方法来选择最佳的初始 boxes。

（5）Direct Location Prediction（直接预测位置而非偏移量）。在 YOLO 中使用矩形框发现模型不稳定，主要体现在使用矩形框预测(x,y)的位置。为了解决这个问题，在 YOLO-v2 中直接预测相对于网格单元位置的位置坐标。

（6）Fine-Grained Features（细粒度特征）。借鉴 Faster R-CNN 和 SSD 使用不同尺度特征图做预测的方法，YOLO-v2 添加了一个 passthrough 层，从 26 × 26 的特征图上提取特征，这样就可以使用深层特征预测大的物体，使用浅层特征预测小的物体。

（7）Multi-Scale Training（多尺度训练）。YOLO-v2 中没有使用全连接层，因此不用输入固定的尺寸。为了适应不同尺寸图像的预测，YOLO-v2 采用了不同尺寸的训练图像，每 10 个 epochs 换一个训练尺寸，输入图像的尺寸范围为 320 ~ 608，使用的采样大小是 32。

采用策略的效果如图 2.11 所示。

	YOLO								YOLO-v2
batch norm?		✓	✓	✓	✓	✓	✓	✓	✓
hi-res classifier?			✓	✓	✓	✓	✓	✓	✓
convolutional?				✓	✓	✓	✓	✓	✓
anchor boxes?				✓	✓				
new network?					✓	✓	✓	✓	✓
dimension priors?						✓	✓	✓	✓
location prediction?						✓	✓	✓	✓
passthrough?							✓	✓	✓
multi-scale?								✓	✓
hi-res detector?									✓
VOC2007 mAP(%)	63.4	65.8	69.5	69.2	69.6	74.4	75.4	76.8	**78.6**

图 2.11

为了让模型运行得更快，YOLO-v2 也做了一些改进，如分类网络的主干网络不使用 VGG-16，而是使用新的网络 Darknet-19，该网络包括 19 个卷积层和 5 个最大池化层。Darknet-19 的网络设计细节如图 2.12 所示。

Type	Filters	Size/Stride	Output
Convolutional	32	3×3	224×224
Maxpool		$2 \times 2/2$	112×112
Convolutional	64	3×3	112×112
Maxpool		$2 \times 2/2$	56×56
Convolutional	128	3×3	56×56
Convolutional	64	1×1	56×56
Convolutional	128	3×3	56×56
Maxpool		$2 \times 2/2$	28×28
Convolutional	256	3×3	28×28
Convolutional	128	1×1	28×28
Convolutional	256	3×3	28×28
Maxpool		$2 \times 2/2$	14×14
Convolutional	512	3×3	14×14
Convolutional	256	1×1	14×14
Convolutional	512	3×3	14×14
Convolutional	256	1×1	14×14
Convolutional	512	3×3	14×14
Maxpool		$2 \times 2/2$	7×7
Convolutional	1024	3×3	7×7
Convolutional	512	1×1	7×7
Convolutional	1024	3×3	7×7
Convolutional	512	1×1	7×7
Convolutional	1024	3×3	7×7
Convolutional	1000	1×1	7×7
Avgpool		Global	1000
Softmax			

图 2.12

Darknet-19 主要使用 3×3 卷积，在每个池化操作之后通道数都会加倍。在 NIN 网络之后使用全局平均池化，在 3×3 卷积之间使用 1×1 卷积压缩特征表示，还使用批归一化来稳定训练，加快收敛速度，对模型进行正则化。

论文作者的 YOLO 系列算法的第二篇论文中提出了一种目标检测与分类联合训练的方法，该作者使用该方法同时在 COCO 数据集和 ImageNet 数据集上训练 YOLO9000。较之于 YOLO-v1，YOLO9000 检测的类别数量大大增加，可以检测超过 9000 个类别。

检测和分类模型的联合训练机制：若数据为检测数据，则计算位置损失和分类损失的总损失，将其进行反向传播；若数据为分类数据，则只反向传播分类损失。该作者使用 WordTree 解决不同数据集之间的类别问题，使用该方法训练 YOLO9000。其中，WordTree 是一个分层的树，父节点是高级别的类别，子节点是更加细化的类别。

3. YOLO-v3 算法

在 YOLO-v2 之后，该作者继续做了一些改进，发表在论文 *YOLOv3：An Incremental Improvement* 中。在 mAP 相似的情况下，YOLO-v3 的运行速度比其他目标检测算法的运行速度快很多，如图 2.13 所示。

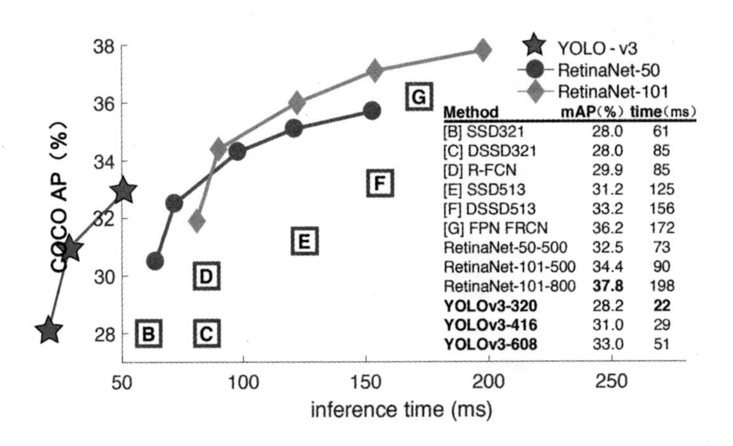

图 2.13

YOLO-v3 在 YOLO-v2 的基础上加深了网络，网络结构使用 Darknet-53（见图 2.14），虽然速度慢了，但是精度提升了。

	Type	Filters	Size	Output
	Convolutional	32	3 × 3	256 × 256
	Convolutional	64	3 × 3 / 2	128 × 128
1×	Convolutional	32	1 × 1	
	Convolutional	64	3 × 3	
	Residual			128 × 128
	Convolutional	128	3 × 3/2	64 × 64
2×	Convolutional	64	1 × 1	
	Convolutional	128	3 × 3	
	Residual			64 × 64
	Convolutional	256	3 × 3/2	32 × 32
8×	Convolutional	128	1 × 1	
	Convolutional	256	3 × 3	
	Residual			32 × 32
	Convolutional	512	3 × 3/2	16 × 16
8×	Convolutional	256	1 × 1	
	Convolutional	512	3 × 3	
	Residual			16 × 16
	Convolutional	1024	3 × 3/2	8 × 8
4×	Convolutional	512	1 × 1	
	Convolutional	1024	3 × 3	
	Residual			8 × 8
	Avgpool		Global	
	Connected		1000	
	Softmax			

图 2.14

YOLO-v3 使用均方差损失预测包围框的坐标、宽和高，使用 Logistic 回归预测每个包围框的得分。YOLO-v3 使用多标签分类预测包围框中可能包含的类，使用 Logistic（而非 softmax）进行分类，在训练中使用二进制交叉熵损失（Binary Cross-Entropy）进行类预测。

YOLO-v3 中融合了很多目标检测的技巧，如预测 3 种尺度的包围框，采用特征金字塔，使用小尺寸特征图检测大的物体，大尺寸特征图检测小的物体。另外，如图 2.14 所示，Darknet-53 还使用了残差网络的设计。

2.2.2 SSD 算法

SSD（Single Shot MultiBox Detector）是 One-stage 算法的另一个代表，很多算法都是使用 SSD 作为主干网络。SSD 创新地提出了多尺度特征图检测的思想，即使用大尺度的特征图检测小的物体，小尺度的特征图检测大的物体，这一思想在后来的目标检测网络设计中都有应用，极大地提高了检测精度。SSD 还采用了不同尺度和长宽比的先验框，直接使用 CNN 做检测而非在全连接网络之后做检测，这些使 SSD 算法在 PASCAL VOC 和 COCO 数据集上达到了 state-of-the-art 的效果。

注意：先验框即 Prior Boxes，在不同的算法或论文中其名称可能不同，表示相同含义的名称还有 Anchors、Anchor Boxes。

SSD 的网络框架如图 2.15 所示。

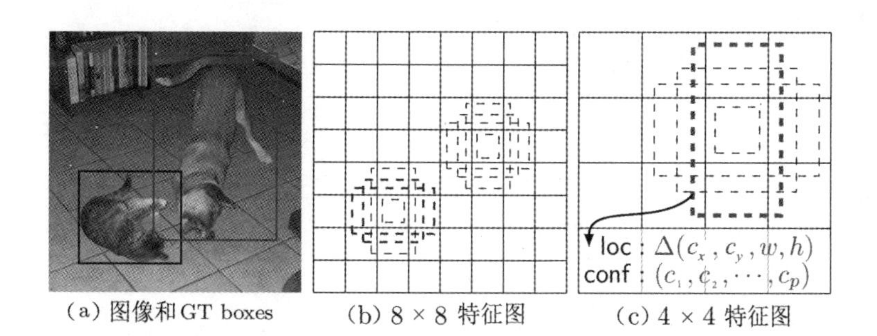

(a) 图像和 GT boxes (b) 8 × 8 特征图 (c) 4 × 4 特征图

图 2.15

由图 2.15 可以看出，SSD 的网络训练只需要输入图像和对应的 Ground Truth Boxes（GT Boxes，标注框），在不同的特征图上使用不同长宽比的检测框，每个检测框预测对象的类别和形状的偏移，模型的损失定义为位置损失与分类损失的加权和。

在 SSD 的预测类别中还考虑了背景，将背景作为一个单独的类别，若检测类别为 c，则 SSD 会预测 c+1 个类别的置信度。SSD 预测检测框位置是预测其中心坐标、宽和高，实际上这 4 个预测值是相对于先验框的偏移。因此，对于 c 个类别（含背景），使用 k 种长宽比、尺寸为 $m \times n$ 的特征图，最终会有 $(c+4) \times k \times m \times n$ 个输出。

图 2.16 所示为论文作者提出的 SSD 的网络结构及 YOLO 的网络结构。

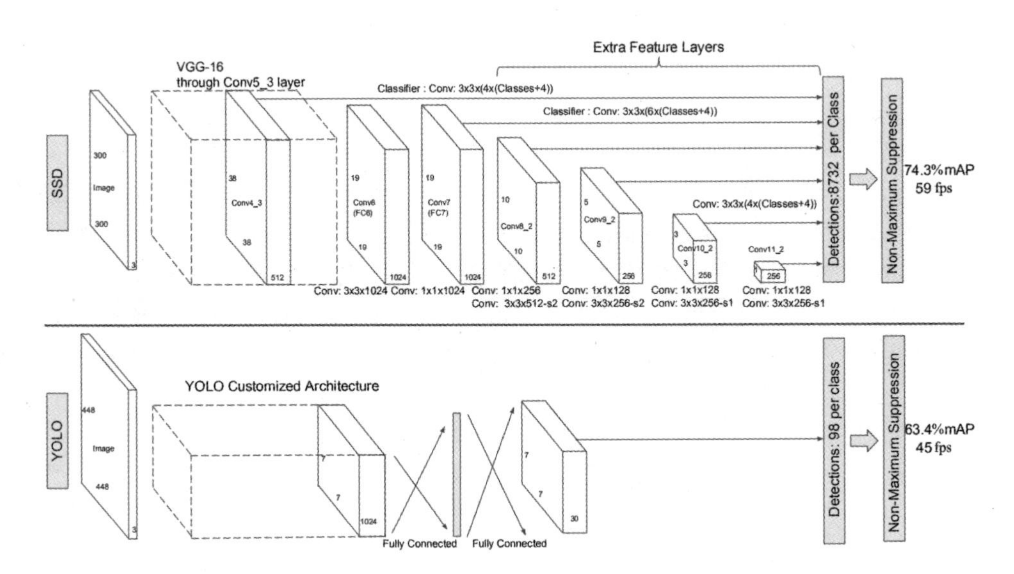

图 2.16

对比图 2.16 中的 SSD 与 YOLO 的网络结构可以看出，SSD 采用了多尺度特征图做检测且直接使用卷积网络检测。在该作者的SSD算法的论文中SSD使用的主干网络是VGG-16，在VGG-16之后增加了几种尺度的特征图（38、19、10、5、3、1）用于检测，SSD 的输入有 300×300 和 512×512 两种。

SSD 的先验框匹配与 YOLO 不同，YOLO 中的 GT Boxes 的中心在哪个单元格，其就选择该单元格中 IOU 最大的先验框用于预测，在 SSD 匹配时首先选择 IOU 最大的先验框作为正样本，然后在剩下的样本中选取 IOU 大于阈值的样本作为正样本。若一个先验框与多个 GT Boxes 的 IOU 大于阈值，则只匹配 IOU 最大的那个 GT Boxes。

为了增强模型的鲁棒性，该作者采用了数据增强，如翻转图片、随机裁剪图片、随机采集图片区域等方法。图 2.17 所示为 SSD 与其他算法在 PASCAL VOC 2007 数据集上的对比效果。

Method	mAP(%)	fps	batch size	# Boxes	Input resolution
Faster R-CNN (VGG16)	73.2	7	1	~ 6000	~ 1000 × 600
Fast YOLO	52.7	155	1	98	448 × 448
YOLO (VGG16)	66.4	21	1	98	448 × 448
SSD300	74.3	46	1	8732	300 × 300
SSD512	76.8	19	1	24564	512 × 512
SSD300	74.3	59	8	8732	300 × 300
SSD512	76.8	22	8	24564	512 × 512

图 2.17

由图 2.17 可以看出，SSD300 是唯一的能够实时检测且准确率超过 70%的算法，SSD512 也接近实时的速度，SSD 较 YOLO 在准确率上提升较大，较 Faster R-CNN 在速度上提升极大。

该作者对使用数据增强等技巧对模型提升的效果做了一个对比，如图 2.18 所示。

	SSD300				
more data augmentation?		✔	✔	✔	✔
include $\{\frac{1}{2}, 2\}$ box?	✔		✔	✔	✔
include $\{\frac{1}{3}, 3\}$ box?	✔			✔	✔
use atrous?	✔	✔	✔		✔
VOC2007 test mAP（%）	65.5	71.6	73.7	74.2	**74.3**

图 2.18

由图 2.18 可以看出，数据增强对提升模型效果有很大的作用，将 mAP 提高了 8.8%，该技术在算法研发中非常常用，尤其是在数据集有限的情况下。

如果想深入研究 SSD，可以参考论文 *SSD: Single Shot Multibox Detector*。

SSD 系列还有一些算法，如 FSSD、DSSD 等。SSD 使用不同层次的特征进行检测，但是这些特征很难融合，FSSD 采用一个轻量的特征融合模块解决了这个问题，显著提升了 SSD 的性能，不过运行速度有轻微的减缓，细节可以参考论文 *FSSD: Feature Fusion Single Shot Multibox Detector*。DSSD 解决了 SSD 的小物体检测效果不佳等问题，其主干网络使用 Residual-101（SSD 使用 VGG-16），可以提取更深层次的特征；DSSD 使用反卷积模块而非双线性插值进行上采样。DSSD 的更多细节可以参考论文 *DSSD: Deconvolutional Single Shot Detector*。

2.3 图像分割算法

图像分割主要指图像语义分割（Semantic Segmentation）。图像语义分割需要将图像中的像素点分类，确定其是背景还是目标，从而对目标进行划分。

图像分割较图像分类、目标检测难度更大，因为图像分割需要精确到像素点，而深度学习中的 CNN 卷积之后这种像素级别的信息已经丢失，无法做到精确地分割，所以出现了 FCN 算法等专门用于图像分割的算法。

2.3.1 FCN 算法

FCN（Fully Convolutional Networks，全卷积网络）被发表在论文 *Fully Convolutional Networks for Semantic Segmentation* 中。FCN 实现的是端到端的训练，不涉及前处理和后处理

工作。FCN 是图像语义分割的基本框架，后面的很多算法都是在这个基础上演化而来的。FCN 的网络结构如图 2.19 所示。

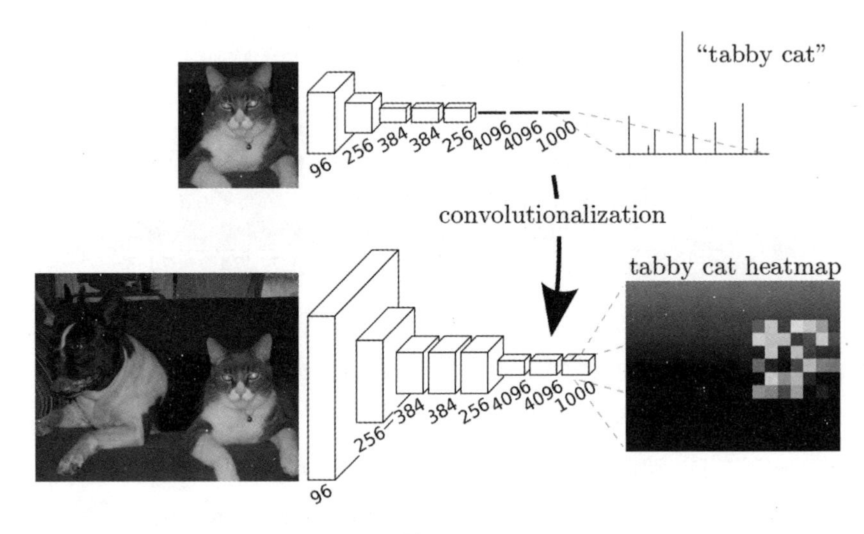

图 2.19

如图 2.19 所示，FCN 在分类网络的基础上做了一些修改，将分类网络中最后的全连接层改为卷积层，这样可以得到一个二维特征图，然后使用 softmax 得到像素级的分类，从而进行图像语义分割。

FCN 结构的示意图如图 2.20 所示。

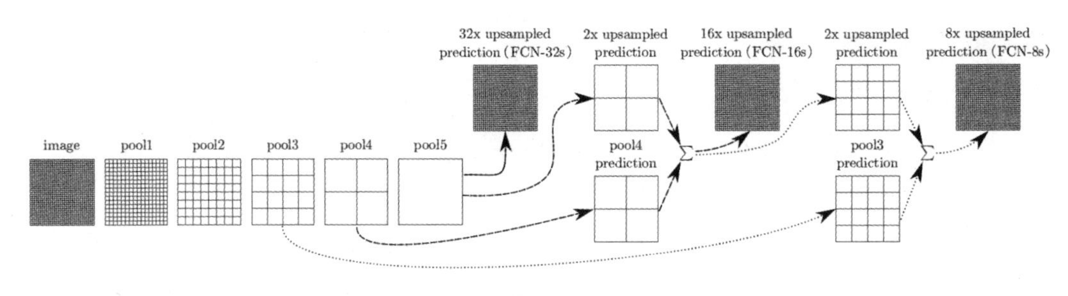

图 2.20

如图 2.20 所示，论文作者使用了不同尺度的特征图，image 经过 5 个 pooling 操作之后的输出即 pool5，尺寸变为 image 的 1/32，所以这里进行 32× 上采样得到与原图大小相同的特征图，即 FCN-32s。pool5 的输出进行 2× 上采样得到的特征图与 pool4 的输出相加，然后进行 16× 上采样也会得到与原图大小相同的特征图，即 FCN-16s，同理 pool3 的输出需要进行 8× 上采样，即 FCN-8s。

这种使用不同层次的特征融合对分割的效果如图 2.21 所示。

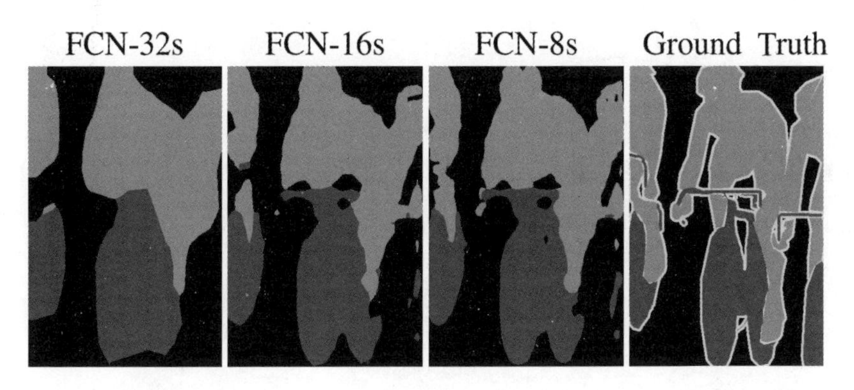

图 2.21

图 2.21 中最右边的图片是真实分割标记(Ground Truth),FCN-32s 没有做特征融合,FCN-8s 融合了 3 个尺度的特征，其效果明显优于没有做特征融合的层。

2.3.2　U-Net 算法

U-Net 来源于 ISBI Challenge 2015,该分割网络结构简单,可以在较小的训练集上使用。U-Net 的网络结构如图 2.22 所示。

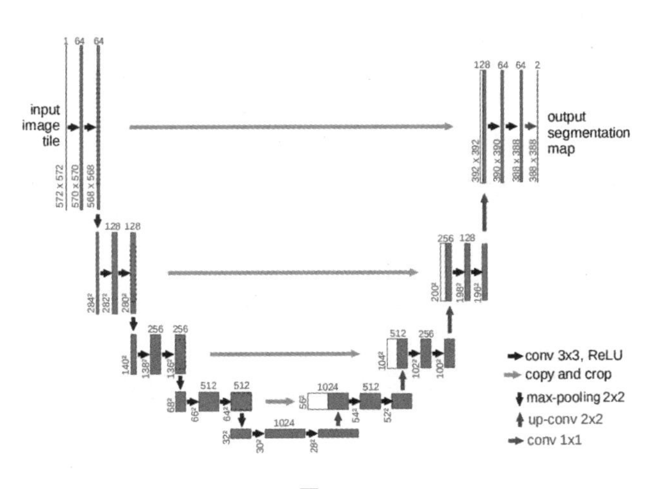

图 2.22

如图 2.22 所示, 网络的左边部分是卷积和 max-pooling 的下采样, 右边部分是卷积和 up-conv 的上采样，得到 388 × 388 × 2 的特征图，最后使用 softmax 得到 output segmentation map。整个网络结构类似于 U 型，使用不同尺度的特征进行融合，融合时将特征图按照通道进行拼接。

U-Net 算法的细节可以参考论文 *U-Net：Convolutional Networks for Biomedical Image Segmentation*。

2.3.3 DeepLab 系列算法

DeepLab-v1 结合 DCNN（深度神经网络）和 CRF（条件随机场）做图像分割。因为 DCNN 不能处理像素级的分类，所以论文作者结合了 CRF，另外还使用了空洞卷积扩大感受野。

DeepLab-v1 的网络结构示意图如图 2.23 所示。

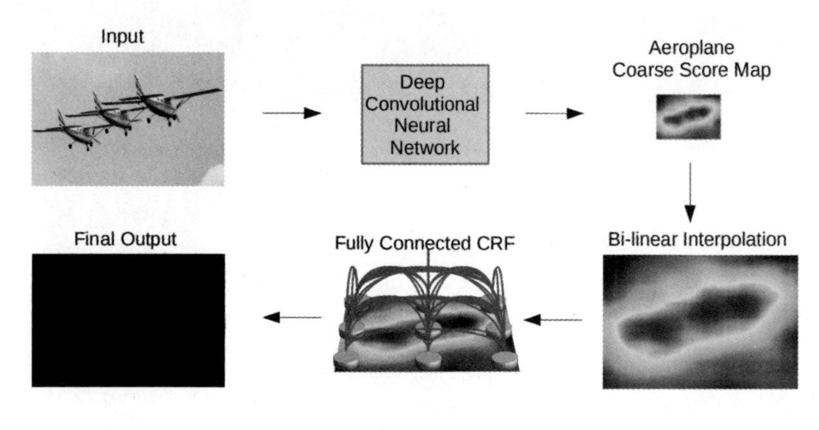

图 2.23

DeepLab-v1 的细节可以参考论文 *Semantic Image Segmentation with Deep Convolutional Nets and Fully Connected Crfs*。

DeepLab-v2 和 DeepLab-v1 的结构差异不大，但是引入了 ASPP（Atrous Spatial Pyramid Pooling，空洞空间金字塔池），从而使用多尺度的特征图，将基础网络由 VGG-16 变为 ResNet，另外还使用了一些不同的学习策略。

ASPP 的结构如图 2.24 所示。

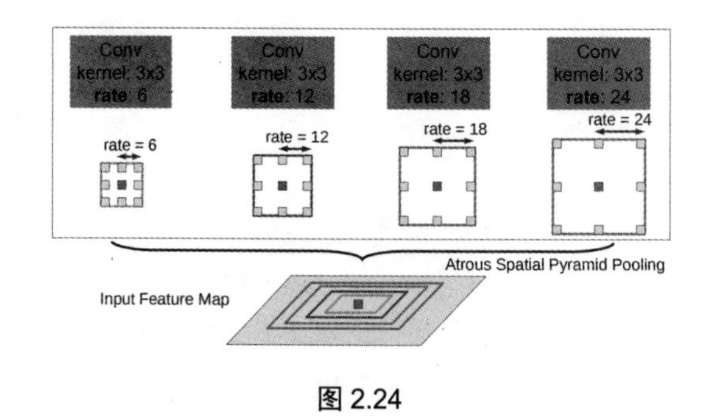

图 2.24

如图 2.24 所示，为了对输入特征图的中心像素进行分类，ASPP 采用多个不同 rate 的并行 kernel 来获取多尺度特征。

DeepLab-v2 的改进使得算法的速度和准确率都有了较大的提升。DeepLab-v2 的细节可以参考论文 *DeepLab：Semantic Image Segmentation with Deep Convolutional Nets, Atrous Convolution, and Fully Connected CRFs*。

DeepLab-v3 探索了更深结构下的空洞卷积，并且优化了 ASPP 结构。

图 2.25 展示了模块中是否带空洞卷积，图（a）不带空洞卷积，图（b）带空洞卷积，可以发现使用空洞卷积可以解决卷积和池化引起的特征图分辨率过小的问题。

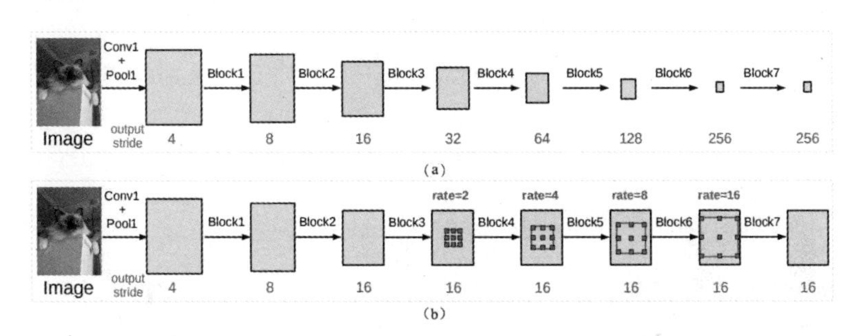

图 2.25

优化后的 ASPP 的结构如图 2.26 所示，ASPP 的结构由串行结构改为了并行结构。

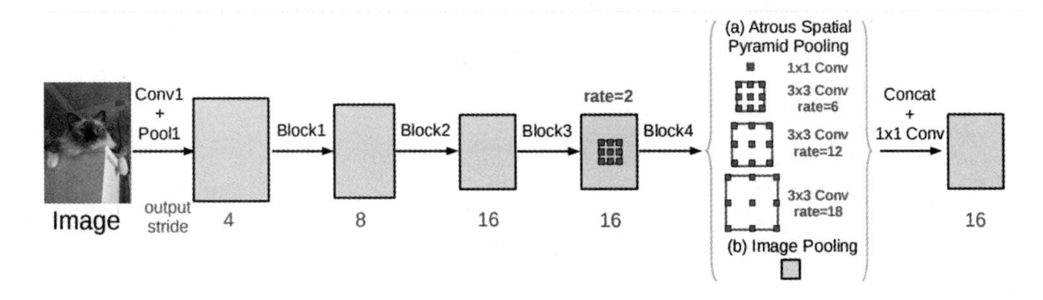

图 2.26

DeepLab-v3 的细节可以参考论文 *Rethinking Atrous Convolution for Semantic Image Segmentation*。

在 DeepLab-v3 的基础上论文作者做了一些修改得到了新的算法 DeepLab-v3+。

DeepLab-v3 使用的 Encoder-Decoder 结构如图 2.27 所示。

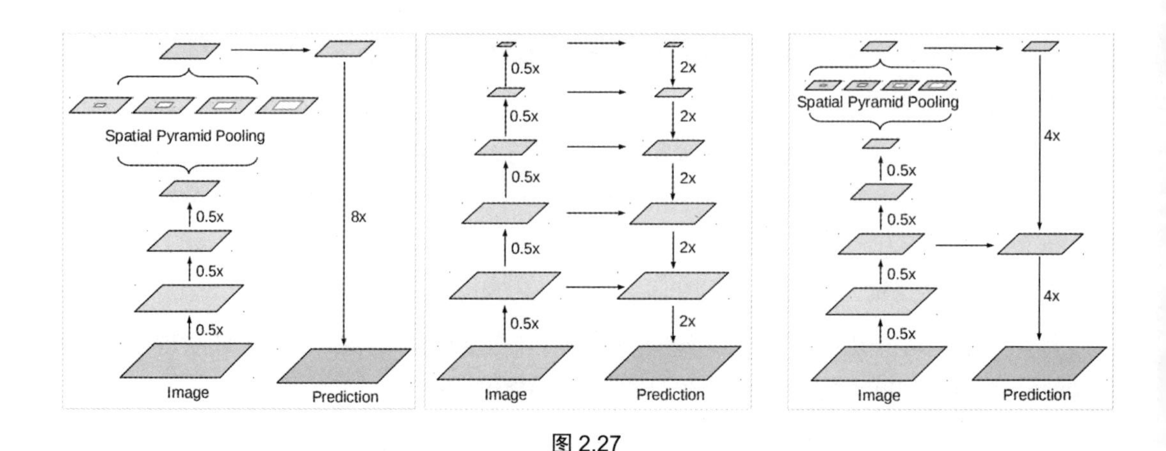

图 2.27

DeepLab-v3+使用了新的 Encoder-Decoder 结构，其将 DeepLab-v3 作为 Encoder，另外增加了一个简单有效的 Decoder。DeepLab-v3+还是将 Xception 结构用于分割任务中，并将深度可分离卷积用在 ASPP 和 Decoder 模块中，有效地提升了网络的性能。

DeepLab-v3+的网络结构如图 2.28 所示。

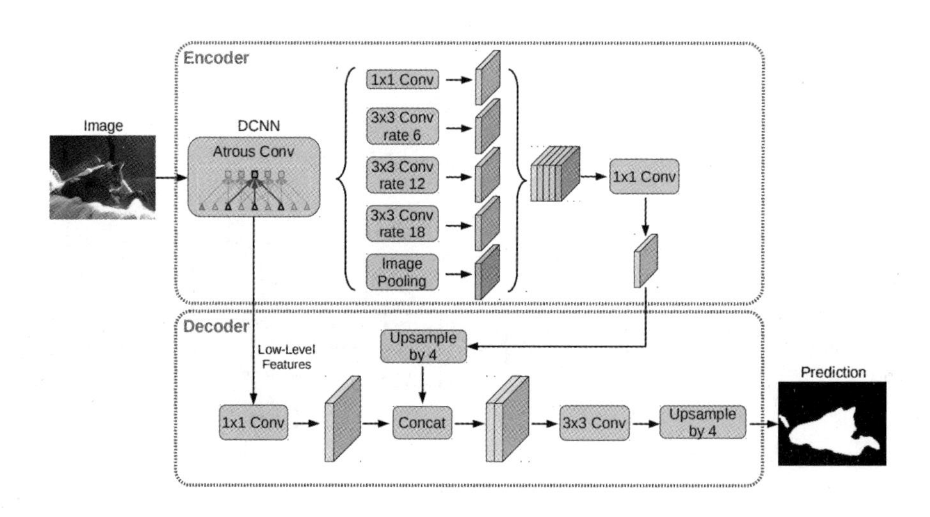

图 2.28

如图 2.28 所示，编码器模块通过在多尺度特征图上使用空洞卷积编码多尺度上下文信息，而解码器模块则沿着分割对象边界细化分割结果。

DeepLab-v3+的细节可以参考论文 *Encoder-Decoder with Atrous Separable Convolution for Semantic Image Segmentation*。

2.3.4 Mask R-CNN 算法

Mask R-CNN 对 Faster R-CNN 做了一个扩展，在 Faster R-CNN 的输出中增加一个分支用于预测目标掩模（Object Mask），另外两个分支用于预测目标类别和包围框。Mask R-CNN 对 Faster R-CNN 的改动较小，对运行速度的影响很小，而且该算法易于扩展到其他的任务（如人体姿态估计）中。

Mask R-CNN 的网络框架如图 2.29 所示。

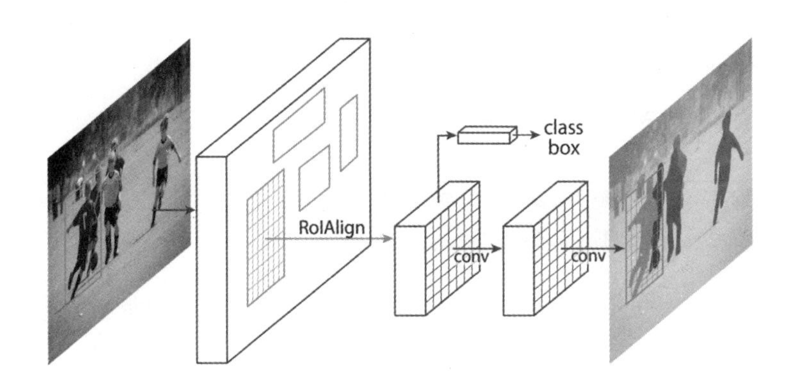

图 2.29

Mask R-CNN 在 COCO 测试集上的测试结果如图 2.30 所示。

图 2.30

图 2.30 中同时展示了分割掩模、类别和包围框，该网络使用的主干网络是 ResNet-101，Mask AP 达到了 35.7%，运行速度为 5fps。Mask R-CNN 与其他算法在 COCO 测试集上的对比效果如图 2.31 所示。

Method	backbone	AP	AP_{50}	AP_{75}	AP_S	AP_M	AP_L
MNC [10]	ResNet-101-C4	24.6	44.3	24.8	4.7	25.9	43.6
FCIS [26] +OHEM	ResNet-101-C5-dilated	29.2	49.5	-	7.1	31.3	50.0
FCIS+++ [26] +OHEM	ResNet-101-C5-dilated	33.6	54.5	-	-	-	-
Mask R-CNN	ResNet-101-C4	33.1	54.9	34.8	12.1	35.6	51.1
Mask R-CNN	ResNet-101-FPN	35.7	58.0	37.8	15.5	38.1	52.4
Mask R-CNN	ResNeXt-101-FPN	**37.1**	**60.0**	**39.4**	**16.9**	**39.9**	**53.5**

图 2.31

其中，MNC 和 FCIS 分别是 COCO 2015 和 COCO 2016 数据集上的案例分割比赛冠军，Mask R-CNN 比它们的效果更好。

对 Mask R-CNN 算法的深入研究可以参考论文 *Mask R-CNN*。

2.4 进阶必备：计算机视觉方向知多少

计算机视觉是深度学习中非常火热的一个领域，在现实生活中的应用非常广泛，图 2.32 所示为计算机视觉的主要应用方向。

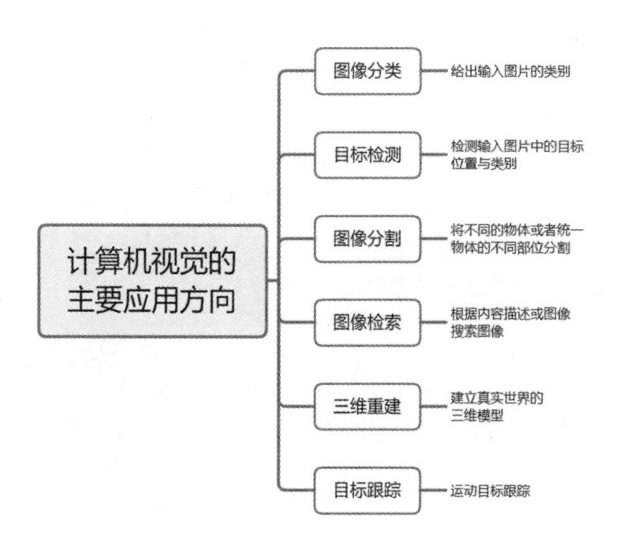

图 2.32

目前图像分类已经趋于算法的极限，很难有较大的提升，不过用户可以将图像分类作为计算机视觉学习的入门方向。虽然图像分类比较基础，但仍存在一些问题需要解决，如样本类别不均衡的问题，可以考虑使用图像增强等方法扩充数据集。在工程应用中，使用图像分类的场景较少，如可以对用户输入的图片进行分类，根据分类类别推送服务或广告。

目标检测包含两个子任务：一是定位目标位置，二是给出目标类别（图像分类任务）。Two-stage 算法在准确率上有优势，但是运行速度较慢。One-stage 算法运行速度较快，但是存在漏检和小目标检测难的问题，因而精度较 Two-stage 算法低。在目标检测中除了需要注意小目标检测的问题，还要注意遮挡等问题。

图像分割是目前计算机视觉领域中最富有挑战的任务之一，工程应用较广，如文本的分割、医学图像的分割。在很多的应用中，需要分割出特定的物体，以进行进一步的处理。图像分割常用 FCN 进行特征提取，然后使用 CRF 或 MRF（马尔科夫随机场）优化特征输出分割图，这是图像分割常用的方式，需要用户重点关注。

图 2.32 中的图像分类、目标检测和图像分割是计算机视觉领域常见的任务，难度递增，初学者可以递进式学习；图像检索、三维重建和目标跟踪是计算机视觉中非常专业的领域，对于初学者来说，难度较大，也较难接触到，本书不做介绍，有兴趣的用户可以深入了解。

第 3 章 基础图像处理

图像处理（Image Processing）一般表示数字图像处理，是指用计算机对图像进行分析和操作，以达到所需结果的一种技术。

计算机视觉处理的对象就是图像，在使用图像数据训练视觉算法模型时，对图像进行一些处理，可以帮助用户增强数据集或者提取对训练更有用的信息，这样可以达到更好的训练效果。

本章将介绍常用的图像处理基础知识，并结合 OpenCV 给出这些处理的应用案例，不仅能帮助用户更好地理解理论知识，还能在实践中看到这些处理方法的效果，理论与实践相结合，更容易将知识应用到实际问题的处理中。

3.1 线性滤波

图像滤波是指在尽可能少地破坏图片细节特征的条件下，降低目标图像的噪声的方法，在对图像数据进行预处理的时候经常会用到。图像滤波的效果直接决定了后续图像分析处理的效果。

在一幅图像中，高频部分是指图像中像素值落差很大的部分，如图像边缘。对于展示，高频部分图像的关键信息数据起到了重要的作用。低频部分是指像素值与旁边的像素值差异较小甚至没有差异的部分，如一幅图像中一片都是某种颜色的区域，对图像信息展示的影响较小。

在现实生活中，图片的信息或能量大部分集中在幅度谱的低频和中频段，而噪声多分布于较高的频段，因此图像中高频段的有用的信息经常被噪声淹没。图像处理的目的在于抽取图像中的有效特征，滤除图像中混入的噪声。在使用滤波器滤除噪声的时候，最重要的就是不能损坏图像中的重要信息，如边缘或轮廓，需要保持图像清晰的视觉效果。因此，降低高频段的噪声是设计图像滤波器的关键。

图像滤波器就是一个矩阵，矩阵的系数就是滤波器的权重，在滤波过程中使滤波器的矩阵与图像矩阵的对应点做乘加运算，得到滤波后的最终结果。

滤波器的处理过程可以表示为公式（3.1）。

$$g(x,y)=\sum_{k,l} f(x+k,y+l)\bullet h(k,l) \tag{3.1}$$

其中，$h(k,l)$ 表示滤波核的函数（kernel），$f(x,y)$ 表示需要处理的源图像，$g(x,y)$ 表示处理之后的结果。

例如，一个 4×4 的图像与一个 3×3 的 kernel 相乘，计算结果如公式（3.2）所示。

$$\begin{bmatrix} 65 & 98 & 123 & 126 \\ 65 & 96 & 115 & 119 \\ 63 & 91 & 107 & 113 \\ 59 & 80 & 97 & 110 \end{bmatrix} \times \begin{bmatrix} 0.1 & 0.1 & 0.1 \\ 0.1 & 0.2 & 0.1 \\ 0.1 & 0.1 & 0.1 \end{bmatrix} = \begin{bmatrix} 92 & 110 \\ 86 & 104 \end{bmatrix} \tag{3.2}$$

将 4×4 图像左上角的 3×3 矩阵部分与 kernel 矩阵对应的数字相乘，将相乘后的结果相加，得到的结果是 92。接着将 kernel 矩阵向右滑动一个像素，计算的结果是 110，然后向下滑动一个单位计算下边三行与 kernel 的乘积，从左边开始计算，结果分别是 86 和 104。

kernel 的尺寸一般选择奇数，这样计算的结果就是 kernel 的中心点对应的位置。

根据核函数与原始图像运算的方式不同，分为线性滤波和非线性滤波。

线性滤波的原始图像与窗口的权重值之间通过加减乘除等线性运算得到目标图像；而非线性滤波则通过逻辑运算，如选取窗口区域内的最大值或中值作为目标图像的结果。

本节主要讲解线性滤波方法，如方框滤波、均值滤波和高斯滤波，非线性滤波将会在下一节介绍。

3.1.1　案例 1：使用方框滤波

方框滤波是指计算核函数区域中像素的平均值，方框滤波的核函数表示为公式（3.3）。

$$\boldsymbol{K}=\alpha\begin{bmatrix} 1 & 1 & 1 & \cdots & 1 \\ 1 & 1 & 1 & \cdots & 1 \\ \vdots & \vdots & \vdots & \vdots & \vdots \\ 1 & 1 & 1 & \cdots & 1 \end{bmatrix} \tag{3.3}$$

其中，参数 α 表示为公式（3.4）。

$$\alpha = \begin{cases} \dfrac{1}{K_{\text{width}} \cdot K_{\text{height}}} & \text{如果normalize置为true} \\ 1 & \end{cases} \tag{3.4}$$

公式（3.4）是一个高为 K_{height}，宽为 K_{width} 的窗口函数，在此区域内的邻域中对像素值叠加求平均值，即可求出位于 kernel 中心点像素的像素值。

OpenCV 提供了方框滤波函数 boxFilter()。

C++版本对应的函数如下：

```
CV_EXPORTS_W void boxFilter( InputArray src, OutputArray dst, int ddepth,
                             Size ksize, Point anchor = Point(-1,-1),
                             bool normalize=true,
                             int borderType=BORDER_DEFAULT );
```

Python 版本对应的函数如下：

```
dst = boxFilter(src, ddepth, ksize, dst=None, anchor=None, normalize=None, borderType=None)
```

对比发现，不同语言版本的接口是完全一样的，C++语言版本中需要将处理后的结果存储到参数 dst 中，而 Python 语言版本对应的处理结果可以直接返回，也可以存储到参数 dst 中。深度学习的算法开发以 Python 语言为主，因此在后续的 OpenCV 接口函数的讲解中，重点讲解 Python 语言版本，案例分享也以 Python 语言为主。

boxFilter 函数对应的参数及其含义如表 3.1 所示（参数顺序以 Python 语言版本为准，下同，不再重复说明）。

表 3.1

参　数	含　义
src	输入图像
ddepth	处理后的目标图像的深度，若设置为-1，则深度与输入图像深度相同
ksize	Size 类型，表示核的大小，一般用 Size(*w*, *h*)表示，如 Size(3, 3)表示 kernel 窗口的大小为 3 × 3
dst	输出图像
anchor	锚点，即进行滤波操作的点，若使用默认值，则表示对 kernel 窗口中心点所对应的像素点进行操作
normalize	表示核是否需要被归一化处理，有默认值，默认值表示会进行归一化处理
borderType	边界模式，由 BorderTypes 定义

其中，borderType 定义各种边界类型，由枚举类型 BorderTypes 定义，BorderTypes 的定义如下：

```
enum BorderTypes {
    BORDER_CONSTANT    = 0,                          //用指定像素值边界
    BORDER_REPLICATE   = 1,                          //复制边界像素
```

```
    BORDER_REFLECT     = 2,                          //反射复制边界像素
    BORDER_WRAP         = 3,                         //用另一边的像素补偿填充
    BORDER_REFLECT_101 = 4,                          //以边界为对称轴，反射复制为边界
    BORDER_TRANSPARENT = 5,                          //透明边界

    BORDER_REFLECT101  = BORDER_REFLECT_101,         //和 BORDER_REFLECT_101 相同
    BORDER_DEFAULT     = BORDER_REFLECT_101,         //和 BORDER_REFLECT_101 相同
    BORDER_ISOLATED    = 16                          //不看 ROI 之外部分
};
```

下面介绍方框滤波的使用案例，本案例使用的源图像如图 3.1 所示。

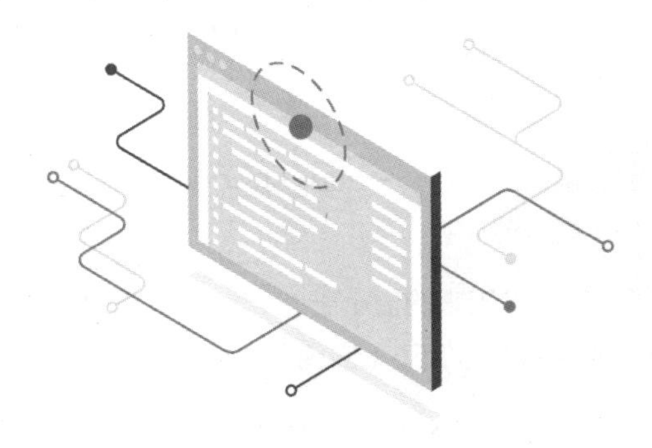

图 3.1

为了便于对比，需要用户手动给图片增加椒盐噪声，增加噪声的代码如下：

```
#添加椒盐噪声
import random    #引入库
import cv2
import numpy as np

def add_sp_noise(image, prob):
    output = np.zeros(image.shape, np.uint8)     #创建和 image 大小相同的图像
    thres = 1 - prob                             #设置临界值
    for i in range(image.shape[0]):              #图像行遍历
        for j in range(image.shape[1]):          #图像列遍历
            rdn = random.random()                #产生随机数，范围为 0~1
            if rdn < prob:                       #若小于 prob，则将像素设为 0
                output[i][j] = 0
            elif rdn > thresh:                   #若大于 thresh，则将像素设为 255
                output[i][j] = 255
            else:
                output[i][j] = image[i][j]
    return output
```

在 Python 中，经常需要使用已经封装好的模块或库，如 OpenCV 库。在 Python 中使用 OpenCV 库就需要引入 cv2，引入方法就是通过 import 关键字。

```
import cv2
```

同理可以引入随机数生成模块 random。

对于有的模块，若觉得模块名称较长，输入不便，则可以取一个别名。例如，numpy 模块在导入之后，重新命名为 np，这样在后续使用中就不需要写 numpy，只需要写 np，其效果和调用 numpy 一样。

提示：numpy 是矩阵操作的重要库，在深度学习中有着重要的作用。

此处用户定义了添加椒盐噪声的函数——add_sp_noise，该函数有两个参数，用于添加噪声的图像 image 和添加噪声的比例 prob。

使用 for 循环遍历图像，若随机出来的值小于 prob，则将该处像素值置为 0（黑色），若随机出来的值大于 1 - prob，则将像素值置为 255（白色），最后将得到的图像返回。

现在就可以读取如图 3.1 所示的输入图像，添加椒盐噪声了，代码如下：

```
src = cv2.imread("src.jpg")   #读取图像
noise = add_sp_noise(src, 0.002)  #添加椒盐噪声
cv2.imwrite("sp_noise.jpg", noise)  #保存添加噪声后的图像
```

添加椒盐噪声后的结果如图 3.2 所示。

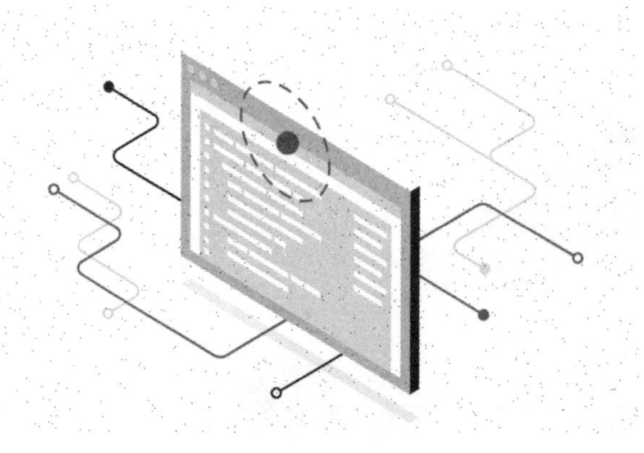

图 3.2

由图 3.2 可以看到，图片上有一些椒盐状的点，这些就是图片的噪声。

使用方框滤波，对上面这张有噪声的图片进行处理，代码如下：

```
boxfilter = cv2.boxFilter(noise, -1, (3,3))     #方框滤波
cv2.imwrite("boxfilter.jpg", boxfilter)        #保存滤波后的图像
```

以上代码中传给方框滤波函数 boxFilter 的参数有三个：

（1）noise，表示前面增加了椒盐噪声的图片对象。

（2）−1 是 ddepth 的值，表示处理后的目标图像的深度，此处设置 ddepth 为−1，即目标图像深度与源图像深度相同。

（3）(3, 3)，表示滤波的核（kernel）的大小，这里使用的是 3 × 3 的 kernel。

这三个参数是必不可少的，其他参数都使用默认值。使用 3 × 3 的 kernel 进行方框滤波后得到的图像结果如图 3.3 所示。

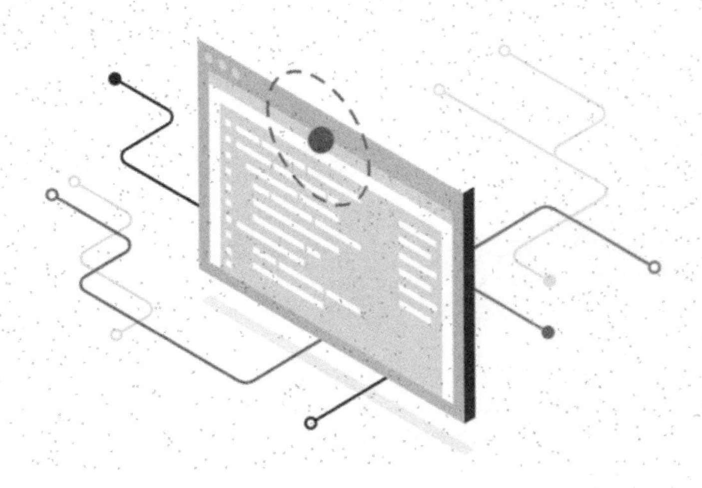

图 3.3

可以发现，噪声点得到了一些抑制，但是图片也相对模糊了。

若使用的 kernel 为 1 × 1，则输出的图像就是源图像。使用的 kernel 越大，图片模糊的情况越严重。按如下代码设置方框滤波使用 15 × 15 的 kernel。

```
boxfilter1 = cv2.boxFilter(noise, -1, (15,15))     #kernel 为 15 × 15 的方框滤波
```

使用 15 × 15 的 kernel 的方框滤波得到的图像结果如图 3.4 所示。

图 3.4

这是因为，对于 3×3 的 kernel，方框滤波计算的是以计算点为中心，大小为 3×3 范围内的像素值的平均值，这自然会使得目标点（或锚点）的像素值被周边的像素值平均化，细节就不那么清晰了。当 kernel 的大小选择为 15×15 的时候，线条等细节已经被完全模糊，所以方框滤波也可以用于图像的模糊。

3.1.2 案例 2：使用均值滤波

均值滤波是方框滤波的一种，即对滤波核使用标准化操作。在接口调用时，其效果和调用 boxFilter()并将 normalize 设置为 true 是一样的。

OpenCV 提供了均值滤波函数 blur()。

C++版本对应的函数如下：

```
CV_EXPORTS_W void blur( InputArray src, OutputArray dst,
                        Size ksize, Point anchor=Point(-1,-1),
                        int borderType=BORDER_DEFAULT );
```

Python 版本对应的函数如下：

```
dst = blur(src, ksize, dst=None, anchor=None, borderType=None)
```

blur 函数对应的参数及其含义如表 3.2 所示。

表 3.2

参　数	含　义
src	输入图像
ksize	Size 类型，表示核的大小，一般用 Size(*w*, *h*)表示，如 Size(3, 3)表示 kernel 窗口的大小为 3×3
dst	输出图像
anchor	锚点，即进行滤波操作的点，若使用默认值，则表示对 kernel 窗口中心点所对应的像素点进行操作
borderType	边界模式，由 BorderTypes 定义（见 3.1.1 节）

下面介绍均值滤波的使用案例。

```
src = cv2.imread("src.jpg")                #读取图像
noise = add_sp_noise(src, 0.002)           #添加椒盐噪声

blur = cv2.blur(noise, (3,3))                   #使用 3×3 的 kernel 做均值滤波
blur1 = cv2.blur(noise, (15,15))           #使用 15×15 的 kernel 做均值滤波

cv2.imwrite("blur.jpg", blur)              #保存图像
cv2.imwrite("blur1.jpg", blur1)
```

其中添加椒盐噪声的方法可以参见 3.1.1 节，使用 3×3 的 kernel 进行均值滤波后的图像结果如图 3.5 所示。

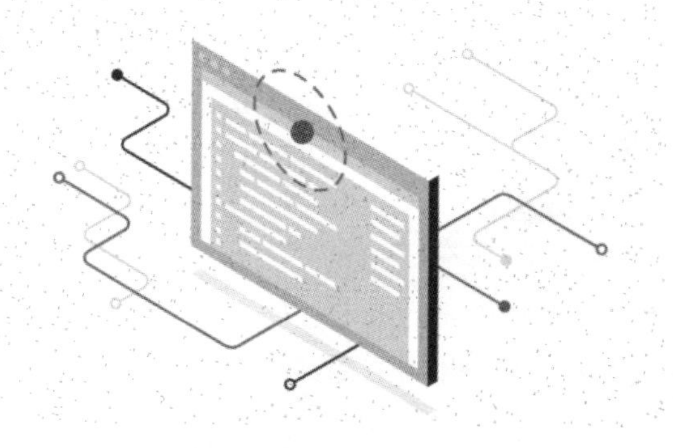

图 3.5

使用 15×15 的 kernel 进行均值滤波后的图像结果如图 3.6 所示。

图 3.6

方框滤波和均值滤波在使图像的噪声得到滤除时，也使图像的细节变得模糊。

3.1.3 案例 3：使用高斯滤波

高斯滤波使用高斯函数作为滤波器的核。高斯核的计算比方框滤波和均值滤波复杂得多，需要根据核的大小和高斯函数中的方差 σ 由二维高斯核函数计算出高斯核。具体的计算过程这里不做深入讲解，有兴趣的用户可以自行研究其实现细节。常见的高斯核的参数是固定的，公式（3.5）和公式（3.6）介绍了 3×3 和 5×5 的高斯核。

常见的 3×3 的高斯核为

$$\frac{1}{16}\begin{bmatrix}1 & 2 & 1\\ 2 & 4 & 2\\ 1 & 2 & 1\end{bmatrix} \tag{3.5}$$

常见的 5×5 的高斯核为

$$\frac{1}{273}\begin{bmatrix}1 & 4 & 7 & 4 & 1\\ 4 & 16 & 26 & 16 & 4\\ 7 & 26 & 41 & 26 & 7\\ 4 & 16 & 26 & 16 & 4\\ 1 & 4 & 7 & 4 & 1\end{bmatrix} \tag{3.6}$$

OpenCV 提供了高斯滤波函数 GaussianBlur()。

C++版本对应的函数如下：

```
CV_EXPORTS_W void GaussianBlur( InputArray src, OutputArray dst, Size ksize,
                                double sigmaX, double sigmaY=0,
                                int borderType=BORDER_DEFAULT );
```

Python 版本对应的函数如下：

```
dst = GaussianBlur(src, ksize, sigmaX, dst=None, sigmaY=None, borderType=None)
```

GaussicnBlur 函数对应的参数及其含义如表 3.3 所示。

表 3.3

参　数	含　义
src	输入图像
ksize	Size 类型，表示高斯核的大小，一般用 Size(*w*, *h*)表示，*w* 和 *h* 可以不同但必须为正奇数，若这两个值为 0，则它们的值将由 sigma 计算
sigmaX	高斯核函数在 *x* 轴方向的标准偏差
dst	输出图像
sigmaY	高斯核函数在 *y* 轴方向的标准偏差
borderType	边界模式，由 BorderTypes 定义（见 3.1.1 节）

由表 3.3 可以看出，sigmaY 可以使用默认值，如果调用时不指定 sigmaY，那么它的值就设置为和 sigmaX 相同。如果 sigmaX 和 sigmaY 都设置为 0.0，那么会通过高斯核的大小进行计算。

下面介绍高斯滤波的使用案例。

```
src = cv2.imread("src.jpg")                            #读取图像
noise = add_sp_noise(src, 0.002)                       #添加椒盐噪声

gaussblur = cv2.GaussianBlur(noise, (3,3), 0.8)        #使用高斯滤波
gaussblur1 = cv2.GaussianBlur(noise, (15,15), 0.8)

cv2.imwrite("gaussblur.jpg", gaussblur)                #保存图像
cv2.imwrite("gaussblur1.jpg", gaussblur1)
```

其中添加椒盐噪声的方法可以参见 3.1.1 节，使用 3×3 的 kernel 进行高斯滤波后的图像结果如图 3.7 所示。

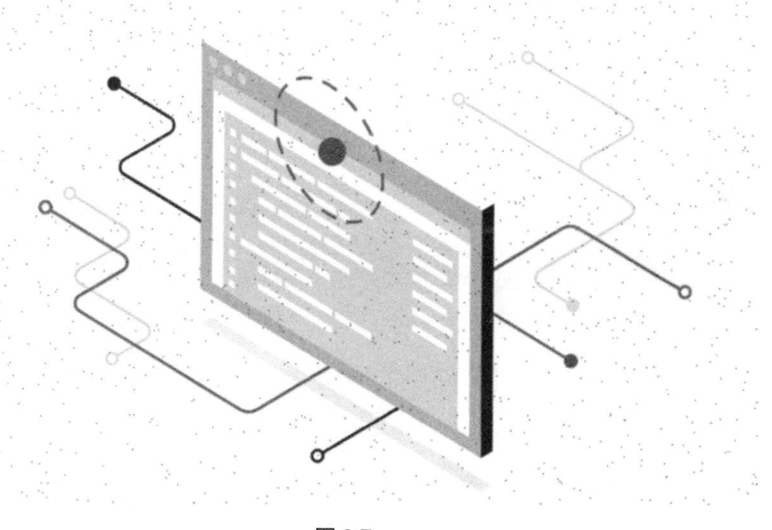

图 3.7

使用 15×15 的 kernel 进行高斯滤波后的图像结果如图 3.8 所示。

对比方框滤波，高斯滤波在对图像进行滤波的时候，能够保留更多的图像细节信息。因此对于图像去噪，高斯滤波的效果更好，而方框滤波则更多用于图像模糊。

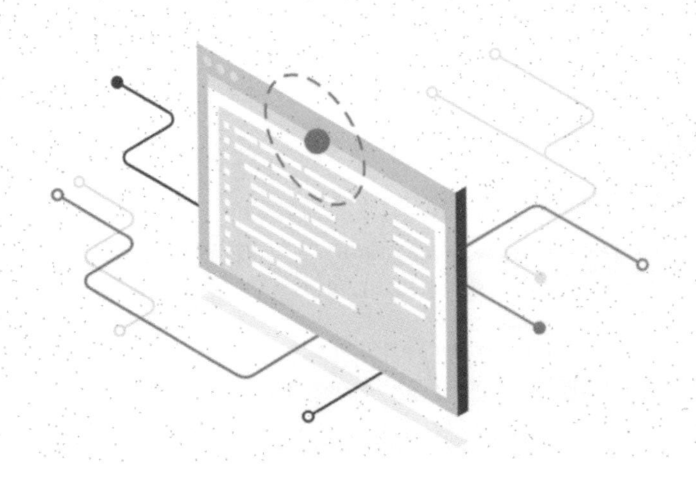

图 3.8

3.2 非线性滤波

线性滤波的实现方式是通过加减乘除等简单运算。例如，3.1 节讲到的方框滤波和均值滤波均通过计算 kernel 区域中像素值的平均值实现；高斯滤波通过计算输入图像与高斯核的加权和实现。

非线性滤波不能通过简单的加权求和的方式计算得到，输入图像数据与滤波结果之间是一种逻辑运算的关系，例如，最大值滤波、最小值滤波和中值滤波，需要比较核大小邻域内的像素值来实现，因而非线性滤波没有固定的核模板（kernel）。

本节将讲解中值滤波和双边滤波，3.3 节讲解的膨胀和腐蚀即是通过本节非线性滤波中的最大值滤波和最小值滤波实现的。

3.2.1 案例 4：使用中值滤波

中值滤波是使用 kernel 区域的中值作为 kernel 中心点位置的像素值来实现滤波的。

如果对如下所示的灰色区域使用中值滤波，需要两个步骤：

100	251	58	94	75
221	40	65	146	132
211	245	201	234	42
39	78	156	200	98
166	173	209	56	173

（1）将 3×3 的 kernel 区域的像素值按大小顺序进行排序，即 40、65、78、146、156、200、201、234、245。

（2）选取中值作为 kernel 区域的中心点，也就是锚点位置（像素值 201 所在位置）的像素。此处的中值是步骤（1）中排序的中间位置的像素值，即 156。

OpenCV 提供了中值滤波函数 medianBlur()。

C++版本对应的函数如下：

```
CV_EXPORTS_W void medianBlur( InputArray src, OutputArray dst, int ksize );
```

Python 版本对应的函数如下：

```
dst = medianBlur(src, ksize, dst=None)
```

medianBlur 函数对应的参数及其含义如表 3.4 所示。

表 3.4

参　　数	含　　义
src	输入图像
ksize	int 类型，表示核的大小
dst	输出图像

由表 3.4 可以看出，使用中值滤波只需要提供 kernel 的大小即可。值得注意的是，参数 ksize 必须为奇数，如 3、5、7……

下面通过案例来展示中值滤波的使用方法和效果，代码如下：

```
src = cv2.imread("src.jpg")
noise = add_sp_noise(src, 0.002)
medianblur = cv2.medianBlur(noise, 3)        #中值滤波，ksize=3
medianblur1 = cv2.medianBlur(noise, 15)      #中值滤波，ksize=15

cv2.imwrite("medianblur.jpg", medianblur)  #保存图像
cv2.imwrite("medianblur1.jpg", medianblur1)
```

对源图像添加椒盐噪声的方法参见 3.1.1 节，使用 ksize=3 的中值滤波对添加了噪声的图像进行滤波，得到的图像结果如图 3.9 所示。

对比图 3.3、图 3.5、图 3.7 和图 3.9 可以看出，中值滤波对噪声的去除效果最佳，这是因为中值滤波选取的是 kernel 区域的中值，对于与典型像素值差别很大的值，滤波后不会采用，因此对斑点噪声和椒盐噪声的处理效果较好。

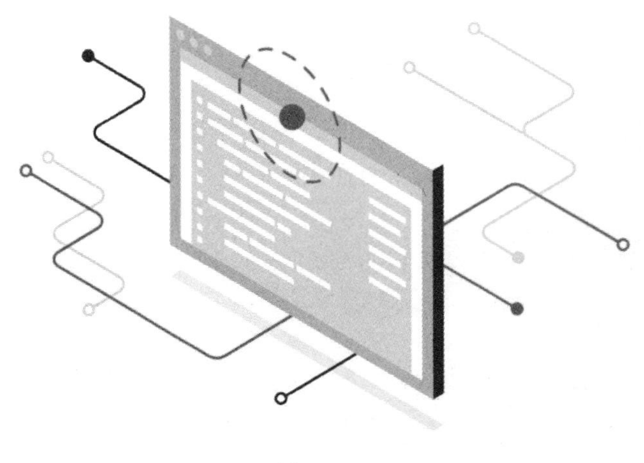

图 3.9

使用 ksize=15 的中值滤波对添加了噪声的图像进行滤波，得到的图像结果如图 3.10 所示。

图 3.10

由图 3.10 可以看出，虽然中值滤波在滤除椒盐噪声时的效果较好，但是需要选取合适的 ksize，对于线条细节信息，选取的 ksize 过大会导致细节区域被背景区域影响而被滤除。

3.2.2 案例 5：使用双边滤波

双边滤波是本节介绍的第二种非线性滤波方式，是结合图像的空间邻近度和像素值相似度的一种折中处理。滤波运算需要同时考虑空域信息和灰度相似性，进而达到滤除噪声并较好地保存边缘的目的。

OpenCV 提供了双边滤波函数 bilateralFilter()。

C++版本对应的函数如下：

```
CV_EXPORTS_W void bilateralFilter( InputArray src, OutputArray dst, int d,
                                double sigmaColor, double sigmaSpace,
                                int borderType = BORDER_DEFAULT );
```

Python 版本对应的函数如下：

```
dst = bilateralFilter(src, d, sigmaColor, sigmaSpace, dst = None, borderType = None)
```

bilateralFilter 函数对应的参数及其含义如表 3.5 所示。

表 3.5

参　数	含　义
src	输入图像
d	在滤波过程中每个像素邻域的直径范围
sigmaColor	颜色空间滤波器的 sigma 值
sigmaSpace	坐标空间滤波器的 sigma 值
dst	输出图像
borderType	边界模式，由 BorderTypes 定义（见 3.1.1 节）

表 3.5 中相关参数说明如下：

（1）d，若该参数值使用 0 或负数，则它的值会通过 sigmaSpace 进行计算。

（2）sigmaColor，该参数值越大，在该像素邻域中会有越多的像素点参与计算。

（3）sigmaSpace，该参数值越大，会有越多的像素点参与滤波计算。若 d 为正数，则由 d 指定邻域大小，该邻域大小与 sigmaSpace 没有关系，否则 d 与 sigmaSpace 的大小成正比。

下面通过案例展示如何使用双边滤波，代码如下：

```
src = cv2.imread("src.jpg")
noise = add_sp_noise(src, 0.002)                              #添加椒盐噪声
bilateralFilter = cv2.bilateralFilter(noise, 0, 50, 50)   #使用 d=0 的双边滤波
bilateralFilter1 = cv2.bilateralFilter(noise, 10, 50, 50)#使用 d=10 的双边滤波


cv2.imwrite("bilateralFilter.jpg", bilateralFilter)
cv2.imwrite("bilateralFilter1.jpg", bilateralFilter1)
```

对源图像添加椒盐噪声的方法参见 3.1.1 节，使用 d=0 的双边滤波后的图像结果如图 3.11 所示。

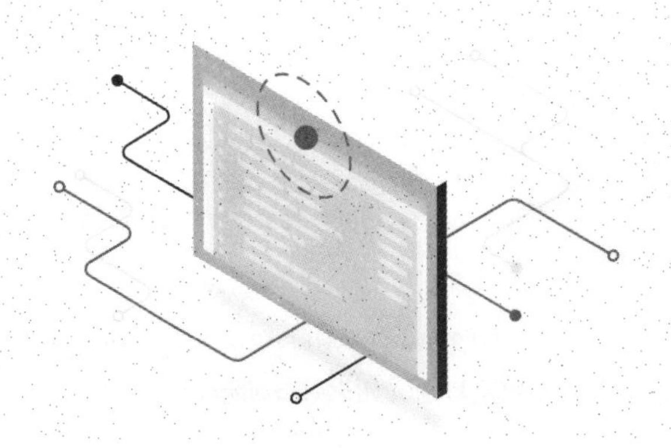

图 3.11

使用 d=10 的双边滤波后的图像结果如图 3.12 所示。

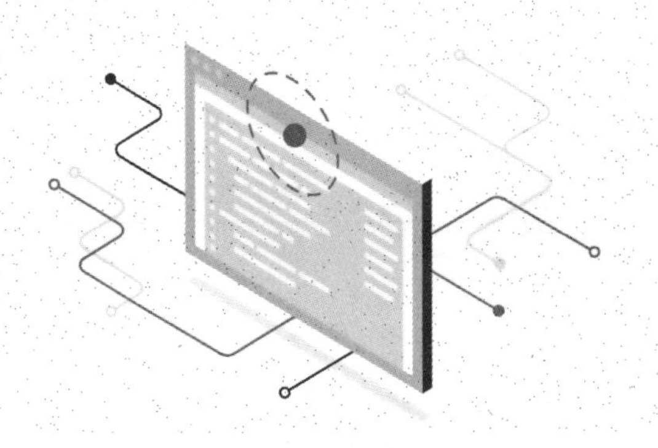

图 3.12

当 d 的值为非正数的时候，会通过 sigmaSpace 计算 d 的值，该过程比设置 d 为正数直接使用慢得多。在使用过程中，需要根据实际场景选择合适的参数。

3.3 OpenCV 形态学运算

形态学运算是指基于形状对图像进行处理，常用的形态学运算方法包括膨胀、腐蚀、开运算、闭运算、形态学梯度、顶帽运算、底帽运算。最基本、最常用的方法就是膨胀与腐蚀，其他方法都是在这两种运算的基础上组合而产生的。

膨胀和腐蚀的用处非常广泛，可以用于噪声消除、图像分割、寻找图像的极大值区域或极小值区域等。

3.3.1　案例 6：进行膨胀操作

以结构元素（kernel 区域）的最大值填充锚点（kernel 区域中心点）的做法为膨胀。

对于如下所示的灰色区域，膨胀操作需要选取其中的最大值作为锚点位置的像素值。因此，类似于中值滤波，膨胀操作也需要两个步骤：

100	251	58	94	75
221	40	65	146	132
211	245	201	234	42
39	78	156	200	98
166	173	209	56	173

（1）将 3×3 的 kernel 区域的像素值按大小顺序进行排序，即 40，65，78，146，156，200，201，234，245。

（2）选取步骤（1）中排序的最大值 245 作为锚点位置的像素值。

OpenCV 提供了膨胀操作的函数 dilate()。

C++版本对应的函数如下：

```
CV_EXPORTS_W void dilate( InputArray src, OutputArray dst, InputArray kernel,
                          Point anchor=Point(-1,-1), int iterations=1,
                          int borderType=BORDER_CONSTANT,
                          const Scalar& borderValue=morphologyDefaultBorderValue() );
```

Python 版本对应的函数如下：

```
dst = dilate(src, kernel, dst=None, anchor=None, iterations=None, borderType=None,
             borderValue=None)
```

dilate 函数对应的参数及其含义如表 3.6 所示。

表 3.6

参　数	含　义
src	输入图像
kernel	膨胀操作使用的核函数
dst	输出图像
anchor	锚点位置，默认是 kernel 对应区域的中心位置
iterations	使用 dilate 函数迭代的次数
borderType	边界模式，由 BorderTypes 定义（见 3.1.1 节）
borderValue	当边界模式为 BORDER_CONSTANT 时的边界值

下面介绍使用 dilate 函数进行膨胀操作的案例。

```
src = cv2.imread("src.jpg")        #读取图像
element = cv2.getStructuringElement(cv2.MORPH_RECT, (3,3))      #定义 3×3 的矩形膨胀核
dilate_img = cv2.dilate(src, element) #膨胀操作
cv2.imwrite("dilate.jpg", dilate_img) #保存图像
```

进行膨胀操作之后的图像结果如图 3.13 所示。

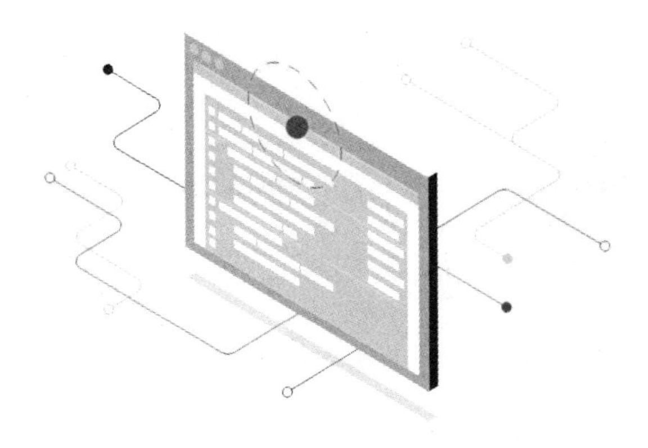

图 3.13

上面获取膨胀核使用的是 getStructuringElement 函数，该函数会返回指定形状和尺寸的核矩阵，在形态学运算中具有重要作用。

C++版本对应的函数如下：

```
CV_EXPORTS_W Mat getStructuringElement(int shape, Size ksize, Point anchor=Point(-1,-1));
```

Python 版本对应的函数如下：

```
retval = getStructuringElement(shape, ksize, anchor=None)
```

getStructuringElement 函数对应的参数及其含义如表 3.7 所示。

表 3.7

参　数	含　义
shape	生成的核的形状
ksize	生成的核的尺寸
anchor	锚点位置，默认是中心位置
retval	返回用于形态学运算的指定大小和形状的结构元素

shape 表示生成的核的形状，OpenCV 目前提供三种形状的核，由枚举 MorphShapes 的值定义。

```
enum MorphShapes {
    MORPH_RECT     = 0,          //矩形结构
    MORPH_CROSS    = 1,          //交叉型结构
    MORPH_ELLIPSE    = 2         //椭圆形结构
};
```

需要注意的是，shape 在 MORPH_CROSS 情况下对锚点位置有依赖。

3.3.2 案例 7：进行腐蚀操作

以结构元素的最小值填充锚点的做法为腐蚀。对于如下所示的灰色区域，腐蚀操作会选取最小的像素值 40 作为锚点处的像素值。

100	251	58	94	75
221	40	65	146	132
211	245	201	234	42
39	78	156	200	98
166	173	209	56	173

OpenCV 提供了腐蚀操作的函数 erode()。

C++版本对应的函数如下：

```
CV_EXPORTS_W void erode( InputArray src, OutputArray dst, InputArray kernel,
                         Point anchor=Point(-1,-1), int iterations=1,
                         int borderType=BORDER_CONSTANT,
                         const Scalar& borderValue=morphologyDefaultBorderValue() );
```

Python 版本对应的函数如下：

```
dst = erode(src, kernel, dst=None, anchor=None, iterations=None, borderType=None,
          borderValue=None)
```

erode 函数对应的参数及其含义如表 3.8 所示。

表 3.8

参　数	含　义
src	输入图像
kernel	腐蚀操作使用的核函数
dst	输出图像
anchor	锚点位置，默认是 kernel 对应区域的中心位置
iterations	使用 erode 函数迭代的次数
borderType	边界模式，由 BroderTypes 定义（见 3.1.1 节）
borderValue	当边界模式为 BORDER_CONSTANT 时的边界值

下面介绍使用 erode 函数进行腐蚀操作的案例。

```
src = cv2.imread("src.jpg")        #读取图像
element = cv2.getStructuringElement(cv2.MORPH_RECT, (3,3))      #定义 3×3 的矩形腐蚀核
erode_img = cv2.erode(src, element)    #腐蚀操作
cv2.imwrite("erode.jpg", erode_img)    #保存图像
```

进行腐蚀操作之后的图像结果如图 3.14 所示。

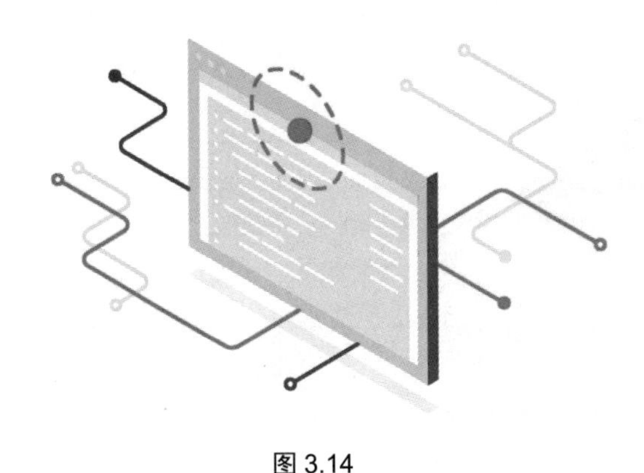

图 3.14

3.3.3　案例 8：使用形态学运算

另外的几种形态学运算是开运算、闭运算、形态学梯度、顶帽运算和底帽运算，它们是由膨胀和腐蚀两种操作组合形成的，运算过程如表 3.9 所示。

表 3.9

运 算 名 称	运 算 过 程
开运算	先腐蚀，后膨胀
闭运算	先膨胀，后腐蚀
形态学梯度	膨胀结果与腐蚀结果作差
顶帽运算	源图像与开运算结果作差
底帽运算	闭运算结果与源图像作差

开运算用于消除毛刺、放大缝隙等。

闭运算用于消除小的黑色区域。

形态学梯度用于保留边缘轮廓。

顶帽运算用于分离比邻近点亮的区域。

底帽的作用和顶帽相反，用于分离亮背景上的暗区域。

OpenCV 提供了形态学操作的函数 morphologyEx()。

C++版本对应的函数如下：

```
CV_EXPORTS_W void morphologyEx( InputArray src, OutputArray dst,
                                int op, InputArray kernel,
                                Point anchor=Point(-1,-1), int iterations=1,
                                int borderType=BORDER_CONSTANT,
const Scalar& borderValue = morphologyDefaultBorderValue() );
```

Python 版本对应的函数如下：

```
dst = morphologyEx(src, op, kernel, dst=None, anchor=None, iterations=None, borderType=None,
             borderValue=None)
```

morphologyEx 对应的参数及其含义如表 3.10 所示。

表 3.10

参　数	含　义
src	输入图像
op	形态学运算的类型
kernel	形态学运算使用的核函数
dst	输出图像
anchor	锚点位置，默认是 kernel 对应区域的中心位置
iterations	形态学运算迭代的次数
borderType	边界模式，由 BorderTypes 定义（见 3.1.1 节）
borderValue	当边界模式为 BORDER_CONSTANT 时的边界值

op 表示形态学运算的类型，由枚举 MorphTypes 的值定义。

```
enum MorphTypes{
    MORPH_ERODE     = 0,                //腐蚀
    MORPH_DILATE    = 1,                //膨胀
    MORPH_OPEN      = 2,                //开运算
    MORPH_CLOSE     = 3,                //闭运算
    MORPH_GRADIENT  = 4,                //形态学梯度
    MORPH_TOPHAT    = 5,                //顶帽运算
    MORPH_BLACKHAT  = 6,                //底帽（黑帽）运算
    MORPH_HITMISS   = 7                 //击中/击不中
};
```

下面介绍使用形态学运算的案例。

```
import cv2

src = cv2.imread("src.jpg")            #读取图 3.1
```

```
element = cv2.getStructuringElement(cv2.MORPH_RECT, (3,3))

erode_img = cv2.morphologyEx(src, cv2.MORPH_ERODE, element)          #腐蚀运算
cv2.imwrite("erode_img.jpg", erode_img)                              #保存结果如图 3.15 所示

dilate_img = cv2.morphologyEx(src, cv2.MORPH_DILATE, element)        #膨胀运算
cv2.imwrite("dilate_img.jpg", dilate_img)                            #保存结果如图 3.16 所示

open_img = cv2.morphologyEx(src, cv2.MORPH_OPEN, element)            #开运算
cv2.imwrite("open_img.jpg", open_img)                                #保存结果如图 3.17 所示

close_img = cv2.morphologyEx(src, cv2.MORPH_CLOSE, element)          #闭运算
cv2.imwrite("close_img.jpg", close_img)                              #保存结果如图 3.18 所示

grad_img = cv2.morphologyEx(src, cv2.MORPH_GRADIENT, element)        #形态学梯度运算
cv2.imwrite("grad_img.jpg", grad_img)                                #保存结果如图 3.19 所示

tophat_img = cv2.morphologyEx(src, cv2.MORPH_TOPHAT, element)        #顶帽运算
cv2.imwrite("tophat_img.jpg", tophat_img)                            #保存结果如图 3.20 所示

blackhat_img = cv2.morphologyEx(src, cv2.MORPH_BLACKHAT, element)    #底帽运算
cv2.imwrite("blackhat_img.jpg", blackhat_img)                        #保存结果如图 3.21 所示
```

本案例使用的源图像如图 3.1 所示，进行腐蚀运算后的图像结果如图 3.15 所示。

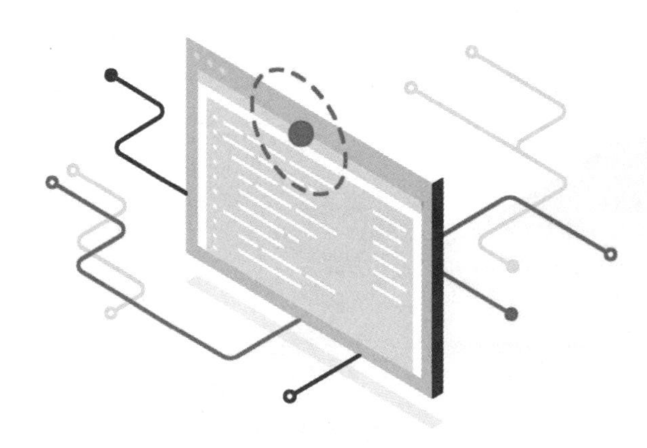

图 3.15

进行膨胀运算后的图像结果如图 3.16 所示。

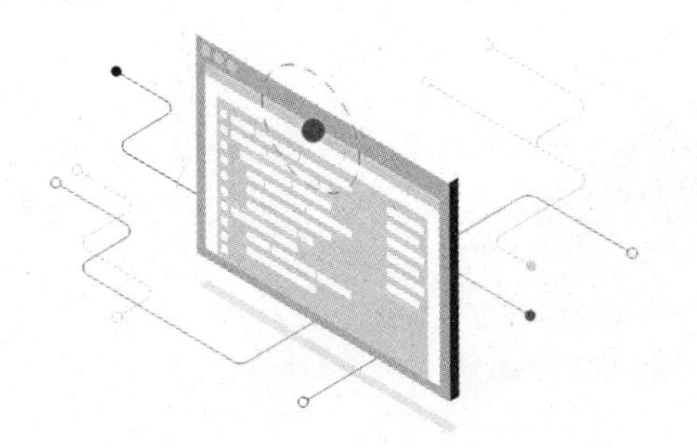

图 3.16

进行开运算后的图像结果如图 3.17 所示。

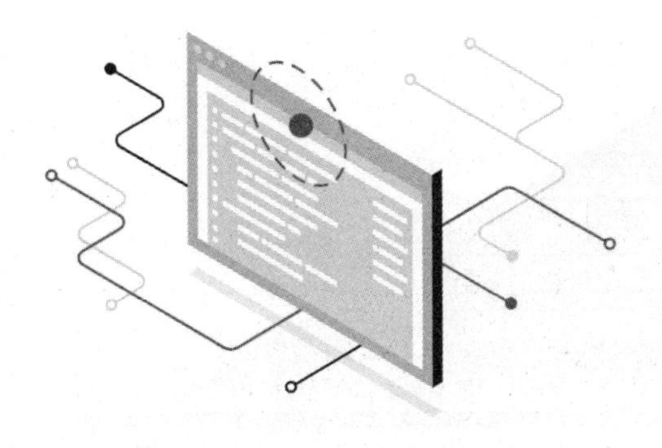

图 3.17

进行闭运算后的图像结果如图 3.18 所示。

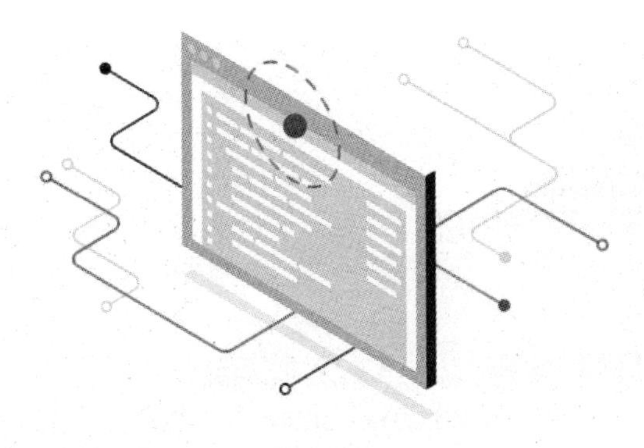

图 3.18

进行形态学梯度后的图像结果如图 3.19 所示。

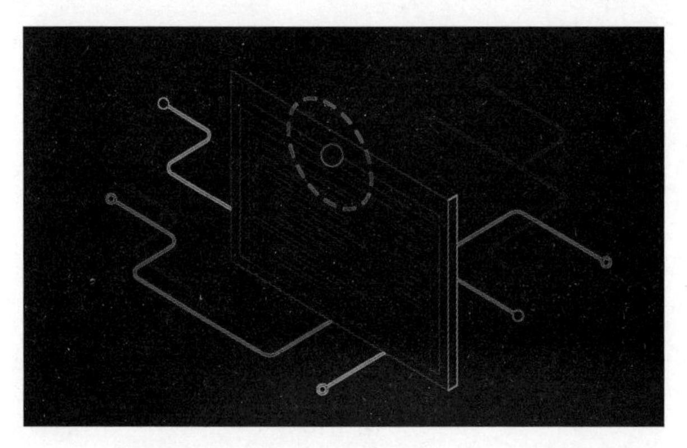

图 3.19

进行顶帽运算后的图像结果如图 3.20 所示。

图 3.20

进行底帽运算后的图像结果如图 3.21 所示。

图 3.21

在计算机视觉的数据集处理中，经常会使用滤波算法和形态学运算对数据集做增强。

3.4　案例 9：使用漫水填充

漫水填充算法是填充算法中最常见的一种，就是将图像中与注水点连通的区域填充为指定的颜色，在图像分割中有重要的作用。该算法的实现过程分为以下三个步骤：

（1）选择一个注水点，这个点就是用户想要将其填充为指定颜色的点。

（2）以这个注水点为中心，在它的 4 邻域或 8 邻域中寻找满足条件的像素点，条件是目标像素点的像素值与该点像素值的差值在一定的范围内，该范围就是指定的下限和上限之间。

（3）将邻域中符合条件的像素点作为新的注水点，反复操作步骤（2），直到没有新的像素点可以被指定为注水点。

OpenCV 提供了漫水填充操作的函数 floodFill()。

C++版本对应的函数如下：

```
CV_EXPORTS_W int floodFill( InputOutputArray image,
                            Point seedPoint, Scalar newVal, CV_OUT Rect* rect=0,
                            Scalar loDiff=Scalar(), Scalar upDiff=Scalar(),
                            int flags=4 );
```

C++版本另一个重载的函数如下：

```
CV_EXPORTS_W int floodFill( InputOutputArray image, InputOutputArray mask,
                              Point seedPoint, Scalar newVal, CV_OUT Rect* rect=0,
                              Scalar loDiff=Scalar(), Scalar upDiff=Scalar(),
                              int flags=4 );
```

两个函数的差异是第二个函数多了一个参数 InputOutputArray mask，其他的参数都是完全一样的。

Python 版本对应的函数如下：

```
retval,image,mask,rect = floodFill(image, mask, seedPoint, newVal, loDiff=None, upDiff=None,
                                   flags=None)
```

floodFill 函数对应的参数及其含义如表 3.11 所示。

表 3.11

参　　数	含　　义
image	输入图像
mask	掩模（C++的第一个 floodFill 函数没有）

续表

参　　数	含　　义
seedPoint	注水点（填充算法的起始点）
newVal	被填充的新的颜色值
loDiff	注水点邻域中的像素与注水点像素的差值的下限
upDiff	注水点邻域中的像素与注水点像素的差值的上限
flags	操作标志符

表 3.11 中的参数含义补充说明如下：

mask 用于标记哪些区域会被应用填充算法，mask 像素值为 0 的区域会被应用填充算法，而不为 0 的区域则不会被应用填充算法。

注意：mask 的尺寸需要比操作的图像的尺寸大 2 个像素，若被操作的图像的尺寸为（w, h），则 mask 的尺寸为（w+2, h+2），否则函数调用会报错。

flags 操作符标志包含三个部分：低八位（0～8）用来设置选择 4 邻域或 8 邻域；中间八位（8～16）包含一个 1～255 的值，用来填充掩模（默认值为 1）；高八位通过 FloodFillFlags 的两个枚举值控制操作。

```
enum FloodFillFlags {
    FLOODFILL_FIXED_RANGE  = 1 << 16,
    FLOODFILL_MASK_ONLY    = 1 << 17
};
```

FloodFillFlags 函数对应的参数及其含义如表 3.12 所示。

表 3.12

参　　数	含　　义
FLOODFILL_FIXED_RANGE	设置这个标志，在执行算法时会考虑当前像素与注水点像素的差值，否则考虑这个像素与邻近像素的差值
FLOODFILL_MASK_ONLY	设置这个标志，被操作的图像不会被使用 newVal 填充，只是填充掩模 mask，对于 C++中第一个 floodFill 函数没有 mask 参数，这个标志无效

所有的标志位可以通过按位或“|”运算连接。例如，使用 8 连通域，并且只填充 mask，填充值为 255，设置这个标志位如下：

```
flags = 8 | FLOODFILL_MASK_ONLY | (255 << 8)
```

下面通过案例来展示漫水填充的使用效果。这里使用一张优美的城市夜景作为案例的源图像，如图 3.22 所示。

图 3.22

应用漫水填充算法的代码如下：

```
import cv2
import numpy as np

src = cv2.imread("src.jpg")                      #读取图像
mask = np.zeros([src.shape[0]+2, src.shape[1]+2], np.uint8)    #创建 mask
copy_img = src.copy()
cv2.floodFill(copy_img, mask, (1100, 800), (0,0,0), (30,30,30), (40,40,40))    #执行填充算法
cv2.imwrite("out.jpg", copy_img)                 #保存图像
```

在本次操作中，选择的注水点是坐标值为（1100，800）的点，被操作的图像 copy_img 在执行填充算法后被填充为黑色，像素的差值的下限为（30, 30, 30），上限为（40, 40, 40）。填充后的图像结果如图 3.23 所示。

图 3.23

可以通过 mask 控制执行填充算法的区域，mask 填充为 0 的区域才会执行填充算法，接下来对图像的右边部分执行漫水填充，代码如下：

```
mask1 = np.ones([src.shape[0]+2, src.shape[1]+2], np.uint8)
mask1[:, 1000:] = 0      #设置 mask 右边区域为 0，即右边区域执行填充算法
copy_img1 = src.copy()
cv2.floodFill(copy_img1, mask1, (1100, 800), (0,0,0), (30,30,30), (40,40,40), flags)
cv2.imwrite("out1.jpg", copy_img1)
cv2.imwrite("mask1.jpg", mask1)
```

在创建 mask1 时全部赋值为 1，此时整个输入图像区域均会执行填充算法。本案例源图像的尺寸为 2000 × 1125，执行 mask1[:, 1000:] = 0 就是将图片从位置 1000 到最右边均赋值为 0，因而图像左边区域不执行填充算法，只有右边区域执行填充算法，效果如图 3.24 所示。

图 3.24

对比图 3.23 可以看到，只有图像的右边区域执行了填充算法。

接下来在执行填充算法前，添加标志 flags，并保存 mask 的图像。

```
src = cv2.imread("src.jpg")
mask = np.zeros([src.shape[0]+2, src.shape[1]+2], np.uint8)    #创建 mask
copy_img3 = src.copy()
flags = 8 | FLOODFILL_FIXED_RANGE | (188 << 8)
cv2.floodFill(copy_img3, mask, (1100, 800), (0,0,0), (30,30,30), (40,40,40))   #执行填充算法
cv2.imwrite("out3.jpg", copy_img3)
```

执行填充算法的效果如图 3.25 所示。

图 3.25

mask 的保存图像如图 3.26 所示。

图 3.26

多次调用填充算法，使用 mask 可以保证填充区域不会发生重叠。

3.5　图像金字塔

图像金字塔可以理解为不同尺寸的图像叠在一起，对一张输入图像不断下采样得到一系列的图片就是高斯金字塔，而通过上采样产生的金字塔为拉普拉斯金字塔。

3.5.1　案例 10：使用高斯金字塔

生成高斯金字塔需要先对图像进行模糊处理，后进行下采样生成采样图片，在下采样时图像的尺寸逐步缩小，生成的图像金字塔包含多个尺度的图像。

高斯金字塔的最底层为原始图像，上一层缩小为下一层尺寸的一半，也可以根据实际需求调整缩放比例。若每次下采样时尺寸缩减为原来的一半，则图像缩小的速度会非常快，因而金字塔尺寸不宜过大。

OpenCV 提供了高斯金字塔的函数 pyrDown()。

C++版本对应的函数如下：

```
CV_EXPORTS_W void pyrDown( InputArray src, OutputArray dst,
                           const Size& dstsize=Size(), int borderType=BORDER_DEFAULT );
```

Python 版本对应的函数如下：

```
dst = pyrDown(src, dst=None, dstsize=None, borderType=None)
```

pyrDown 函数对应的参数及其含义如表 3.13 所示。

表 3.13

参　数	含　义
src	输入图像
dst	输出图像
dstsize	输出图像的尺寸
borderType	边界模式，由 BorderTypes 定义（见 3.1.1 节）

接下来通过案例展示 pyrDown 的调用效果，代码如下：

```
import cv2

src = cv2.imread("src.jpg")
dst = cv2.pyrDown(src)
cv2.imwrite("pyrDown.jpg", dst)
```

对如图 3.22 所示的夜景图运行一次高斯金字塔的结果如图 3.27 所示。

图 3.27

因为源图像的尺寸较大，所以下采样后图 3.23 和图 3.27 显示的差异不明显，但执行高斯金字塔之后图像的尺寸由 2000 × 1136 变为 1000 × 568。在本次调用的基础上再调用 3 次下采样的结果如图 3.28 ~ 图 3.30 所示。

```
import cv2

src = cv2.imread("src.jpg")
dst = cv2.pyrDown(src)                          #执行 1 次下采样
cv2.imwrite("pyrDown.jpg", dst)
for i in range(3):                              #执行 3 次下采样
    dst = cv2.pyrDown(dst)
    cv2.imwrite("pyrDown" + str(i) + ".jpg", dst)
```

图 3.28

图 3.29

图 3.30

图 3.22、图 3.27~图 3.30 的图像尺寸分别为 2000×1136、1000×568、500×284、250×142、125×71，这 5 张图放在一起展示了一个倒立的图像金字塔，如图 3.31 所示。

图 3.31

3.5.2　案例 11：使用拉普拉斯金字塔

拉普拉斯金字塔与高斯金字塔正好相反，拉普拉斯金字塔是通过上采样上层小尺寸的图像构建下层大尺寸的图像。

OpenCV 提供了拉普拉斯金字塔的函数 pyrUp()。C++版本对应的函数如下：

```
CV_EXPORTS_W void pyrUp( InputArray src, OutputArray dst,
                         const Size& dstsize=Size(), int borderType=BORDER_DEFAULT );
```

Python 版本对应的函数如下：

```
dst = pyrUp(src, dst=None, dstsize=None, borderType=None)
```

pyrUp 函数对应的参数及其含义如表 3.14 所示。

表 3.14

参　数	含　义
src	输入图像
dst	输出图像
dstsize	输出图像的尺寸
borderType	边界模式，由 BorderTypes 定义（见 3.1.1 节）

接下来通过案例展示 pyrUp 的调用效果，使用的源图像是如图 3.30 所示的高斯金字塔的最终采样结果，代码如下：

```
import cv2

src = cv2.imread("pyrDown2.jpg")
dst = cv2.pyrUp(src)                              #执行 1 次上采样
cv2.imwrite("pyrUp" + ".jpg", dst)
for i in range(3):                                #执行 3 次上采样
    dst = cv2.pyrUp(dst)
    cv2.imwrite("pyrUp" + str(i) + ".jpg", dst)
```

对如图 3.30 所示的图像采用上采样后得到的最终结果如图 3.32~图 3.35 所示。

图 3.32

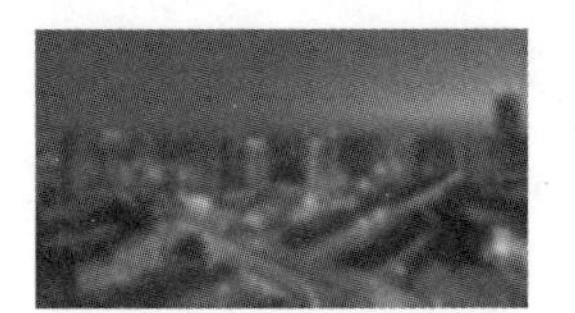

图 3.33

图 3.34

图 3.35

图 3.30、图 3.32~图 3.35 的图像尺寸分别为 125 × 71、250 × 142、500 × 284、1000 × 568、2000 × 1136，这 5 张图放在一起展示了一个正立的图像金字塔，如图 3.36 所示。因为图 3.33、图 3.34、图 3.35 尺寸较大，所以这 3 张图显示的尺寸差异不明显。

图 3.36

3.6　阈值化

在图像处理的过程中，经常需要根据像素值对图像进行处理，保留或剔除高于某个像素值或低于某个像素值的图像，这种像素值就是阈值。阈值化是图像分割的最简单的一种方法。

3.6.1 案例 12：使用基本阈值

OpenCV 提供了基本阈值操作的函数 threshold()，该函数主要用于使用灰度图阈值化得到二值图像，也可用于去除图像噪声。

C++版本对应的函数如下：

```
CV_EXPORTS_W double threshold( InputArray src, OutputArray dst,
                               double thresh, double maxval, int type );
```

Python 版本对应的函数如下：

```
retval,dst = threshold(src, thresh, maxval, type, dst=None)
```

threshold 函数对应的参数及其含义如表 3.15 所示。

表 3.15

参　数	含　义
src	输入图像
thresh	设定的阈值
maxval	参数 type 为 THRESH_BINARY 或者 THRESH_BINARY_INV 时的最大值
type	阈值类型
dst	输出图像

type 表示阈值类型，由枚举值 ThresholdTypes 定义。

```
enum ThresholdTypes {
    THRESH_BINARY        = 0,          //二值阈值
    THRESH_BINARY_INV    = 1,          //反二值阈值
    THRESH_TRUNC         = 2,          //截断阈值
    THRESH_TOZERO        = 3,          //低于阈值置零
    THRESH_TOZERO_INV    = 4,          //高于阈值置零
    THRESH_MASK          = 7,          //暂不支持
    THRESH_OTSU          = 8,          //使用 Otsu 算法选择最优阈值
    THRESH_TRIANGLE      = 16          //使用 Triangle 算法选择最优阈值
};
```

接下来通过案例展示基本阈值操作的效果，代码如下：

```
import cv2

src = cv2.imread("src.jpg")        #读取图 3.37
#二值阈值
_, thresh_bin = cv2.threshold(src, 128, 255, cv2.THRESH_BINARY)
cv2.imwrite("thresh_bin.jpg", thresh_bin)              #保存图 3.38
```

```
#反二值阈值
_, thresh_bin_inv = cv2.threshold(src, 128, 255, cv2.THRESH_BINARY_INV)
cv2.imwrite("thresh_bin_inv.jpg", thresh_bin_inv)          #保存图 3.39
#截断阈值
_, thresh_trunc = cv2.threshold(src, 128, 255, cv2.THRESH_TRUNC)
cv2.imwrite("thresh_trunc.jpg", thresh_trunc)              #保存图 3.40
#低于阈值置零
_, thresh_zero = cv2.threshold(src, 128, 255, cv2.THRESH_TOZERO)
cv2.imwrite("thresh_zero.jpg", thresh_zero)                #保存图 3.41
#高于阈值置零
_, thresh_zero_inv = cv2.threshold(src, 128, 255, cv2.THRESH_TOZERO_INV)
cv2.imwrite("thresh_zero_inv.jpg", thresh_zero_inv)        #保存图 3.42
```

本案例使用的源图像如图 3.37 所示。

图 3.37

将 type 设置为 THRESH_BINARY，使用二值阈值的效果如图 3.38 所示，低于阈值 128 的像素点的像素值被置为 0（黑色），高于阈值 128 的像素点的像素值被置为 255（白色）。

将 type 设置为 THRESH_BINARY_INV，使用反二值阈值的效果如图 3.39 所示，低于阈值 128 的像素点的像素值被置为 255（白色），高于阈值 128 的像素点的像素值被置为 0（黑色）。

图 3.38

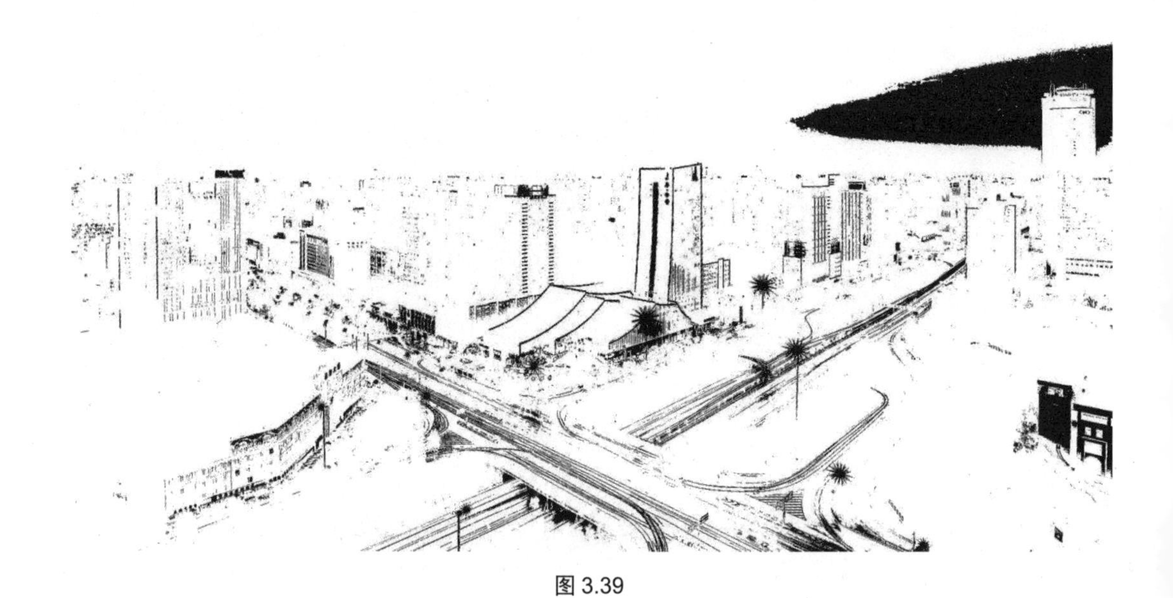

图 3.39

将 type 设置为 THRESH_TRUNC，使用截断阈值的效果如图 3.40 所示，高于阈值 128 的像素点的像素值被设为 128，低于阈值 128 的像素点保持不变。

图 3.40

将 type 设置为 THRESH_TOZERO，使用低于阈值置零的效果如图 3.41 所示，将源图像中低于阈值的像素点的像素值设置为 0（黑色），而高于阈值的像素点不做处理。

图 3.41

将 type 设置为 THRESH_TOZERO_INV，使用高于阈值置零的效果如图 3.42 所示，将源图像中高于阈值的像素点的像素值设置为 0（黑色），而低于阈值的像素点不做处理。

图 3.42

3.6.2 案例 13：使用自适应阈值

OpenCV 提供了自适应阈值操作的函数 adaptiveThreshold()。C++版本对应的函数如下：

```
CV_EXPORTS_W void adaptiveThreshold( InputArray src, OutputArray dst,
                                     double maxValue, int adaptiveMethod,
                                     int thresholdType, int blockSize, double C )
```

Python 版本对应的函数如下：

```
dst = adaptiveThreshold(src, maxValue, adaptiveMethod, thresholdType, blockSize, C, dst=None)
```

adaptiveThreshold 函数对应的参数及其含义如表 3.16 所示。

表 3.16

参　数	含　义
src	输入图像，需要传入单通道图像
maxValue	将满足条件的像素点的像素值设置为该值
adaptiveMethod	使用的自适应算法

续表

参　数	含　义
thresholdType	阈值类型
blockSize	计算阈值的邻域尺寸
C	减去平均值或加权平均值之后的常数值
dst	输出图像

adaptiveMethod 表示使用的自适应算法，由枚举值 AdaptiveThresholdTypes 定义。

```
enum AdaptiveThresholdTypes {
   ADAPTIVE_THRESH_MEAN_C     = 0,  //平均法
   ADAPTIVE_THRESH_GAUSSIAN_C = 1  //高斯法
};
```

type 表示阈值类型，由枚举值 ThresholdTypes 定义，取值必须为 THRESH_BINARY 或 THRESH_BINARY_INV。

下面通过案例展示自适应阈值 adaptiveThreshold 的处理效果，代码如下：

```
src = cv2.imread("src.jpg", cv2.IMREAD_GRAYSCALE)     #读取单通道图
thresh_mean = cv2.adaptiveThreshold(src, 255, cv2.ADAPTIVE_THRESH_MEAN_C, cv2.THRESH_BINARY, 5,
0)
cv2.imwrite("thresh_mean.jpg", thresh_mean)              #保存图 3.43
thresh_gaussian = cv2.adaptiveThreshold(src, 255, cv2.ADAPTIVE_THRESH_GAUSSIAN_C,
cv2.THRESH_BINARY, 5, 0)
cv2.imwrite("thresh_gaussian.jpg", thresh_gaussian)      #保存图 3.44
```

本案例使用的原始图像如图 3.37 所示，使用平均法的自适应阈值后的图像结果如图 3.43 所示。

图 3.43

使用高斯法的自适应阈值后的图像结果如图 3.44 所示。

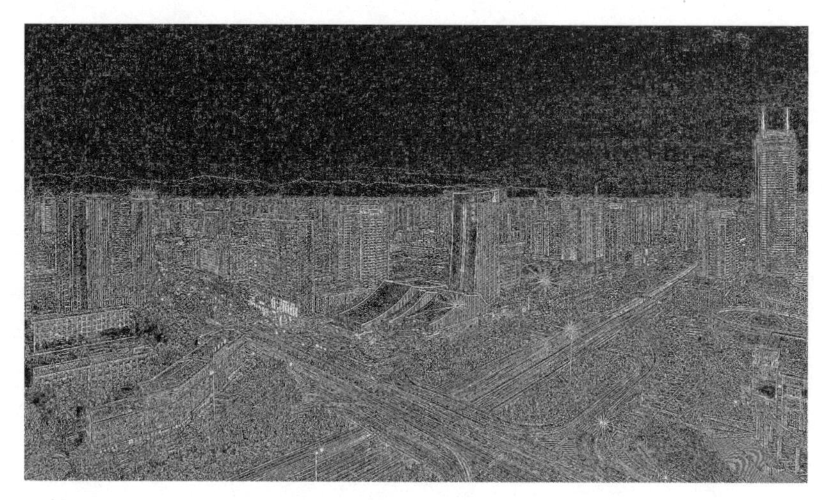

图 3.44

使用反二值阈值的阈值类型和其他尺寸的 blockSize 就不一一展示了，在实际使用时可以调节这些参数来满足自己的业务需求。

3.7 进阶必备：选择一款合适的图像处理工具

虽然深度学习计算机视觉方法冲击了传统图像处理领域，但是深度学习的方法还是有其局限性的，如成本较高（研发成本、数据成本等）、难度较大且运行效率不如传统方法高，所以很多的场景还是采用传统图像处理的方法。

图像处理的学习需要结合理论与实践，理论研究在这里显得尤为重要，用户需要知道图像处理的细节，这样才能选择更好的图像算法应对自己的场景。图像处理方向的经典之作就是冈萨雷斯的《数字图像处理》，该书对图像处理的理论做了深入的阐述，对图像处理感兴趣的用户可以阅读该书以进行深入研究。

图像处理算法编程常用的算法库有 OpenCV、MATLAB、Halcon、OpenGL 等，本节将对 OpenCV 和 MATLAB 做一个简单的介绍。

3.7.1 OpenCV

OpenCV 是一款开源的跨平台计算机视觉算法库，提供了多种语言的接口，封装了很多图像处理算法和视觉算法。

Python 版本的 OpenCV 的安装可以使用如下命令：

```
pip install opencv-python
```

若直接使用上述命令，则可能出现速度较慢的问题，甚至可能因为速度太慢而超时导致下载失败，这种问题可以使用国内的镜像源解决，以下代码为使用清华大学开源软件镜像站的源安装 OpenCV：

```
pip install opencv-python  -i https://pypi.tuna.tsinghua.edu.cn/simple
```

以 OpenCV4.x 为例，OpenCV 常用的模块及其用途如表 3.17 所示。

表 3.17

模　块	用　途
calib3d	摄像机标定与三维重建
core	包括核心功能及基本数据结构定义（如 Mat 定义）
features2d	二维特征点的检测与描述
flann	多维空间中的聚类与搜索
highgui	高级 GUI
imgcodecs	图像读写
imgproc	图像处理
objectdetect	目标检测
video	视频分析

本书中介绍的图像处理均采用 OpenCV 完成，13.4 节有 OpenCV 的编译介绍，用户可以前往参考学习。

3.7.2 MATLAB

MATLAB 由 MathWork 公司发布，是一款功能非常强大的工具软件，矩阵计算和图像仿真能力很强，使用方便，简单易学。MATLAB 封装了很多的工具箱，常用的工具箱及其用途如表 3.18 所示。

表 3.18

工 具 箱	用　途
MATLAB Main Toolbox	MATLAB 主工具箱
Computer Vision System Toolbox	计算机视觉
Neural Network Toolbox	神经网络
Image Processing Toolbox	图像处理
Signal Processing Toolbox	信号处理
Simulink Toolbox	仿真工具箱
DSP System Toolbox	DSP（数字信号处理器）处理

除表 3.18 列出的工具箱之外，还有很多的工具箱用于某些特定的领域。吴恩达教授的机器学习课程中的代码就是由 MATLAB 编写的，冈萨雷斯的《数字图像处理》也有对应的 MATLAB 版本，用户可以参考学习。

基于上述图像处理算法库的图像处理算法编程比较简单，但是涉及的处理算法原理可能比较复杂。如果用户重在图像处理的应用，那么学习图像处理只需要掌握一些线性代数中矩阵计算的理论基础及相应语言的编程基础就够了；如果用户想深入研究图像处理，那么最好在实践的基础上研究有关的算法原理并结合代码来实现图像处理。

第 4 章 图像变换

图像变换是将输入的图像进行变换，然后以另一种形式呈现出来，如傅里叶变换提取图像的频域分量。图像变换在深度学习的图像数据预处理和后处理中有较多的应用。

4.1 边缘检测

边缘是什么？从人眼的视觉层面来看，边缘就是图像在这个位置看起来有变化。计算机存储的是一幅图像的灰度值，边缘就是图像的灰度值快速变化的地方，这种变化可以通过计算图像梯度来表示，因此边缘检测算法就是通过计算梯度值来判断像素点是否属于边缘点。

边缘检测的步骤如下：

（1）滤波。边缘检测是将像素变化的点作为边缘点，而噪声点的像素值与周边的像素值差异很大，因此需要用滤波将噪声点与周边的像素做模糊处理，降低噪声干扰，常见的滤波算法可以参见 3.1 节和 3.2 节。

（2）增强。图像增强算法可以凸显图像灰度值的变化，增强可以通过计算梯度值来确定。

（3）检测。增强后的图像在边缘位置的梯度值较大，但是并非所有有梯度值的点都属于边缘点，所以需要设置一个阈值来检测边缘。

4.1.1 案例 14：Sobel 算法

Sobel 算法通过计算水平和垂直方向上灰度的差分值来得到图像的梯度，在图像边缘处，像素值变化较大，对应的梯度值较大，若梯度超过一个阈值则认为该点是一个边缘点。

水平和垂直方向上的灰度差分值是通过两个 3×3 的矩阵计算的。

OpenCV 提供了 Sobel 算法的函数 Sobel()。

C++版本对应的函数如下：

```
CV_EXPORTS_W void Sobel( InputArray src, OutputArray dst, int ddepth,
                         int dx, int dy, int ksize=3,
                         double scale=1, double delta=0,
                         int borderType=BORDER_DEFAULT );
```

Python 版本对应的函数如下：

```
dst = Sobel(src, ddepth, dx, dy, dst=None, ksize=None, scale=None, delta=None, borderType=None)
```

Sobel 函数对应的参数及其含义如表 4.1 所示。

表 4.1

参　数	含　义
src	输入图像
ddepth	输出图像的深度，若设置为-1，则深度与输入图像的深度相同
dx	计算 x 轴方向的导数
dy	计算 y 轴方向的导数
dst	输出边缘的图像
ksize	Size 类型，表示核的大小，一般用 Size(w, h)表示，如 Size(3, 3)表示 kernel 窗口的大小为 3×3
scale	梯度计算结果的放大比例，放大后可让梯度图更亮，默认值为 1
delta	在保存图像前可以将像素值增加 delta 数值，默认值为 0
borderType	边界模式，由 BorderTypes 定义（见 3.1.1 节）

下面通过案例来展示使用 Sobel 算法进行边缘检测的效果。本案例使用的源图像如图 4.1 所示。

图 4.1

本案例首先计算 x 轴方向的梯度 sobel_gradx，然后计算 y 轴方向的梯度 sobel_grady，最后合并 x 轴和 y 轴方向的梯度得到 sobel_grad，梯度图像即 Sobel 算法检测的边缘图像，代码如下：

```
import cv2

src = cv2.imread("src.jpg")
src = cv2.GaussianBlur(src, (3, 3), 0)                              #高斯滤波
gray = cv2.cvtColor(src, cv2.COLOR_BGR2GRAY)                        #转换为灰度图
sobel_gradx = cv2.Sobel(gray, -1, 1, 0)                             #计算 x 轴方向的梯度
sobel_grady = cv2.Sobel(gray, -1, 0, 1)                             #计算 y 轴方向的梯度
sobel_grad = cv2.addWeighted(sobel_gradx, 0.5,sobel_grady, 0.5, 0)  #合并梯度
cv2.imwrite("sobel_gradx.jpg",sobel_gradx)
cv2.imwrite("sobel_grady.jpg",sobel_grady)
cv2.imwrite("sobel_grad.jpg",sobel_grad)
```

在进行边缘检测之前一般先对图像滤波，滤除图像中的噪声，并使用灰度图像进行边缘检测。计算 *x* 轴方向的梯度就是检测垂直方向的边缘，如图 4.2 所示。计算 *y* 轴方向的梯度就是检测水平方向的边缘，如图 4.3 所示。最后将两个方向的梯度合并，检测的边缘图像如图 4.4 所示。Sobel 算法的边缘检测精度不高，可以用于对精度要求较低的场景。

图 4.2

图 4.3

图 4.4

在调用 Sobel()函数时也可以计算 x 轴和 y 轴方向的梯度，即将 dx 和 dy 同时设置为 1，代码如下：

```
import cv2

src = cv2.imread("src.jpg")
src = cv2.GaussianBlur(src, (3, 3), 0)          #高斯滤波
gray = cv2.cvtColor(src, cv2.COLOR_BGR2GRAY)  #转换为灰度图
sobel_grad = cv2.Sobel(gray, -1, 1, 1)          #Sobel 边缘检测，同时计算 x 轴和 y 轴方向的梯度
cv2.imwrite("sobel_grad.jpg",sobel_grad)
```

4.1.2　案例 15：Scharr 算法

Sobel 算法求取的是导数的近似值，因而边缘检测的精度不够高，当 ksize 的大小为 3 时，误差比较明显。为了解决该问题，可以使用 Scharr 算法，该算法的 ksize 的固定大小为 3，计算结果相较于 Sobel 算法更加精确且速度无差异。

OpenCV 提供了 Scharr 算法的函数 Scharr()。

C++版本对应的函数如下：

```
CV_EXPORTS_W void Scharr( InputArray src, OutputArray dst, int ddepth,
                        int dx, int dy, double scale=1, double delta=0,
                        int borderType=BORDER_DEFAULT );
```

Python 版本对应的函数如下：

```
dst = Scharr(src, ddepth, dx, dy, dst=None, scale=None, delta=None, borderType=None)
```

Scharr 函数对应的参数及其含义如表 4.2 所示。

表 4.2

参　数	含　义
src	输入图像
ddepth	输出图像的深度，若设置为-1，则深度与输入图像的深度相同
dx	计算 x 轴方向的导数
dy	计算 y 轴方向的导数
dst	输出边缘图像
scale	梯度计算结果的放大比例，放大后可让梯度图更亮，默认值为 1
delta	在保存图像前可以将像素值增加 delta 数值，默认值为 0
borderType	边界模式，由 BorderTypes 定义（见 3.1.1 节）

下面通过案例来展示使用 Scharr 算法进行边缘检测的效果，代码如下：

```
import cv2

src = cv2.imread("src.jpg")
src = cv2.GaussianBlur(src, (3, 3), 0)                        #高斯滤波
gray = cv2.cvtColor(src, cv2.COLOR_BGR2GRAY)                  #转换为灰度图
scharr_gradx = cv2.Scharr(gray, -1, 1, 0)                     #计算 x 轴方向的梯度
scharr_grady = cv2.Scharr(gray, -1, 0, 1)                     #计算 y 轴方向的梯度
scharr_grad = cv2.addWeighted(gradx, 0.5, grady, 0.5, 0) #合并梯度
cv2.imwrite("Scharr_gradx.jpg", scharr_gradx)
cv2.imwrite("Scharr_grady.jpg", scharr_grady)
cv2.imwrite("Scharr_grad.jpg", scharr_grad)
```

本案例使用的源图像如图 4.1 所示，计算得到的 x 轴方向的梯度如图 4.5 所示，计算得到的 y 轴方向的梯度如图 4.6 所示，合并两个梯度之后检测的边缘图像如图 4.7 所示。

图 4.5

图 4.6

图 4.7

对比图 4.4 和图 4.7 可以看出，Scharr 算法的边缘检测精度比 Sobel 算法的边缘检测精度高很多。

注意：Scharr 函数不支持同时计算 x 轴和 y 轴方向的梯度，因此不能将 dx 和 dy 同时设置为 1。

4.1.3 案例 16：Laplacian 算法

边缘对应的是像素值变化很快的地方，Sobel 算法利用一阶导数的近似值来检测边缘，而 Laplacian 算法利用的是二阶导数来检测边缘。

对一幅图像进行 Laplacian 算法处理，可以增强图像的对比度。

OpenCV 提供了 Laplacian 算法的函数 Laplacian()。

C++版本对应的函数如下：

```
CV_EXPORTS_W void Laplacian( InputArray src, OutputArray dst, int ddepth,
                             int ksize=1, double scale=1, double delta=0,
                             int borderType=BORDER_DEFAULT );
```

Python 版本对应的函数如下：

```
dst = Laplacian(src, ddepth, dst=None, ksize=None, scale=None, delta=None, borderType=None)
```

Laplacian 函数对应的参数及其含义如表 4.3 所示。

表 4.3

参　数	含　义
src	输入图像
ddepth	输出图像的深度，若设置为-1，则深度与输入图像的深度相同
dst	输出边缘图像
ksize	二阶导数滤波器的孔径的尺寸，默认值为 1
scale	梯度计算结果的放大比例，放大后可让梯度图更亮，默认值为 1
delta	在保存图像前可以将像素值增加 delta 数值，默认值为 0
borderType	边界模式，由 BorderTypes 定义（见 3.1.1 节）

当 ksize=1 的时候，Laplacian 使用的是如下所示的 3×3 的孔径。

0	1	0
1	−4	1
0	1	0

下面通过案例来展示使用 Laplacian 算法进行边缘检测的效果，代码如下：

```
import cv2

src = cv2.imread("src.jpg")
gray = cv2.cvtColor(src, cv2.COLOR_BGR2GRAY)          #转换为灰度图
Laplacian_grad = cv2.Laplacian(gray, -1)              #Laplacian 边缘检测
cv2.imwrite("Laplacian_grad.jpg", Laplacian_grad)
```

本案例使用的源图像如图 4.1 所示，计算得到的 Laplacian 边缘检测结果如图 4.8 所示。

图 4.8

对比图 4.4 和图 4.8 可以看出，Laplacian 算法的边缘检测效果比 Sobel 算法的边缘检测效果好。

4.1.4　案例 17：Canny 算法

Canny 算法被认为是当前最好的边缘检测算法，论文作者 Canny 提出了最优边缘检测的三个标准：

（1）低错误率，最大限度地标记出真正的边缘而减少噪声产生的假边缘。

（2）高定位性，检测到的边缘最大限度地接近真实边缘。

（3）最小响应，只标识一次边缘且不应将噪声标识为边缘。

为了满足这些要求，Canny 算法使用了变分法。在目前所有的边缘检测算法中，Canny 算法是定义最严格的算法之一，提供了良好而可靠的检测。

Canny 算法有以下四步：

（1）滤掉噪声，最常使用的就是高斯滤波，可以参考 3.1.3 节的使用案例；

（2）计算图像的梯度，步骤和 Sobel 算法的步骤一样；

（3）使用非极大值抑制排除非边缘像素；

（4）使用高低阈值进一步选择真正的边缘，高低阈值的比例一般选择 2：1～3：1。

OpenCV 提供了 Canny 算法的函数 Canny()。

C++版本对应的函数如下：

```
CV_EXPORTS_W void Canny( InputArray image, OutputArray edges,
                         double threshold1, double threshold2,
                         int apertureSize=3, bool L2gradient=false );
```

Python 版本对应的函数如下：

```
edges = Canny(image, threshold1, threshold2, edges=None, apertureSize=None, L2gradient=None)
```

Canny 函数对应的参数及其含义如表 4.4 所示。

表 4.4

参　数	含　义
image	输入图像
threshold1	阈值 1
threshold2	阈值 2
edges	输出边缘图像
apertureSize	Sobel 内核大小
L2gradient	是否使用 L2 梯度

下面通过案例来展示使用 Canny 算法进行边缘检测的效果，代码如下：

```
import cv2

src = cv2.imread("src.jpg")
src = cv2.GaussianBlur(src, (3, 3), 0)                      #高斯滤波
gray = cv2.cvtColor(src, cv2.COLOR_BGR2GRAY)                #转换为灰度图
Canny_grad = cv2.Canny(gray, 70, 160)                       #Canny 边缘检测
cv2.imwrite("Canny_grad.jpg", Canny_grad)
```

本案例使用的源图像如图 4.1 所示，计算得到的 Canny 边缘检测结果如图 4.9 所示。

图 4.9

Canny 函数包括两个阈值参数 threshold1 和 threshold2，这两个参数可以调换顺序，Canny 函数可以自动选择高阈值或低阈值。若将两个参数调整得较小，则会有较多的边缘被检测进来。

例如，按如下代码所示将两个参数改为 10 和 20，对应的结果如图 4.10 所示。

```
Canny_grad = cv2.Canny(gray, 10, 20)
```

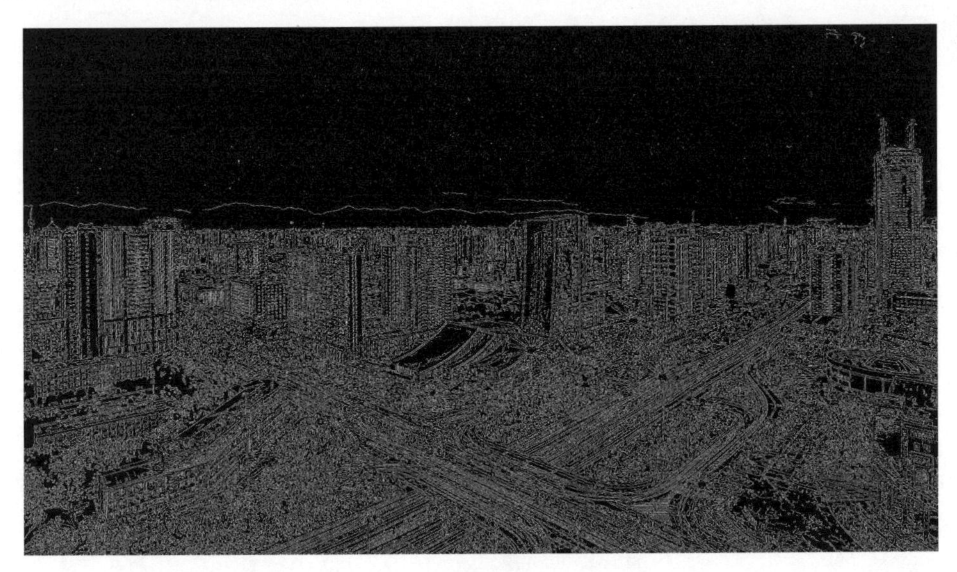

图 4.10

Canny 算法的应用范围很广，可以根据实际场景定制参数，以识别具有不同特征的边缘。

4.2 案例 18：绘制轮廓

轮廓给人的第一印象就是包围物体外形的，由一系列的点连接而成的闭合曲线。和边缘有些类似，但是边缘不一定是闭合的，所以边缘属于图像的特征，可以用于图像的识别与分类，而轮廓则用于对物体的形态做分析，如计算物体的面积等。

轮廓的绘制有两个步骤：第一步是查找轮廓，第二步是绘制轮廓。

在 OpenCV 中，查找轮廓使用的函数是 findContours()，该函数的含义说明指出了轮廓查找需要使用二值图像。

C++版本对应的函数如下：

```
CV_EXPORTS_W void findContours( InputArray image, OutputArrayOfArrays contours,
                              OutputArray hierarchy, int mode,
                              int method, Point offset=Point());

CV_EXPORTS void findContours( InputArray image, OutputArrayOfArrays contours,
                              int mode, int method, Point offset=Point());
```

Python 版本对应的函数如下：

```
contours,hierarchy = findContours(image, mode, method, contours=None, hierarchy=None, offset=None)
```

findContours 函数对应的参数及其含义如表 4.5 所示。

表 4.5

参　数	含　义
image	输入图像，需要传入二值图像
mode	轮廓的查找模式
method	轮廓的近似方式
contours	检测到的轮廓点的坐标
hierarchy	轮廓层次，包含图像的拓扑信息，它的元素和轮廓的数量相同
offset	每个轮廓点移动的偏移量

下面对表 4.5 中的参数进一步解释。

mode 表示轮廓的查找模式，由 RetrievalModes 定义。

```
enum RetrievalModes {
    RETR_EXTERNAL  = 0,       //只查找最外层轮廓
    RETR_LIST       = 1,       //查找所有轮廓但不建立层次
    RETR_CCOMP      = 2,       //查找所有轮廓并建立两级层次
```

```
    RETR_TREE        = 3,      //查找所有轮廓并重建嵌套轮廓的完整层次
    RETR_FLOODFILL  = 4
};
```

method 表示轮廓的近似方式，由 ContourApproximationModes 定义。

```
enum ContourApproximationModes {
    CHAIN_APPROX_NONE           = 1,      //绝对存储所有的轮廓点
    CHAIN_APPROX_SIMPLE         = 2,      //压缩水平、垂直和对角线段，只保留其端点
    CHAIN_APPROX_TC89_L1        = 3,      //应用一种 Chin-chain 近似算法
    CHAIN_APPROX_TC89_KCOS      = 4       //应用一种 Chin-chain 近似算法
};
```

findContours 函数返回两个参数，第一个参数 contours 为轮廓点，第二个参数 hierarchy 为轮廓层次。contours 的类型为 list，其中的每个元素都是图像中的一个轮廓，hierarchy 反映了轮廓的层次关系，数量与轮廓的数量相同。

绘制轮廓使用的函数是 drawContours()，该函数的 C++版本如下：

```
CV_EXPORTS_W void drawContours( InputOutputArray image, InputArrayOfArrays contours,
                              int contourIdx, const Scalar& color,
                              int thickness=1, int lineType=LINE_8,
                              InputArray hierarchy=noArray(),
                              int maxLevel=INT_MAX, Point offset=Point() );
```

Python 版本如下：

```
image=drawContours(image, contours, contourIdx, color, thickness=None, lineType=None,
                   hierarchy=None,maxLevel=None, offset=None)
```

drawContours 函数对应的参数及其含义如表 4.6 所示。

表 4.6

参　数	含　义
image	绘制的轮廓图像
contours	绘制的轮廓组
contourIdx	绘制的轮廓编号，若全部绘制则编号为负数
color	绘制的颜色
thickness	绘制线的粗细
lineType	绘制线的线性
hierarchy	绘制轮廓的层次
maxLevel	绘制轮廓的级别
offset	绘制轮廓的偏移

下面通过案例来展示轮廓的绘制效果，本案例使用的源图像如图 4.11 所示。

图 4.11

绘制轮廓首先需要将源图像转换为二值图像，用二值图像查找轮廓，然后绘制轮廓，可以在源图像上绘制，本案例使用的是新创建的一个白底图像，在其上绘制轮廓。

```
import cv2
import numpy as np

#读取图像，并将其阈值化得到二值图像
img = cv2.imread('src.jpg')
img_gray = cv2.cvtColor(img, cv.COLOR_BGR2GRAY)
ret, thresh = cv2.threshold(img_gray, 0, 255, cv.THRESH_BINARY+cv.THRESH_OTSU)
#查找二值图像的轮廓
contours, hierarchy = cv2.findContours(thresh, cv.RETR_TREE, cv.CHAIN_APPROX_SIMPLE)
print(len(contours))
#创建白底图像
draw_img = np.zeros(img.shape[:], dtype=np.uint8)
draw_img[:] = 255
#绘制轮廓
contours_list = contours[0:6]
cv2.drawContours(draw_img, cnt, -1, (128, 128, 128), 2)
cv2.imwrite('result.jpg', draw_img)
```

在查找轮廓之后，可以通过 print(len(contours))查看图像的轮廓数量，本图像中的轮廓数量为 6，提取所有轮廓的结果如图 4.12 所示。

图 4.12

在绘制轮廓时可以传入轮廓参数的列表。若将参数 contourIdx 设置为负数则绘制所有的轮廓；若传入列表中轮廓的索引则绘制某一个轮廓。例如，绘制 index 为 4 的轮廓，代码如下：

```
cv.drawContours(draw_img, contours_list, 4, (128, 128, 128), 2)
```

绘制结果如图 4.13 所示。

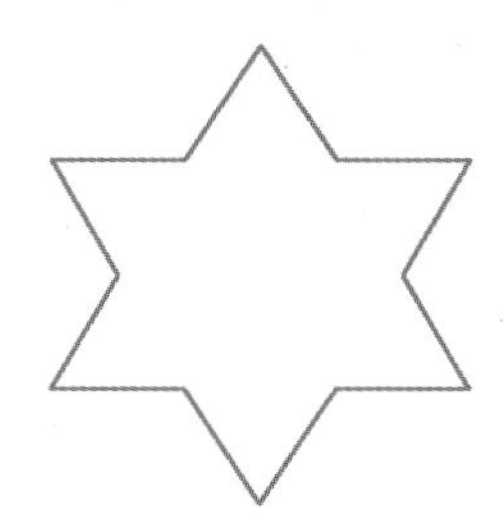

图 4.13

4.3　霍夫变换

在图像处理的过程中，经常需要从图像中识别一些形状，霍夫变换就是这种形状检测的基本方法。霍夫变换包括霍夫线变换和霍夫圆变换，本节将一一介绍。

4.3.1　案例 19：霍夫线变换

在中学的几何学习中，可以用 $y=ax+b$ 的形式来描述一条直线，并且两点可以确定一条直线。对于一条确定的直线，例如，$y=2x+1$，其中 $a=2$、$b=1$，这条直线上有很多的坐标点，如（−1，−1）、（1，3）、(−0.5，0)、(0.5，2）……若将 a 和 b 作为变量，则上面的这些点会产生很多的直线。以前面四个坐标点举例，产生的四条直线如下所示：

$$\begin{cases} b=a-1 \\ b=-a+3 \\ b=0.5a \\ b=-0.5a+2 \end{cases}$$

还有很多经过直线 $y=2x+1$ 的坐标点，用这些坐标点还能产生很多直线，这些直线都会交于坐标点（2，1)，这个点对应的横坐标、纵坐标就是这条直线的斜率 a 和截距 b，如图 4.14 所示。

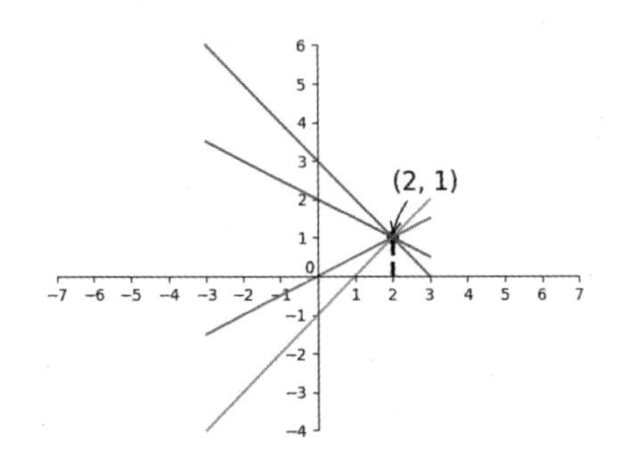

图 4.14

因此，要想检测一条直线，就至少需要知道这条线上的两个坐标点，这两个坐标点可以确定一条直线。这就是霍夫线变换的直线检测的原理。

在具体实现时，需要找到可以标记直线的坐标点，这些坐标点就是图像进行边缘检测得到的点，将这些坐标点代入公式 $y=ax+b$，得到的直线会形成一个平面。若这些坐标点在一条直线上，则这些点对应的直线会交于一点。因此可以设置一个阈值，若超过阈值数量的直线交于一点，则可以认为这个点（a, b）确定了一条直线。

在应用实践中，由 $y=ax+b$ 确定的直线若垂直于水平坐标轴，则斜率无穷大，所以一般以极坐标的形式表示直线：$\rho=x \cdot \cos\theta+y \cdot \sin\theta$。

OpenCV 提供了两个霍夫变换的接口：标准霍夫变换函数 HoughLines()和累计概率霍夫变换函数 HoughLinesP()。

C++版本对应的函数如下：

```
CV_EXPORTS_W void HoughLines( InputArray image, OutputArray lines,
                              double rho, double theta, int threshold,
                              double srn=0, double stn=0,
                              double min_theta=0, double max_theta=CV_PI );

CV_EXPORTS_W void HoughLinesP( InputArray image, OutputArray lines,
                               double rho, double theta, int threshold,
                               double minLineLength=0, double maxLineGap=0 );
```

Python 版本对应的函数如下：

```
lines = HoughLines(image, rho, theta, threshold, lines=None, srn=None, stn=None, min_theta=None,
          max_theta=None)

lines = HoughLinesP(image, rho, theta, threshold, lines=None, minLineLength=None, maxLineGap=None)
```

两个函数对应的参数及其含义如表 4.7 所示。

表 4.7

参　　数	含　　义
共有参数	
image	输入图像，需传入 8 位单通道二值图像
rho	距离分辨率，单位为像素
theta	角度分辨率，单位为弧度
threshold	累加平面的阈值参数
lines	变换检测到的直线
HoughLines 独有参数	
srn	对于多尺度的霍夫变换，它是距离分辨率的除数距离
stn	对于多尺度的霍夫变换，它是角度分辨率的除数距离
min_theta	检查线条的最小角度，介于 0～max_theta
max_theta	检查线条的最大角度，介于 min_theta～CV_PI
HoughLinesP 独有参数	
minLineLength	最小的线段长度
maxLineGap	同一行的两点连接起来的最大距离

下面通过案例来展示霍夫线变换的使用方法和效果。本案例使用的源图像如图 4.15 所示。

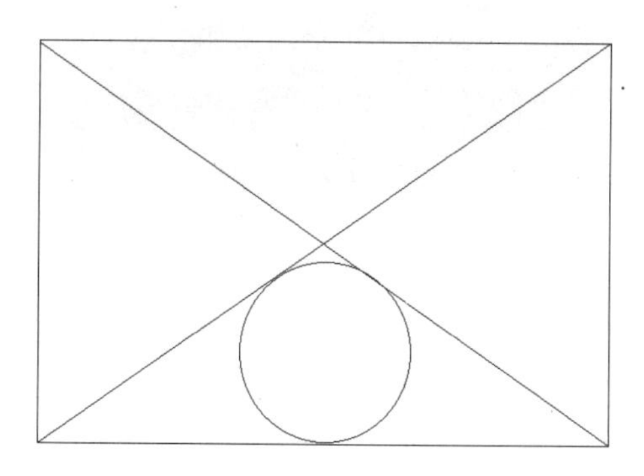

图 4.15

本案例的代码如下：

```
import cv2
import numpy as np

img = cv2.imread('src.jpg')
drawlines = np.zeros(img.shape[:], dtype=np.uint8)
gray = cv2.cvtColor(img, cv2.COLOR_BGR2GRAY)
edges = cv2.Canny(gray, 50, 150)                          #Canny 边缘检测
```

```
lines = cv2.HoughLines(edges, 0.8, np.pi/180, 90)           #经典霍夫线变换

for line in lines:                                          #绘制直线
    rho, theta = line[0]
    a = np.cos(theta)
    b = np.sin(theta)
    x0 = a * rho
    y0 = b * rho
    x1 = int(x0 + 1000 * (-b))
    y1 = int(y0 + 1000 * (a))
    x2 = int(x0 - 1000 * (-b))
    y2 = int(y0 - 1000 * (a))
    cv2.line(drawlines, (x1, y1), (x2, y2), (255, 255, 255))

cv2.imwrite("drawlines.jpg", drawlines)
```

将通过霍夫线变换检测到的直线绘制在和源图像同样大小的空白图上，绘制直线的图像结果如图 4.16 所示。

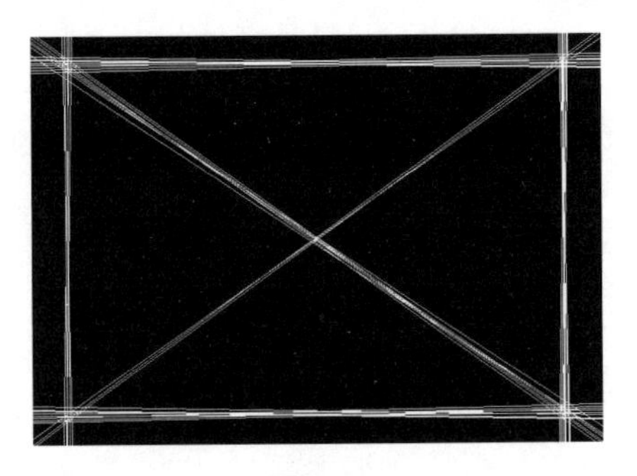

图 4.16

多尺度霍夫线变换是经典霍夫线变换在多尺度下的表现，和经典霍夫线变换类似，这里就不过多阐述了。累计概率霍夫线变换是概率性计算平面上的点的累加，计算量减小了，计算时间缩短了。累计概率霍夫线变换的调用代码如下：

```
import cv2
import numpy as np

img = cv2.imread('src1.jpg')
drawlines = np.zeros(img.shape[:], dtype=np.uint8)
gray = cv2.cvtColor(img, cv2.COLOR_BGR2GRAY)
edges = cv2.Canny(gray, 50, 150)                        #Canny 边缘检测
#累计概率霍夫线变换
lines = cv2.HoughLinesP(edges, 0.8, np.pi/180, 90, minLineLength=50, maxLineGap=10)
#绘制检测到的线
```

```
for line in lines:
    x1, y1, x2, y2 = line[0]
    cv2.line(drawlines, (x1, y1), (x2, y2), (255, 255, 255), 1, lineType = cv2.LINE_AA)
cv2.imwrite('drawlines_p.jpg', drawlines)
```

得到的检测结果如图 4.17 所示。

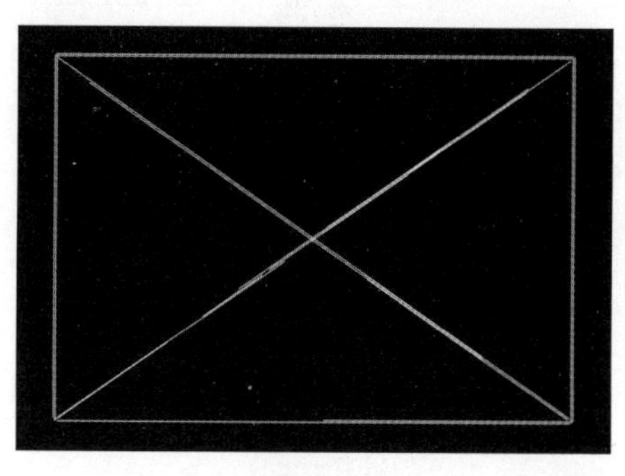

图 4.17

4.3.2　案例 20：霍夫圆变换

霍夫圆变换的原理和霍夫线变换的原理类似，表示一个圆需要圆心的坐标和半径 3 个参数，计算量增加了很多，所以在工程应用中，需要通过算法减少计算量，OpenCV 采用的是霍夫梯度法。

OpenCV 提供了霍夫圆变换操作的函数 HoughCircles()。

C++版本对应的函数如下：

```
CV_EXPORTS_W void HoughCircles( InputArray image, OutputArray circles,
                               int method, double dp, double minDist,
                               double param1 = 100, double param2 = 100,
                               int minRadius = 0, int maxRadius = 0 );
```

Python 版本对应的函数如下：

```
cirdes = HoughCircles(image, method, dp, minDist, circles=None, param1=None, param2=None,
                 minRadius=None, maxRadius=None)
```

HoughCircles 对应的参数及其含义如表 4.8 所示。

表 4.8

参　数	含　义
image	输入图像，需要传入 8 位单通道二值图像
method	霍夫圆变换的检测方法，目前只有梯度法 HOUGH_GRADIENT
dp	累加器分辨率与图像分辨率的反比

续表

参　数	含　义
minDist	圆心之间的最小距离
circles	检测到的圆
param1	Canny 算法的高阈值，低阈值是其一半
param2	基于圆心的最小投票数，相当于确定一个圆的阈值
minRadius	最小圆半径，可根据先验知识设置
maxRadius	最大圆半径，可根据先验知识设置

接下来讲解霍夫圆变换的使用案例，本案例使用的源图像如图 4.15 所示。

```
import cv2
import numpy as np

img = cv2.imread('src.jpg')
drawcircle = np.zeros(img.shape[:], dtype=np.uint8)                          #纯黑色图片
gray = cv2.cvtColor(img, cv2.COLOR_BGR2GRAY)
edges = cv2.Canny(gray, 50, 150)                                             #Canny 边缘检测

circles = cv2.HoughCircles(edges, cv2.HOUGH_GRADIENT, 1, 100, param2=30)     #霍夫圆变换
circles = np.int0(np.around(circles))

#将检测到的圆画出来
for i in circles[0, :]:
    cv2.circle(drawcircle, (i[0], i[1]), i[2], (255, 255, 255), 2)          #画出外圆
    cv2.circle(drawcircle, (i[0], i[1]), 2, (255, 255, 255), 3)             #画出圆心
cv2.imwrite('drawcircle.jpg', drawcircle)
```

将霍夫圆变换检测出来的圆绘制后的结果如图 4.18 所示。

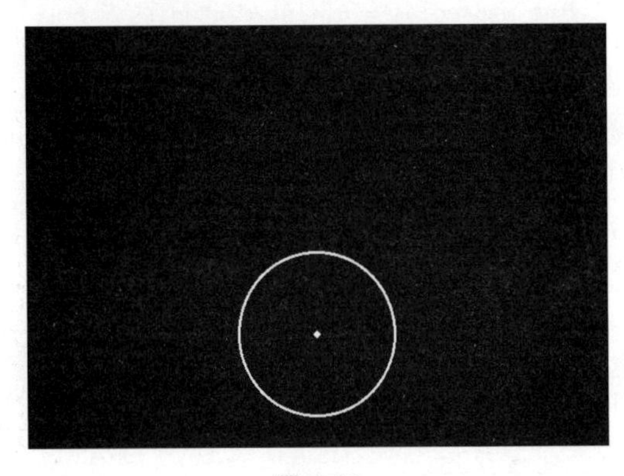

图 4.18

在使用霍夫圆变换时有的参数需要多次尝试得出最优的值，根据先验知识选择合适的参数，才能达到好的检测效果。

4.4 案例 21：重映射

重映射就是把两张图像上的像素点按照一定的规则进行对应的映射。

OpenCV 提供了重映射操作的函数 remap()。

C++版本对应的函数如下：

```
CV_EXPORTS_W void remap( InputArray src, OutputArray dst,
                         InputArray map1, InputArray map2,
                         int interpolation, int borderMode=BORDER_CONSTANT,
                         const Scalar& borderValue=Scalar());
```

Python 版本对应的函数如下：

```
dst = remap(src, map1, map2, interpolation, dst=None, borderMode=None, borderValue=None)
```

remap 函数对应的参数及其含义如表 4.9 所示。

表 4.9

参　数	含　义
src	输入图像，需要输入 8 位单通道整型图像或浮点型图像
map1	第一个 map
map2	第二个 map
interpolation	插值方式
dst	输出图像
borderMode	边界模式，由 BorderTypes 定义（见 3.1.1 节）
borderValue	当边界模式为 BORDER_CONSTANT 时的边界值

下面对表 4.9 中的参数进一步解释。

（1）map1 为第一个 map，用于表示（x,y）坐标点，或者表示 CV_16SC2、CV_32FC1 或 CV_32FC2 类型的 x 轴的值。

（2）map2 为第二个 map，若 map1 表示 x 轴的值，则 map2 表示 y 轴的值，类型为 CV_16UC1 或 CV_32FC1；若 map1 表示（x,y）坐标点，则 map2 表示 none（一个空的矩阵）。

（3）interpolation 表示插值方式，由 InterpolationFlags 定义，目前不支持 INTER_AREA 的插值方式。

```
enum InterpolationFlags{
    INTER_NEAREST           = 0,      //最近邻插值
    INTER_LINEAR            = 1,      //双线性插值
    INTER_CUBIC             = 2,      //双三次插值
    INTER_AREA              = 3,      //目前不支持
    INTER_LANCZOS4          = 4,      //Lanczos 插值
    INTER_LINEAR_EXACT      = 5,      //位精度双线性插值
    INTER_MAX               = 7,      //差值代码 mask
    WARP_FILL_OUTLIERS      = 8,      //是否填充所有目标图像像素的标志
    WARP_INVERSE_MAP        = 16      //是否翻转变换图像的标志
};
```

下面介绍使用 remap 函数进行重映射的案例。

```
import cv2
import numpy as np

img = cv2.imread("src.jpg", 0)
mapx = np.zeros_like(img, dtype=np.float32)
mapy = np.zeros_like(img, dtype=np.float32)

for i in range(mapx.shape[1]):
    mapx[:, i:i+1] = mapx.shape[1] - i - 1                  #水平翻转

for j in range(mapx.shape[0]):                              #y 轴方向保持不变
    mapy[j:j+1, :] = j

dst = cv2.remap(img, mapx, mapy, cv2.INTER_NEAREST)         #重映射
cv2.imwrite("dst.jpg", dst)
```

本案例使用的源图像如图 4.19 所示。

图 4.19

在水平方向翻转重映射后的结果如图 4.20 所示。

图 4.20

mapx 和 mapy 存储了映射的坐标关系，若在 x 轴、y 轴方向上都进行映射，则需要逐像素处理坐标位置，速度相对较慢。例如，将图片进行 180° 翻转的处理代码如下：

```
for i in range(h):
    for j in range(w):
        mapx[i, j] = w-j-1
        mapy[i, j] = h-i-1
```

重映射之后的结果如图 4.21 所示。

图 4.21

4.5 案例 22：仿射变换

将一个向量空间先进行一次线性变换，接着进行一次平移变为另外一个向量空间的过程称为仿射变换，仿射变换常用于旋转、平移和缩放三种变换。所以，仿射变换也是两种图像之间的一种映射。

OpenCV 提供了仿射变换操作的函数 warpAffine()。

C++版本对应的函数如下：

```
CV_EXPORTS_W void warpAffine( InputArray src, OutputArray dst,
                              InputArray M, Size dsize,
                              int flags=INTER_LINEAR,
                              int borderMode=BORDER_CONSTANT,
                              const Scalar& borderValue=Scalar());
```

Python 版本对应的函数如下：

```
warpAffine(src, M, dsize, dst=None, flags=None, borderMode=None, borderValue=None)
```

warpAffine 函数对应的参数及其含义如表 4.10 所示。

表 4.10

参　数	含　义
src	输入图像
M	2×3 的变换矩阵
dsize	输出图像的尺寸
dst	输出图像
flags	插值方式，由 InterpolationFlags 定义（见 4.4 节）
borderMode	边界模式，由 BorderTypes 定义（见 3.1.1 节）
borderValue	当边界模式为 BORDER_CONSTANT 时的边界值

另一个和仿射变换操作有关的函数是 getRotationMatrix2D()，该函数用于计算一个二维旋转的矩阵。

C++版本对应的函数如下：

```
CV_EXPORTS_W Mat getRotationMatrix2D( Point2f center, double angle, double scale );
```

Python 版本对应的函数如下：

```
retval = getRotationMatrix2D(center, angle, scale)
```

getRotationMatrix2D 函数对应的参数及其含义如表 4.11 所示。

表 4.11

参　　数	含　　义
center	源图像的旋转中心
angle	旋转角度，正值为逆时针旋转
scale	缩放系数
retval	返回仿射变换矩阵

下面介绍仿射变换的使用案例，本案例使用的源图像如图 4.19 所示。

```
import cv2

img = cv2.imread('src.jpg', 0)
rows, cols = img.shape
M = cv2.getRotationMatrix2D((cols/2, rows/2), 45, 0.6)          #获取仿射变换矩阵

dst = cv2.warpAffine(img, M, (cols, rows))                      #仿射变换
cv2.imwrite("dst.jpg", dst)
```

在本案例中，先通过 getRotationMatrix2D 函数得到变换矩阵 *M*，旋转中心为图像中心，设置图像旋转 45°，此时图像会逆时针旋转 45°，并且对变换后的图像做了 60%的缩放，得到的结果如图 4.22 所示。

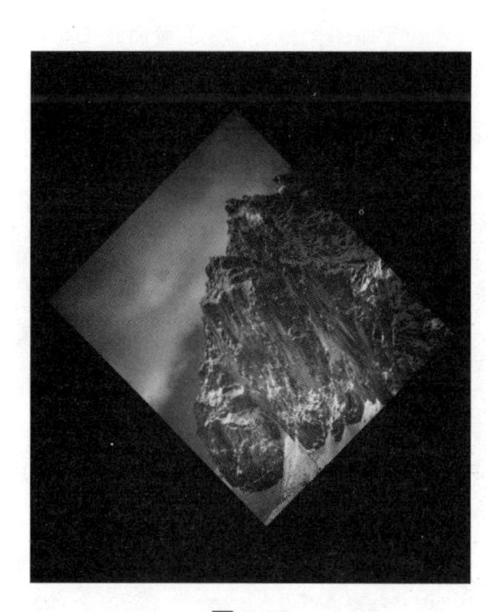

图 4.22

另一种获取仿射变换矩阵的方法是调用函数 getAffineTransform()。

C++版本对应的函数如下：

```
CV_EXPORTS_W Mat getAffineTransform( const Point2f src[], const Point2f dst[] );
```

Python 版本对应的函数如下：

```
getAffineTransform(src, dst)
```

getAffineTransform 函数对应的参数及其含义如表 4.12 所示。

表 4.12

参　数	含　义
src	源图像中三角形顶点的坐标
dst	目标图像中相应三角形顶点的坐标

下面介绍使用 getAffineTransform 函数得到仿射变换矩阵的案例。

```
import cv2
import numpy as np

img = cv2.imread('src.jpg', 0)
rows, cols = img.shape
pSrc = np.float32([[0, 0], [cols-1, 0], [0, rows-1]])         #源图像的三个点
#目标图像的三个点
pDst = np.float32([[0, rows*0.1], [cols*0.6, cols*0.3], [cols*0.2, rows*0.8]])

M = cv2.getAffineTransform(pSrc, pDst)          #获取仿射变换矩阵
dst = cv2.warpAffine(img, M, (cols, rows))      #仿射变换
cv2.imwrite("dst1.jpg", dst)
```

仿射变换之后得到的结果如图 4.23 所示。

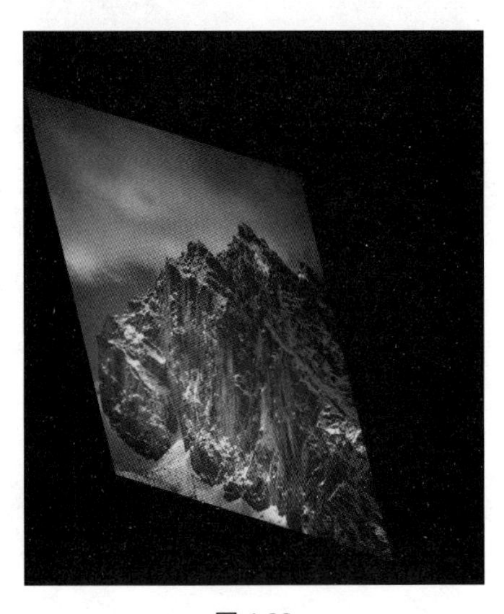

图 4.23

4.6　案例 23：透视变换

仿射变换是二维平面上的图像变换，与之类似，透视变换是为了获得接近真实三维物体的视觉效果而在二维平面上绘图的一种方法。

OpenCV 提供了透视变换操作的函数 warpPerspective()。

C++版本对应的函数如下：

```
CV_EXPORTS_W void warpPerspective( InputArray src, OutputArray dst,
                                InputArray M, Size dsize,
                                int flags=INTER_LINEAR,
                                int borderMode=BORDER_CONSTANT,
                                const Scalar& borderValue=Scalar());
```

Python 版本对应的函数如下：

```
dst = warpPerspective(src, M, dsize, dst=None, flags=None, borderMode=None, borderValue=None)
```

warpPerspective 函数对应的参数及其含义如表 4.13 所示。

表 4.13

参　数	含　义
src	输入图像
M	3×3 的变换矩阵
dsize	输出图像的尺寸
dst	输出图像
flags	插值方式，由 InterpolationFlags 定义（见 4.4 节）
borderMode	边界模式，由 BorderTypes 定义（见 3.1.1 节）
borderValue	当边界模式为 BORDER_CONSTANT 时的边界值，一般使用默认值，不用去处理

还有一个用于获取透视变换矩阵的函数，在 OpenCV 中的 C++接口如下所示，有两个版本。

```
CV_EXPORTS_W Mat getPerspectiveTransform( const Point2f src[], const Point2f dst[] )
//重载版本
CV_EXPORTS_W Mat getPerspectiveTransform( InputArray src, InputArray dst );
```

对应的 Python 接口如下：

```
retval = getPerspectiveTransform(src, dst, solveMethod=None)
```

getPerspectiveTransform 函数对应的参数及其含义如表 4.14 所示。

表 4.14

参　　数	含　　义
src	源图像中四边形顶点的坐标
dst	目标图像中相应四边形顶点的坐标
solveMethod	矩阵分解类型
retval	返回透视变换矩阵

接下来将通过案例展示透视变换的调用效果，本案例使用的源图像如图 4.19 所示。

```
import cv2
import numpy as np

img = cv2.imread('src.jpg', 0)
rows, cols = img.shape

pSrc = np.float32([[0, 0], [cols-1, 0], [cols-1, rows-1], [0, rows-1]])
pDst = np.float32([[0, rows*0.1], [cols*0.6, cols*0.3], [cols*0.7, rows*0.8], [cols*0.2,
    rows*0.8]])
M = cv2.getPerspectiveTransform(pSrc, pDst)                          #获取透视变换矩阵
dst = cv2.warpPerspective(img, M, (rows, cols))                      #透视变换
cv2.imwrite("perspective_dst.jpg", dst)
```

透视变换后的结果如图 4.24 所示。

图 4.24

在实际应用中，仿射变换和透视变换可以用于图像矫正。

4.7 直方图

直方图在图像处理中占据着非常重要的位置，反映了一张图片的像素值分布，横轴表示亮度，纵轴表示该亮度对应的像素的数量。

4.7.1 案例 24：直方图的计算与绘制

OpenCV 提供了直方图计算的函数 calcHist()，该函数主要用于计算一个或多个数组的直方图。

OpenCV 的 C++接口中 calcHist 函数有三个对应的版本：

```
CV_EXPORTS void calcHist(const Mat* images, int nimages,
                         const int* channels, InputArray mask,
                         OutputArray hist, int dims, const int* histSize,
                         const float** ranges, bool uniform=true, bool accumulate=false);

CV_EXPORTS void calcHist(const Mat* images, int nimages,
                         const int* channels, InputArray mask,
                         SparseMat& hist, int dims,
                         const int* histSize, const float** ranges,
                         bool uniform=true, bool accumulate=false);

CV_EXPORTS_W void calcHist(InputArrayOfArrays images,
                           const std::vector<int>& channels,
                           InputArray mask, OutputArray hist,
                           const std::vector<int>& histSize,
                           const std::vector<float>& ranges,
                           bool accumulate=false);
```

Python 版本对应的函数如下：

```
hist = calcHist(images, channels, mask, histSize, ranges, hist=None, accumulate=None)
```

calcHist 函数对应的参数及其含义如表 4.15 所示（部分参数为 C++函数独有）。

表 4.15

参　数	含　义
images	输入图像
nimages	输入图像的数量
channels	统计的直方图的第几通道
mask	掩模，计算掩模内的直方图
dims	统计的直方图通道的个数

续表

参　数	含　义
histSize	直方图分成的区间数
ranges	统计像素值的区间
hist	输出的直方图数组
uniform	是否进行归一化处理
accumulate	累计标志，若为 True 则多图像时计算多个直方图的累计结果

calcHist 函数计算的是图像中某一个通道的直方图，本案例选择的是通道 1，案例代码如下：

```
import cv2
import numpy as np

img = cv2.imread('src.jpg')                                    #读取图 4.19
hist = cv2.calcHist([img], [1], None, [256], [0,255])          #计算直方图，选择通道 1

#绘制直方图
minVal, maxVal, minLoc, maxLoc = cv2.minMaxLoc(hist)
hist_img = np.zeros([256, 256], np.uint8)
hist_img[:] = 255                                              #创建纯白色图片，用于绘制直方图

for i in range(256):
    norm_value = int(hist[i] * 256 / maxVal)                   #将直方图的像素统计数值归一化为[0, 256]
    cv2.line(hist_img, (i, 256), (i, 256 - norm_value), [0, 0, 0])
cv2.imwrite("hist_img.jpg", hist_img)                          #保存图 4.25
```

本案例使用的源图像如图 4.19 所示，计算后的直方图如图 4.25 所示。

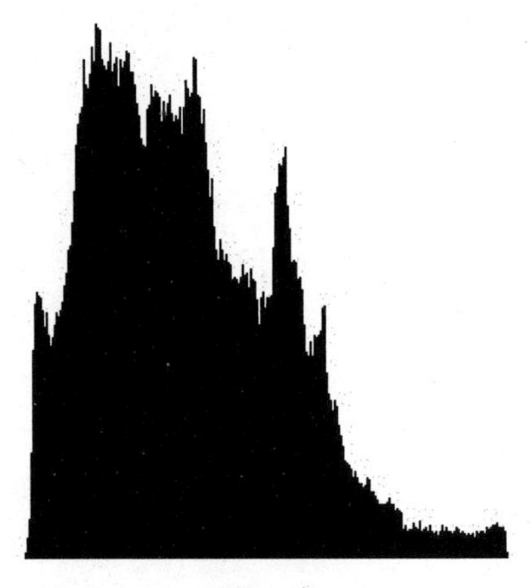

图 4.25

若图像太暗则直方图集中在左边区域；若图像太亮则直方图集中在右边区域。

4.7.2　案例 25：直方图均衡化

OpenCV 提供了直方图均衡化操作的函数 equalizeHist()，该函数主要用于均衡输入的灰度图像的直方图。

C++版本对应的函数如下：

```
CV_EXPORTS_W void equalizeHist( InputArray src, OutputArray dst )
```

Python 版本对应的函数如下：

```
dst=equalizeHist(src,dst=None)
```

equalizeHist 函数对应的参数及其含义如表 4.16 所示。

表 4.16

参　　数	含　　义
src	输入图像，需要传入单通道图像
dst	输出图像

下面通过案例展示直方图均衡化的使用。

```
import cv2

src = cv2.imread('src.jpg', 0)          #读取灰度图
dst = cv2.equalizeHist(src)             #直方图均衡化
cv2.imwrite("equalizeHist.jpg", dst)
```

本案例使用的源图像如图 4.19 所示，经过直方图均衡化后的结果如图 4.26 所示。

图 4.26

直方图均衡化是对图像的一种全局处理，均衡化之后的图像更加明亮，但是图像的细节有损失，所以可以采用局部均衡化的方法，有兴趣的用户可以研究使用。

4.8 进阶必备：图像变换应用之文本图像矫正

4.8.1 图像变换知识总结

本章讲述了图像变换的知识，涉及图像变换算法与对应的 OpenCV 接口，知识总结如图 4.27 所示。

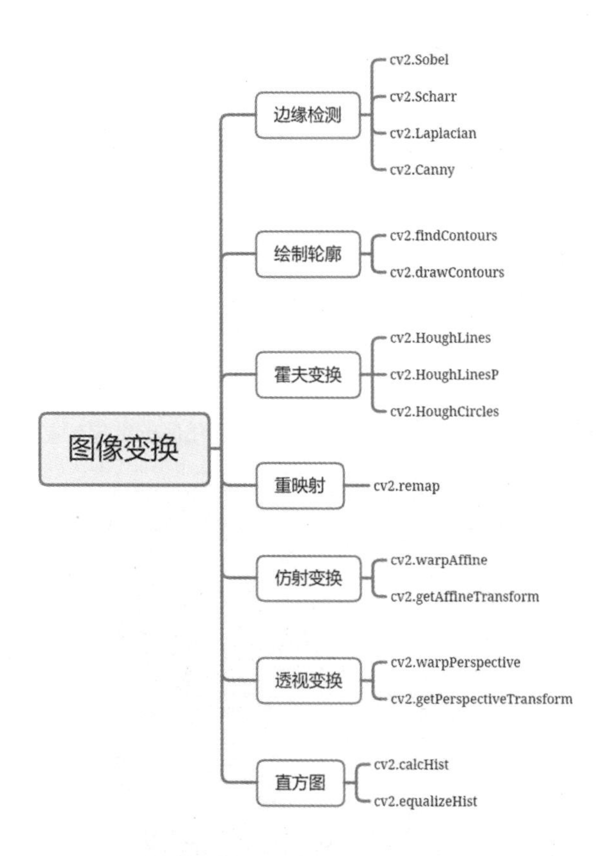

图 4.27

图像变换在实际场景中有较多的应用。例如，在生活中经常会遇到拍摄的文本图像存在一定角度的倾斜，如图 4.28 所示。

本书分为四个部分，第一部分讲解深度学习和
计算机视觉基础，视觉领域的经典网络，常用
的目标检测算法。
第二部分讲解图像处理的常见知识，并结合实
战案例，让读者对图像处理有更深的了解。
第三部分是计算机视觉实战的案例，由简到
难，由浅入深，帮助读者开展算法研发。
第四部分讲解AI部署的知识，包括移动端和PC
端的部署，让算法能够真正的被应用起来。
本书理论与实践相结合，从算法研发到落地应
用，帮助读者将深度学习应用到研究与工作场
景中。

图 4.28

这种情况不便于阅读，需要通过矫正技术将图像调整为适合阅读的形式。下面介绍通过图像变换实现文本图像矫正的案例。

4.8.2　案例 26：文本图像矫正

文本图像矫正主要包括以下三个步骤：

第一步，检测或计算图像的旋转角度；

第二步，计算变换矩阵；

第三步，使用仿射变换或透视变换进行图像旋转，得到矫正后的图像。

对如图 4.28 所示的倾斜图像进行矫正的具体实现代码如下：

```
import numpy as np
import cv2

#旋转图像
def imgRotate(image, angle):
    #获取宽、高
    (height, width) = image.shape[:2]        #计算图像的宽、高
    (cx, cy) = (width // 2, height // 2)    #计算图像的中心

    rm = cv2.getRotationMatrix2D((cx, cy), -angle, 1.0)     #计算变换矩阵
    cos = np.abs(rm[0, 0])
    sin = np.abs(rm[0, 1])
    nw = int((height * sin) + (width * cos))    #新图像的宽度
    nh = height     #新图像的高度

    rm[0, 2] += (nw / 2) - cx   #设置变换矩阵
    rm[1, 2] += (nh / 2) - cy
```

```
    #通过仿射变换得到矫正结果
    result = cv2.warpAffine(image,
                            rm,
                            (nw, nh),
                            flags=cv2.INTER_CUBIC,
                            borderMode=cv2.BORDER_REPLICATE)
    return result

#获取图片旋转角度
def getRotateAngle(image):
    gray = cv2.cvtColor(image, cv2.COLOR_BGR2GRAY)
    gray = cv2.bitwise_not(gray)
    thresh = cv2.threshold(gray, 0, 255,
                           cv2.THRESH_BINARY | cv2.THRESH_OTSU)[1]
    coords = np.column_stack(np.where(thresh > 0))
    angle = cv2.minAreaRect(coords)
    return angle

if __name__ == '__main__':
    image = cv2.imread("src.png")                #读取图 4.28
    angle = getRotateAngle(image)[-1]
    print("Image Rotate Angle:", angle)
    rotated = imgRotate(image, angle)
    cv2.imwrite("rotated.jpg", rotated)          #保存图 4.29
```

矫正后的结果如图 4.29 所示。

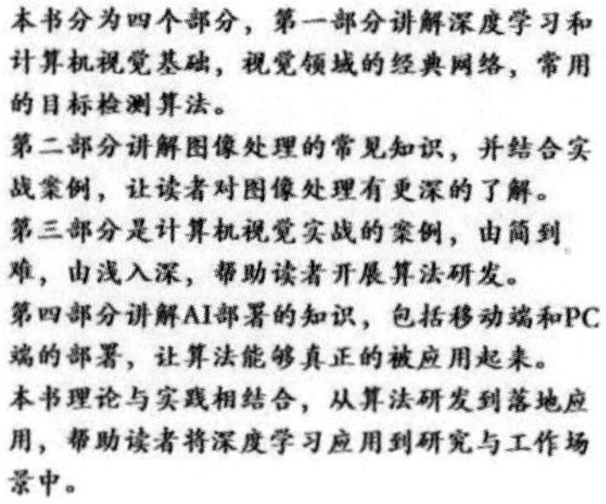

本书分为四个部分，第一部分讲解深度学习和计算机视觉基础，视觉领域的经典网络，常用的目标检测算法。
第二部分讲解图像处理的常见知识，并结合实战案例，让读者对图像处理有更深的了解。
第三部分是计算机视觉实战的案例，由简到难，由浅入深，帮助读者开展算法研发。
第四部分讲解AI部署的知识，包括移动端和PC端的部署，让算法能够真正的被应用起来。
本书理论与实践相结合，从算法研发到落地应用，帮助读者将深度学习应用到研究与工作场景中。

图 4.29

本案例通过获取图像文本区域的最小外接矩形的接口得到图像的旋转角度，也可以通过霍夫线变换的方式来计算图像的旋转角度，有兴趣的用户可以自行尝试。

第 5 章 角点检测

角点一般被定义为两条边界的交点，是一种常见的图像特征，在目标识别、目标图像匹配、运动物体的跟踪与检测中有重要作用。常用的图像角点检测算法检测的是具有某些特征的坐标点，如局部最大灰度或局部最小灰度。某些梯度特征并非严格意义上的角点。

因为角点在任意方向上发生微小变化，对应的灰度值都有较大的变化，所以角点是图像中一阶导数有局部最大值对应的像素点，是二阶导数为零的点，也是梯度值和梯度方向变化都较快的点。目前图像处理领域就是基于这些思想对角点进行检测的，因而算法的鲁棒性并不是很好，需要大量的训练数据来对特征进行筛选。目前的角点检测一般是基于灰度图、二值图像或图像轮廓进行检测的。

5.1 案例 27：Harris 角点检测

Harris 算法基于灰度图像做角点检测，稳定性较高，但是速度相对较慢。OpenCV 提供了 Harris 角点检测操作的函数 cornerHarris()。

C++版本对应的函数如下：

```
CV_EXPORTS_W void cornerHarris( InputArray src, OutputArray dst, int blockSize,
                                int ksize, double k,
                                int borderType=BORDER_DEFAULT );
```

在 OpenCV 的函数说明中，该函数与 cornerMinEigenVal 和 cornerEigenValsAndVecs 函数类似，cornerMinEigenVal 函数的功能是计算用于角点检测的梯度矩阵的最小特征值，而 cornerEigenValsAndVecs 函数的功能是计算用于角点检测的图像块的特征值和特征向量。两个函数的定义如下：

```
CV_EXPORTS_W void cornerMinEigenVal( InputArray src, OutputArray dst,
                                     int blockSize, int ksize=3,
                                     int borderType=BORDER_DEFAULT );

CV_EXPORTS_W void cornerEigenValsAndVecs( InputArray src, OutputArray dst,
                                          int blockSize, int ksize,
                                          int borderType=BORDER_DEFAULT );
```

Python 版本对应的函数如下：

```
dst = cornerHarris(src, blockSize, ksize, k, dst=None, borderType=None)
dst = cornerMinEigenVal(src, blockSize, dst=None, ksize=None, borderType=None)
dst = cornerEigenValsAndVecs(src, blockSize, ksize, dst=None, borderType=None)
```

三个函数对应的参数差异不大，参数含义均相同，如表 5.1 所示。

表 5.1

参　数	含　义
src	输入图像，需要传入单通道 8 比特图像或浮点型图像
blockSize	邻域大小
ksize	Sobel 算子的孔径大小
k	Harris 算法检测器自有参数
dst	输出图像
borderType	边界模式，由 BorderTypes 定义（见 3.1.1 节）

本案例使用的源图像如图 5.1 所示。

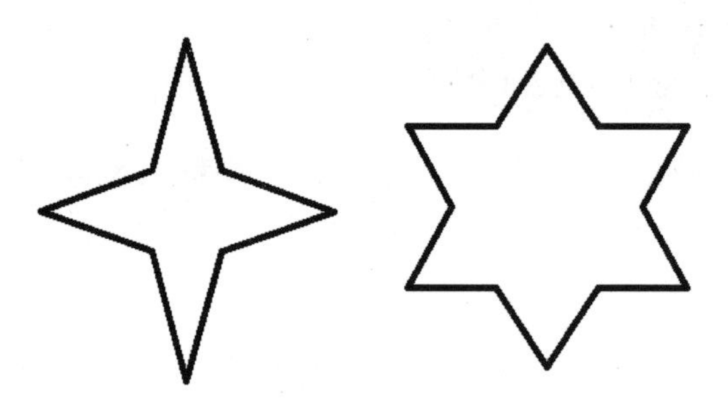

图 5.1

下面通过案例展示 Harris 算法的使用方法及效果。

```
import cv2

#以灰度图形式读取源图像
```

```
img = cv2.imread("src.jpg", 0)
#使用 Harris 算法进行角点检测
dst = cv2.cornerHarris(img, 4, 3, 0.06)
#对灰度图使用阈值化操作，得到二值图像
_, corner = cv2.threshold(dst, 0, 255, cv2.THRESH_BINARY)
cv2.imwrite("corner.jpg", corner)
```

对角点检测之后的灰度图使用阈值化得到二值图像，结果如图 5.2 所示。

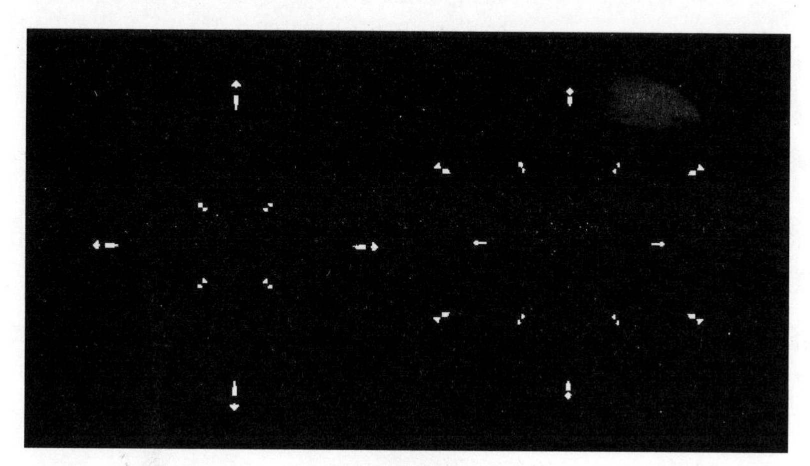

图 5.2

可以看到，图 5.2 较好地检测到了四角星和六角星的顶点，也就是图像的角点。

5.2　案例 28：Shi-Tomasi 角点检测

Shi-Tomasi 算法是对 Harris 算法的改进，用于计算图像上的强角点。OpenCV 提供了 Shi-Tomasi 角点检测操作的函数 goodFeaturesToTrack()。

C++对应的函数有如下两个版本：

```
CV_EXPORTS_W void goodFeaturesToTrack(InputArray image,
                                      OutputArray corners,
                                      int maxCorners,
                                      double qualityLevel,
                                      double minDistance,
                                      InputArray mask=noArray(),
                                      int blockSize=3,
                                      bool useHarrisDetector=false,
                                      double k=0.04);
```

```
CV_EXPORTS_W void goodFeaturesToTrack(InputArray image,
                                      OutputArray corners,
                                      int maxCorners,
                                      double qualityLevel,
                                      double minDistance,
                                      InputArray mask,
                                      int blockSize,
                                      int gradientSize,
                                      bool useHarrisDetector=false,
                                      double k=0.04);
```

Python 版本对应的函数如下：

```
corners = goodFeaturesToTrack(image, maxCorners, qualityLevel, minDistance, corners=None, mask=None,
                    blockSize=None, useHarrisDetector=None, k=None)
```

在 OpenCV 的函数说明中，goodFeaturesToTrack 函数可查找图像或指定图像区域中最突出的角点，计算步骤如下：

（1）对源图像中的每个像素点使用 cornerMinEigenVal 或 cornerHarris 函数计算角点的质量；

（2）执行非极大值抑制（保留 3×3 邻域中的局部最大值）；

（3）将小于 maxVal*qualityLevel 的特征值舍弃；

（4）剩余的角点按角点质量降序排序。

（5）将距离小于 minDistance 的角点舍弃。

另外，在函数说明中还指出，该函数可用于初始化基于点的对象跟踪器。

goodFeaturesToTrack 函数对应的参数及其含义如表 5.2 所示。

表 5.2

参　数	含　义
image	输入图像，需要传入单通道 8 位图像或浮点型图像
maxCorners	角点的最大数量
qualityLevel	角点质量系数
minDistance	角点之间的最小距离
corners	检测到的角点向量
mask	感兴趣的区域
blockSize	邻域大小
useHarrisDetector	是否使用 Harris 算法进行角点检测
k	用于设置 Hessian 自相关矩阵行列式的相对权重的权重系数

本案例使用的源图像如图 5.1 所示。

本案例使用 Shi-Tomasi 算法进行角点检测，首先对输入的图像进行角点检测，然后将检测到的角点绘制出来。可以设置绘制角点的最大数量，设置后最多只能绘制设置的数量的角点，还可以设置角点之间的最小距离，这些参数的设置需要用户的先验知识。代码如下：

```
import numpy as np
import cv2

#设置参数
max_corners = 20              #最大角点数量
quality_level = 0.01
min_dist = 50                 #角点之间的最小距离

#以灰度图形式读取源图像
img = cv2.imread('src.jpg', 0)
#检测角点
corners = cv2.goodFeaturesToTrack(img, max_corners, quality_level, min_dist)
#绘制角点
corners = np.int0(corners)
for i in corners:
    x, y = i.ravel()
    cv2.circle(img, (x, y), 5, (128, 128, 128), -1)

cv2.imwrite('corners.jpg', img)
```

运行后得到的绘制角点的结果如图 5.3 所示。

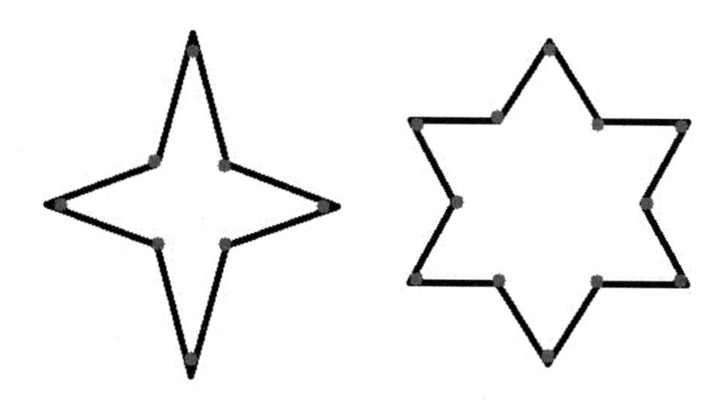

图 5.3

图 5.3 中以实心圆点标识了图像中的角点位置，在设置 goodFeaturesToTrack 函数的参数时，需要用户基于图像的先验知识进行合理选择。本案例使用的源图像中有四角星和六角星两个图案，

图案中直线的交点（角点）共有 20 个，因而本案例设置 maxCorners 为 20，每两个角点之间的距离都是大于 50 像素的，故设置 minDistance 为 50，结合先验知识设置参数后的角点检测的效果较好。用户在调用该算法时，可以多次调试参数，以得到较好的检测结果。

5.3 案例 29：亚像素级角点检测

虽然 Shi-Tomasi 算法对角点的检测效果较好，但是返回的角点坐标为整型，很多对像素精度要求高的场景需要返回实数坐标（亚像素级别）。OpenCV 提供了亚像素级角点检测操作的函数 cornerSubPix()。

C++版本对应的函数如下：

```
CV_EXPORTS_W void cornerSubPix( InputArray image,OutputArray corners,
                                Size winSize, Size zeroZone,
                                TermCriteria criteria );
```

Python 版本对应的函数如下：

```
corners = cornerSubPix(image, corners, winSize, zeroZone, criteria)
```

cornerSubPix 函数对应的参数及其含义如表 5.3 所示。

表 5.3

参　数	含　义
image	输入图像，需要传入单通道 8 位图像或浮点型图像
corners	输出的角点的精确坐标
winSize	搜索窗口尺寸的一半
zeroZone	死区尺寸的一半
criteria	角点计算迭代的终止条件

在本案例中对 Shi-Tomasi 算法和亚像素级角点检测算法进行对比，使用的源图像如图 5.1 所示。

首先使用 Shi-Tomasi 算法进行角点检测并绘制角点，然后使用亚像素级角点检测算法进行角点检测并绘制角点。代码如下：

```
import cv2
import numpy as np

#以灰度图形式读取源图像
src = cv2.imread('src.jpg', 0)
```

```
#Shi-Tomasi 角点检测参数
max_corners = 20
quality_level = 0.01
min_dist = 50
block_size = 3
use_harris = False
k = 0.04
#复制图像，用于绘制角点
copy = np.copy(src)
copy1 = np.copy(src)
#Shi-Tomasi 角点检测
corners = cv2.goodFeaturesToTrack(src,
                                  max_corners,
                                  quality_level,
                                  min_dist, None,
                                  blockSize=block_size,
                                  useHarrisDetector=use_harris,
                                  k=k)
#保存绘制角点的图像
radius = 8
for i in range(corners.shape[0]):
cv2.circle(copy,
          (corners[i, 0, 0], corners[i, 0, 1]),
          radius,
          (128, 128, 128))
cv2.imwrite("shi_tomasi.jpg", copy)
#打印坐标
print("Shi-Tomasi 角点坐标")
for i in range(corners.shape[0]):
    print("坐标", i, ":(", corners[i, 0, 0], ",", corners[i, 0, 1], ")")

#亚像素级角点检测
win_size = (5, 5)
zero_zone = (-1, -1)
criteria = (cv2.TERM_CRITERIA_EPS + cv2.TermCriteria_COUNT, 40, 0.001)
corners = cv2.cornerSubPix(src, corners, win_size, zero_zone, criteria)
#保存绘制角点的图像
for i in range(corners.shape[0]):
    cv2.circle(copy1, (corners[i, 0, 0], corners[i, 0, 1]), radius,
              (128, 128, 128))
cv2.imwrite("sub_pixel.jpg", copy1)
#打印坐标
print("亚像素级角点坐标")
for i in range(corners.shape[0]):
```

```
    print("坐标", i, ":(", corners[i, 0, 0], ",", corners[i, 0, 1], ")")
```

将 Shi-Tomasi 算法检测到的角点在原图上绘制的结果如图 5.4 所示。

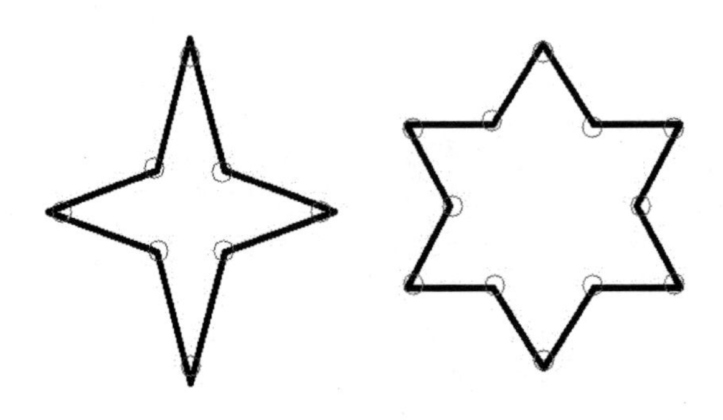

图 5.4

同样的图像使用亚像素级角点检测的结果如图 5.5 所示。

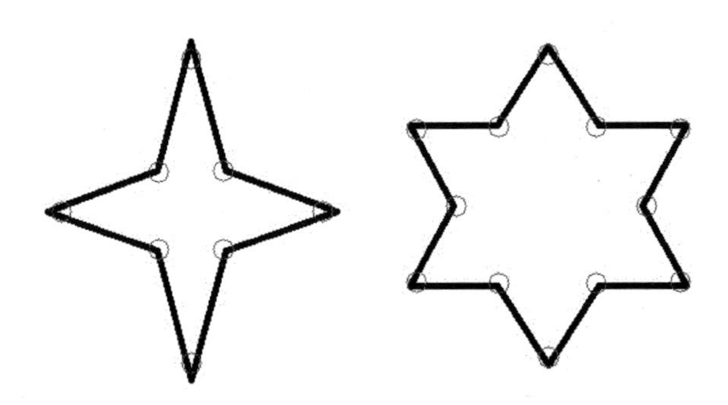

图 5.5

两种算法检测到的角点的坐标如下：

```
Shi-Tomasi 角点坐标
坐标 0 :( 449.0 , 285.0 )
坐标 1 :( 551.0 , 228.0 )
坐标 2 :( 347.0 , 228.0 )
坐标 3 :( 551.0 , 112.0 )
坐标 4 :( 347.0 , 112.0 )
坐标 5 :( 449.0 , 55.0 )
坐标 6 :( 144.0 , 141.0 )
坐标 7 :( 275.0 , 174.0 )
坐标 8 :( 71.0 , 174.0 )
```

```
坐标 9 :( 409.0 , 106.0 )
坐标 10 :( 173.0 , 289.0 )
坐标 11 :( 173.0 , 58.0 )
坐标 12 :( 199.0 , 203.0 )
坐标 13 :( 147.0 , 203.0 )
坐标 14 :( 487.0 , 229.0 )
坐标 15 :( 411.0 , 229.0 )
坐标 16 :( 198.0 , 144.0 )
坐标 17 :( 487.0 , 111.0 )
坐标 18 :( 525.0 , 170.0 )
坐标 19 :( 378.0 , 170.0 )

亚像素级角点坐标
坐标 0 :( 449.0 , 285.0 )
坐标 1 :( 551.0 , 228.0 )
坐标 2 :( 347.0 , 228.0 )
坐标 3 :( 551.0 , 112.0 )
坐标 4 :( 347.0 , 112.0 )
坐标 5 :( 449.0 , 55.0 )
坐标 6 :( 147.41205 , 144.31113 )
坐标 7 :( 275.0 , 174.0 )
坐标 8 :( 71.0 , 174.0 )
坐标 9 :( 411.58264 , 110.43745 )
坐标 10 :( 173.0 , 289.0 )
坐标 11 :( 173.0 , 58.0 )
坐标 12 :( 198.89714 , 203.04985 )
坐标 13 :( 147.41327 , 203.26128 )
坐标 14 :( 486.85046 , 229.60292 )
坐标 15 :( 411.14954 , 229.60292 )
坐标 16 :( 198.69484 , 143.99083 )
坐标 17 :( 486.85046 , 110.39708 )
坐标 18 :( 525.0 , 170.0 )
坐标 19 :( 378.37875 , 170.0 )
```

对比可以发现，亚像素级角点检测对角点检测的坐标精度更高。

5.4　进阶必备：角点检测知识总结

在计算机视觉领域，角点检测是一种用来提取图像中某些特征，并将这些特征用于推断图像内容的方法。角点检测被广泛应用于图像配准、运动检测、视频跟踪、图像拼接、三维重建和目标识别等领域。

本章讲解的角点检测的知识总结如图 5.6 所示。

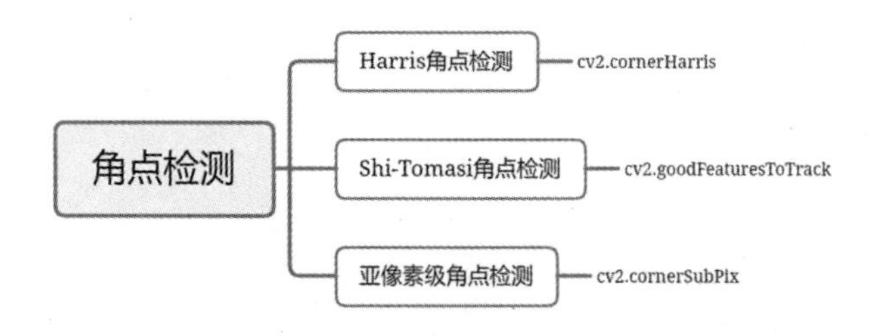

图 5.6

角点是图像中稳定的特征，不会因为光照、平移、旋转等条件的变化而发生变化，虽然用处较大，但是鲁棒性却不是很强，需要引入大量冗余以防止单个错误对主要识别任务的影响。

注意："角点"和"兴趣点"在很多地方存在混用，角点也属于特征点。

第 6 章 特征点检测与匹配

特征点是一些不会因为光照条件、尺寸变换、图像旋转而改变的点，如边缘点、角点、暗区的亮点或亮区的暗点等。

特征点检测与匹配在目标检测领域有着重要的作用，在深度学习的方法出现之前，物体检测大多依赖于特征点的检测与匹配。很多著名的算法（如 SIFT、SURF、ORB 等）在 OpenCV 3.x 的开源版本中被移除，需要独立安装第三方库的安装包 opencv-contrib。

6.1 特征点检测

本节将介绍用于特征点检测的 SIFT 算法和 Surf 算法，但是这两个算法有专利，不在 OpenCV 开源的 API 中，需要安装试验库 opencv-contrib。

6.1.1 opencv-contrib 环境安装

1. Python 环境安装

调用 SIFT 算法：

```
sift = cv2.xfeatures2d.SIFT_create()
```

若 OpenCV 中没有安装第三方库 opencv-contrib，则在调用时会发生如下错误：

```
module 'cv2.cv2' has no attribute 'xfeatures2d'
```

此时需要安装 opencv-contrib，如安装 OpenCV 3.4.2.16 的包。

```
pip install opencv-python == 3.4.2.16
pip install opencv-contrib-python == 3.4.2.16
```

在安装完成之后，可以使用 JetBrains PyCharm 软件打开项目，执行“File→Settings→Project：第 6 章→Project Interpreter”命令，可以查看 opencv-contrib-python 3.4.2.16 是否安装成功。

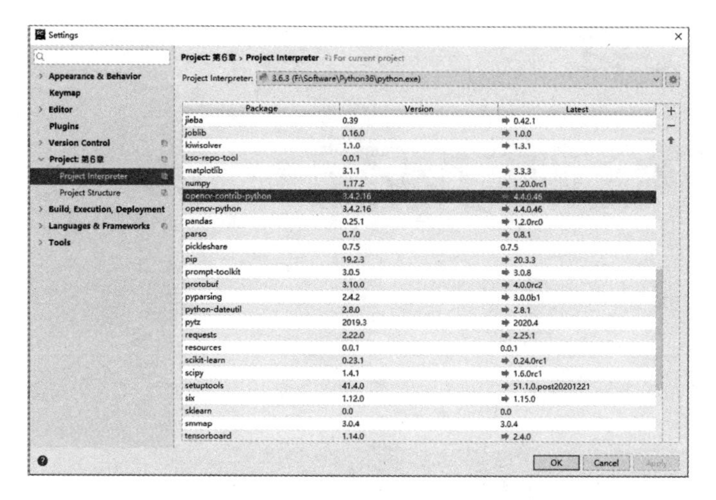

图 6.1

2. C++环境安装

在 OpenCV 2.x 中，opencv-contrib 的代码存放于 OpenCV 源码中，随着 OpenCV 源码一起编译，而 opencv-contrib 代码的独立存储则是从 OpenCV 3.x 开始的。

opencv-contrib 在 GitHub 上的仓库地址如下：

```
https://github.com/opencv/opencv_contrib
```

进入 GitHub 之后，可以在 master→Tags 下选择对应的版本，如图 6.2 所示。

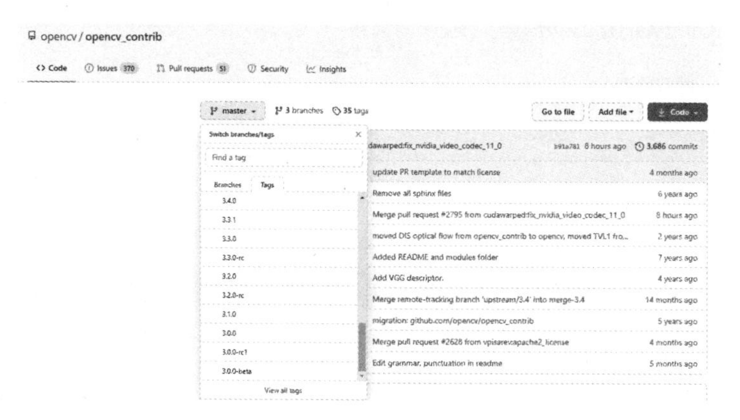

图 6.2

在 OpenCV 3.x 的源码中将 opencv-contrib 的代码一起打包，若需要 OpenCV 编译则打开编译开关，但是在 OpenCV 4.x 的源码版本中则没有打包 opencv-contrib 的代码，需要用户自己下载对应的代码参与 OpenCV 编译。

下面以 OpenCV 4.1.2 版本的编译为例介绍 OpenCV 联编 opencv-contrib。

首先需要在本地下载 OpenCV 4.1.2 和 opencv_contrib 4.1.2 的源码（其他版本同理，需要版本对应），安装 CMake 软件。

打开 CMake 软件，选择 OpenCV 的代码路径和编译生成文件路径，然后单击“Configure”按钮配置项目生成环境，在很多情况下会有无法下载依赖库而导致的失败，如图 6.3 所示。

```
OpenCV Python: during development append to PYTHONPATH: F:/opencv/build/python_loader
FFMPEG: Download: opencv_videoio_ffmpeg.dll
FFMPEG: Download: opencv_videoio_ffmpeg_64.dll
Try 1 failed

=======================================================================
  Couldn't download files from the Internet.
  Please check the Internet access on this host.
=======================================================================

CMake Warning at cmake/OpenCVDownload.cmake:202 (message):
  FFMPEG: Download failed: 6;"Couldn't resolve host name"

  For details please refer to the download log file:

  F:/opencv/build/CMakeDownloadLog.txt

Call Stack (most recent call first):
  3rdparty/ffmpeg/ffmpeg.cmake:20 (ocv_download)
  modules/videoio/cmake/detect_ffmpeg.cmake:14 (download_win_ffmpeg)
  modules/videoio/cmake/init.cmake:3 (include)
  modules/videoio/cmake/init.cmake:22 (add_backend)
  cmake/OpenCVModule.cmake:313 (include)
  cmake/OpenCVModule.cmake:376 (_add_modules_1)
  modules/CMakeLists.txt:7 (ocv_glob_modules)


FFMPEG: Download: ffmpeg_version.cmake
Try 1 failed

=======================================================================
  Couldn't download files from the Internet.
  Please check the Internet access on this host.
```

图 6.3

这种情况需要手动处理，在项目的生成路径下会生成 CMakeDownloadLog.txt 文件，该文件会将需要下载的依赖库和链接打印出来，用户可以手动下载。

在下载完成后，按照 CMakeDownloadLog.txt 文件的说明，将下载的依赖库置于对应的路径下。例如，日志中提示 missing "F:/OpenCV/build/3rdparty/ffmpeg/opencv_ videoio_ffmpeg_64.dll"，是指将 opencv_videoio_ffmpeg_64.dll 下载之后置于该路径下。

再次单击“Configure”按钮，若配置成功则 CMake 界面是白色的，并打印“Configuring done”字样，否则界面仍是红色的。在配置完成之后，就需要添加 opencv-contrib 的编译，在 CMake 界面上进行如图 6.4 所示的配置。

OPENCV_ENABLE_NONFREE	☑
OPENCV_EXTRA_MODULES_PATH	F:/opencv/opencv_contrib-4.1.2

图 6.4

最后单击“Generate”按钮，生成项目文件。若使用 cmake 命令，则需要在命令中配置源码路径。

```
cmake -D opencv_EXTRA_MODULES_PATH=../opencv_contrib-4.1.2/modules ../opencv-4.1.2
```

最终生成的结果如图 6.5 所示。

```
选择Developer Command Prompt for VS 2019
--     Intel IPP IW:                sources (2019.0.0)
--               at:                F:/opencv/build_cmd/3rdparty/ippicv/ippicv_win/iw
--     Lapack:                      NO
--     Eigen:                       YES (ver 3.3.90)
--     Custom HAL:                  NO
--     Protobuf:                    build (3.5.1)
--
--   OpenCL:                        YES (NVD3D11)
--     Include path:                F:/opencv/opencv-4.1.2/3rdparty/include/opencl/1.2
--     Link libraries:              Dynamic load
--
--   Python (for build):            F:/Software/python27/python.exe
--
--   Java:
--     ant:                         NO
--     JNI:                         NO
--     Java wrappers:               NO
--     Java tests:                  NO
--
--   Install to:                    F:/opencv/build_cmd/install
-- -----------------------------------------------------------------
--
-- Configuring done
-- Generating done
-- Build files have been written to: F:/opencv/build_cmd

F:\opencv\build_cmd>cmake -DOPENCV_EXTRA_MODULES_PATH=../opencv_contrib-4.1.2/modules ../opencv-4.1.2
```

图 6.5

完成上述操作后就可以在 OpenCV 的库中编译 opencv-contrib，也可以调用本章将讲到的特征点检测与匹配的算法 API。

6.1.2 案例 30：SIFT 特征点检测

SIFT（Scale-Invariant Feature Transform，尺度不变特征变换）是用于图像处理领域的一种算法，该算法是一种局部特征描述子，用于检测图像中的特征点，具有尺度不变性。该算法的原理在此不做深入研究，有兴趣的用户可以查看 David Lowe 的论文 *Object Recognition from Local Scale-Invariant Features*。

OpenCV 中的 SIFT 算法的相关内容存储在 xfeatures2d 模块下，C++和 Python 中的函数有些差异，下面将分开说明。

在 OpenCV C++ 中，和 SIFT 算法相关的类是 SIFT、SiftFeatureDetector 和 SiftDescriptorExtractor，这三个类定义在路径 opencv_contrib-4.1.2/modules/xfeatures2d/include/opencv2/xfeatures2d/nonfree.hpp 下，它们的定义如下：

```
namespace cv
{
namespace xfeatures2d
{
class CV_EXPORTS_W SIFT : public Feature2D
{
public:
        CV_WRAP static Ptr<SIFT> create( int nfeatures=0,
                                   int nOctaveLayers=3,
                                   double contrastThreshold=0.04,
                                   double edgeThreshold=10,
                                   double sigma=1.6);
};

typedef SIFT SiftFeatureDetector;
typedef SIFT SiftDescriptorExtractor;
...
}
}
```

create 函数用于创建 SIFT 算法的类对象，该函数对应的参数及其含义如表 6.1 所示。

表 6.1

参　数	含　义
nfeatures	保留的最优特征数量
nOctaveLayers	每个 Octave 的层数
contrastThreshold	对比度阈值，用于滤除低对比度区域的弱特征；阈值越大，检测的特征越少
edgeThreshold	用于过滤疑似边缘的特征的阈值；阈值越大，保留的特征越多
sigma	高斯模糊参数

SIFT、SiftFeatureDetector 和 SiftDescriptorExtractor 三个类其实是同样的内容，它们均继承自 Feature2D 类，该类的定义比较重要，C++中的定义如下：

```
#ifdef __EMSCRIPTEN__
class CV_EXPORTS_W Feature2D : public Algorithm
#else
class CV_EXPORTS_W Feature2D : public virtual Algorithm
#endif
{
```

```
public:
    virtual ~Feature2D();
    CV_WRAP virtual void detect( InputArray image,
                                 CV_OUT std::vector<KeyPoint>& keypoints,
                                 InputArray mask=noArray() );

    /** @overload */
    CV_WRAP virtual void detect( InputArrayOfArrays images,
                                  CV_OUT std::vector<std::vector<KeyPoint> >& keypoints,
                                  InputArrayOfArrays masks=noArray() );

    CV_WRAP virtual void compute( InputArray image,
                                   CV_OUT CV_IN_OUT std::vector<KeyPoint>& keypoints,
                                   OutputArray descriptors );

    /** @overload */
    CV_WRAP virtual void compute( InputArrayOfArrays images,
                                   CV_OUT CV_IN_OUT std::vector<std::vector<KeyPoint> >& keypoints,
                                   OutputArrayOfArrays descriptors );

    CV_WRAP virtual void detectAndCompute( InputArray image, InputArray mask,
                                            CV_OUT std::vector<KeyPoint>& keypoints,
                                            OutputArray descriptors,
                                            bool useProvidedKeypoints=false );

    CV_WRAP virtual int descriptorSize() const;
    CV_WRAP virtual int descriptorType() const;
    CV_WRAP virtual int defaultNorm() const;
    CV_WRAP void write( const String& fileName ) const;
    CV_WRAP void read( const String& fileName );
    virtual void write( FileStorage&) const CV_OVERRIDE;
    CV_WRAP virtual void read( const FileNode&) CV_OVERRIDE;
    CV_WRAP virtual bool empty() const CV_OVERRIDE;
    CV_WRAP virtual String getDefaultName() const CV_OVERRIDE;
    CV_WRAP inline void write(const Ptr<FileStorage>& fs, const String& name=String()) const
{ Algorithm::write(fs, name); }
};
```

该类中的 detect 函数和 compute 函数对特征点的检测和特征向量的计算有重要的作用，而 detectAndCompute 函数则是对两个函数的一个综合，其他的函数在此不做深入研究，有兴趣的用户可以进入源码了解。

在 Python 版本中创建 SIFT 算法对象使用的接口：

```
sift = cv2.xfeatures2d.SIFT_create(nfeatures=0, nOctaveLayers=3, contrastThreshold=0.04,
                                   edgeThreshold=10, sigma=1.6)
```

其他的接口（如 detect、compute 和 detectAndCompute）在 C++和 Python 中相似，现对其中的参数做逐一说明。

detect 函数用于检测特征点，该函数对应的参数及其含义如表 6.2 所示。

表 6.2

参　数	含　义
image	输入图像
keypoints	存储检测到的特征点
mask	指定特征点检测的区域

compute 函数用于计算特征向量，该函数对应的参数及其含义如表 6.3 所示。

表 6.3

参　数	含　义
image	输入图像
keypoints	存储检测到的特征点
descriptors	计算的特征描述子

detectAndCompute 函数是以上两个过程的合并，该函数对应的参数及其含义如表 6.4 所示。

表 6.4

参　数	含　义
image	输入图像
mask	指定特征点检测的区域
keypoints	存储检测到的特征点
descriptors	计算的特征描述子
useProvidedKeypoints	是否使用已有的特征点

还有一个比较重要的函数 drawKeypoints()，用于特征点的绘制。

C++版本对应的函数如下：

```
CV_EXPORTS_W void drawKeypoints( InputArray image,
                                 const std::vector<KeyPoint>& keypoints,
                                 InputOutputArray outImage,
                                 const Scalar& color=Scalar::all(-1),
                                 DrawMatchesFlags flags=DrawMatchesFlags::DEFAULT );
```

Python 版本对应的函数如下：

```
outImage = drawKeypoints(image, keypoints, outImage, color=None, flags=None)
```

drawkeypoints 函数对应的参数及其含义如表 6.5 所示。

表 6.5

参　数	含　义
image	输入图像
keypoints	存储检测到的特征点
outImage	输出图像
color	绘制特征点的颜色
flags	绘制特征点的方式

flags 由 DrawMatchesFlags 定义，定义如下：

```
enum struct DrawMatchesFlags
    {
    DEFAULT = 0,
    DRAW_OVER_OUTIMG = 1,
    NOT_DRAW_SINGLE_POINTS = 2,
    DRAW_RICH_KEYPOINTS = 4
};
```

每种方式的说明在此不做展开，在案例中会给出效果展示。接下来通过案例来讲解使用 SIFT 算法检测并绘制特征点，本案例使用的源图像如图 6.6 所示。

图 6.6

使用 SIFT 算法检测并绘制特征点的代码如下：

```
import cv2

#读取源图像
src = cv2.imread("src1.jpg", 1)

#使用 SIFT 算法检测特征点
sift = cv2.xfeatures2d.SIFT_create()
key_point, descriptor = sift.detectAndCompute(src, None)

#绘制特征点
draw_keypoints = cv2.drawKeypoints(src, key_point, src,color=(128, 128, 128))
cv2.imwrite("sift_point.jpg", draw_keypoints)
```

检测并绘制特征点的图像结果如图 6.7 所示。

图 6.7

可以看到，图片中的特征点在被检测出来之后绘制成小圆圈，颜色为（128,128,128）。检测到的特征点非常多，可以在创建 SIFT 算法对象时使用 nfeatures 指定检测特征点的数量。例如，设置检测特征点的数量为 2000，代码如下：

```
sift = cv2.xfeatures2d.SIFT_create(nfeatures=2000)
```

检测的图像结果如图 6.8 所示。

图 6.8

在设置检测特征点的数量后可以发现检测到的特征点少了很多，对于其他的参数，用户可以根据需要进行设置，在此不逐一展示。

在使用 drawKeypoints 函数绘制特征点时，绘制模式默认使用的是 Default，可以设置别的模式（如 DRAW_MATCHES_FLAGS_DRAW_RICH_KEYPOINTS），使用的特征点的数量还是 2000，否则画面会被绘制的特征点覆盖，代码如下：

```
draw_keypoints = cv2.drawKeypoints(src, key_point, src,color=(128, 128, 128),
                                   flags=cv2.DRAW_MATCHES_FLAGS_DRAW_RICH_KEYPOINTS)
```

使用该模式绘制的图像结果如图 6.9 所示。

图 6.9

6.1.3　案例 31：SURF 特征点检测

SURF（Speeded Up Robust Features，加速稳健特征）是一个稳健的图像识别和描述的算法，SURF 算法的检测速度比 SIFT 算法要快数倍。SURF 算法的原理在此不做深入研究，有兴趣的用户可以参考 Herbert Bay 的论文 *SURF: Speeded Up Robust Features*。

和 SIFT 算法相似，OpenCV 中的 SURF 算法的相关内容存储在 xfeatures2d 模块下。

在 OpenCV C++中，和 SURF 算法相关的类是 SURF、SurfFeatureDetector 和 SurfDescriptorExtractor，这三个类定义在路径 opencv_contrib-4.1.2/modules/xfeatures2d/include/opencv2/xfeatures2d/nonfree.hpp 下，重要部分的定义如下：

```
namespace cv
{
namespace xfeatures2d
{
...  //SIFT 的定义
class CV_EXPORTS_W SURF : public Feature2D
{
public:
    CV_WRAP static Ptr<SURF> create(double hessianThreshold=100,
                  int nOctaves=4, int nOctaveLayers=3,
                  bool extended=false, bool upright=false);

    CV_WRAP virtual void setHessianThreshold(double hessianThreshold) = 0;
    CV_WRAP virtual double getHessianThreshold() const = 0;

    CV_WRAP virtual void setNOctaves(int nOctaves) = 0;
    CV_WRAP virtual int getNOctaves() const = 0;

    CV_WRAP virtual void setNOctaveLayers(int nOctaveLayers) = 0;
    CV_WRAP virtual int getNOctaveLayers() const = 0;

    CV_WRAP virtual void setExtended(bool extended) = 0;
    CV_WRAP virtual bool getExtended() const = 0;

    CV_WRAP virtual void setUpright(bool upright) = 0;
    CV_WRAP virtual bool getUpright() const = 0;
};
}
}
```

create 函数用于创建 SURF 算法的类对象，该函数对应的参数及其含义如表 6.6 所示，该类中的其他函数在此就不做深入介绍了。

表 6.6

参　数	含　义
hessianThreshold	hessian 特征点检测器使用的阈值
nOctaves	金字塔 Octave 的数量
nOctaveLayers	每个 Octave 的层数
extended	是否增强描述子
upright	垂直向上或旋转的特征标志，True 表示不计算特征的方向，False 表示计算特征的方向

和 SIFT 算法类似，SURF、SurfFeatureDetector 和 SurfDescriptorExtractor 三个类其实是同样的内容，它们均继承自 Feature2D 类，该类的定义在 6.1.2 节中已经做了介绍。

下面介绍使用 SURF 算法进行特征点检测的案例，本案例使用的源图像如图 6.6 所示，代码如下：

```
import cv2

#读取源图像
src = cv2.imread("src1.jpg", 1)

#使用 SURF 算法检测特征点
surf = cv2.xfeatures2d.SURF_create()
key_point, descriptor = surf.detectAndCompute(src, None)

#绘制特征点
draw_keypoints = cv2.drawKeypoints(src, key_point, src, color=(128, 128, 128),
                                    flags=cv2.DRAW_MATCHES_FLAGS_DEFAULT)
cv2.imwrite("surf_point.jpg", draw_keypoints)
```

检测并绘制特征点的图像结果如图 6.10 所示。

图 6.10

本案例在使用 drawKeypoints 函数绘制特征点时，绘制模式使用的是默认值 Default，若设置为 DRAW_MATCHES_FLAGS_DRAW_RICH_KEYPOINTS，则绘制结果如图 6.11 所示。

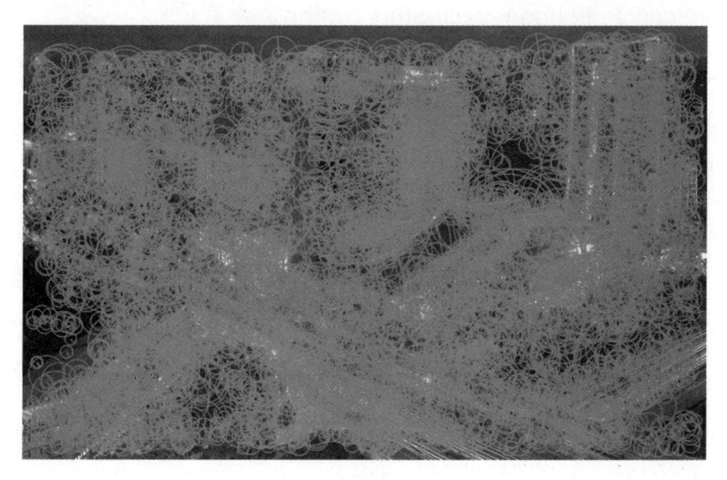

图 6.11

6.2　特征匹配

对两幅图像分别检测特征点，通过计算两个特征点的相似度来判断两个特征是否是同一个特征，这个过程就是特征匹配。本节将介绍两种常用的特征匹配方法——BruteForce 匹配和 FLANN 匹配。

6.2.1　案例 32：BruteForce 匹配

BruteForce 匹配是一种暴力匹配方法，在 OpenCV C++中，与 BruteForce 匹配相关的类是 BFMatcher 类。值得一提的是，在 OpenCV 2.x 版本中，还存在一个类 BruteForceMatcher，这个类继承于 BFMatcher 类。

```
template<class Distance>
class CV_EXPORTS BruteForceMatcher : public BFMatcher
{
public:
BruteForceMatcher( Distance d = Distance() ) :
BFMatcher(Distance::normType, false) {(void)d;}
    virtual ~BruteForceMatcher() {}
};
```

可见 BruteForceMatcher 类并没有做特殊的操作，只是继承自 BFMatcher 类。在 OpenCV 3.x 版本之后，这个类就没有了，而是直接使用 BFMatcher 类，BFMatcher 类定义在 modules/features2d/include/opencv2 /feature2d.hpp 路径下。

```
class CV_EXPORTS_W BFMatcher : public DescriptorMatcher
{
public:
CV_WRAP BFMatcher( int normType=NORM_L2, bool crossCheck=false );
...
};
```

BFMatcher 类继承自 DescriptorMatcher 类，而 DescriptorMatcher 类则继承自 Algorithm 类，和 Feature2D 类（SIFT 算法类的父类）的继承方式相同。

```
class CV_EXPORTS_W DescriptorMatcher : public Algorithm
```

在 OpenCV Python 中，和特征匹配相关的类就是 BFMatcher。

```
class BFMatcher(__cv2.DescriptorMatcher):
def create(self, normType=None, crossCheck=None):
        pass

    def __init__(self, *args, **kwargs):
        pass

    @staticmethod # known case of __new__
    def __new__(*args, **kwargs):
        pass

    def __repr__(self, *args, **kwargs):
        """ Return repr(self). """
        pass
```

BFMatcher 类中提供了成员函数 create()，该函数的意义和 C++中的构造函数的意义相同，只是创建 BFMatcher 类对象，参数也是相同的。其中的参数 normType 指定使用的计算距离的类型，而参数 crossCheck 则可以根据需要决定是否设置。

在 BFMatcher 类中，与本案例特征匹配关系比较密切的就是 match、knnMatch 和 radiusMatch 函数，这些函数在 DescriptorMatcher 类中定义。match 和 knnMatch 函数的定义如下：

```
CV_WRAP void match( InputArray queryDescriptors, InputArray trainDescriptors,
                CV_OUT std::vector<DMatch>& matches,
                InputArray mask=noArray() ) const;

 /** 重载函数*/
```

```
CV_WRAP void match( InputArray queryDescriptors,
                    CV_OUT std::vector<DMatch>& matches,
                    InputArrayOfArrays masks=noArray() );

CV_WRAP void knnMatch( InputArray queryDescriptors, InputArray trainDescriptors,
                 CV_OUT std::vector<std::vector<DMatch> >& matches, int k,
                 InputArray mask=noArray(), bool compactResult=false ) const;

 /**重载函数*/
CV_WRAP void knnMatch( InputArray queryDescriptors,
                    CV_OUT std::vector<std::vector<DMatch> >& matches, int k,
                    InputArrayOfArrays masks=noArray(), bool compactResult=false );
```

每个函数都有一个重载版本，下面分别对 match 和 knnMatch 函数的参数做一个讲解。

match 函数用于从描述子查询集合中返回一个最佳匹配，对应的参数及其含义如表 6.7 所示。

表 6.7

参　数	含　义
queryDescriptors	描述子查询集合
trainDescriptors	描述子训练集合
matches	匹配点
mask	掩模，指定允许匹配的描述子

knnMatch 函数用于从描述子查询集合中返回 *k* 个最佳匹配，对应的参数及其含义如表 6.8 所示。

表 6.8

参　数	含　义
queryDescriptors	描述子查询集合
trainDescriptors	描述子训练集合
matches	匹配点
k	返回的最佳匹配的个数
mask	掩模，指定允许匹配的描述子
compactResult	当 mask 不为空时有用，若为 true，则 matches 不包含被排除的查询描述子的匹配项

在匹配完成之后，本案例会将匹配结果绘制出来，涉及的两个函数是 drawMatches 和 drawMatchesKnn，功能是将匹配到的特征点在图中绘制出来，两个函数的 C++定义如下：

```
CV_EXPORTS_W void drawMatches( InputArray img1,
                    const std::vector<KeyPoint>& keypoints1,
                    InputArray img2,
                    const std::vector<KeyPoint>& keypoints2,
                    const std::vector<DMatch>& matches1to2,
```

```
                    InputOutputArray outImg,
                    const Scalar& matchColor=Scalar::all(-1),
                    const Scalar& singlePointColor=Scalar::all(-1),
                    const std::vector<char>& matchesMask=std::vector<char>(),
                    DrawMatchesFlags flags=DrawMatchesFlags::DEFAULT );

/** @overload */
CV_EXPORTS_AS(drawMatchesKnn) void drawMatches( InputArray img1,
                    const std::vector<KeyPoint>& keypoints1,
                    InputArray img2,
                    const std::vector<KeyPoint>& keypoints2,
                    const std::vector<std::vector<DMatch> >& matches1to2,
                    InputOutputArray outImg,
                    const Scalar& matchColor=Scalar::all(-1),
                    const Scalar& singlePointColor=Scalar::all(-1),
                    const std::vector<std::vector<char>>&matchesMask=
                                            std::vector<std::vector<char> >(),
                    DrawMatchesFlags flags=DrawMatchesFlags::DEFAULT );
```

两个函数的 Python 定义如下：

```
outImg = drawMatches(img1,
            keypoints1,
            img2,
            keypoints2,
            matches1to2,
            outImg,
            matchColor=None,
            singlePointColor=None,
            matchesMask=None,
            flags=None)
outImg = drawMatchesKnn(img1,
            keypoints1,
            img2,
            keypoints2,
            matches1to2,
            outImg,
            matchColor=None,
            singlePointColor=None,
            matchesMask=None,
            flags=None)
```

drawMatches 和 drawMatchesKnn 函数对应的参数相同，具体的参数及其含义如表 6.9 所示。

表 6.9

参　　数	含　　义
img1	第一幅图像
keypoints1	第一幅图像的特征点
img2	第二幅图像
keypoints2	第二幅图像的特征点
matches1to2	两幅图像匹配的描述子
outImg	输出图像
matchColor	匹配颜色，包括连接的线和特征点
singlePointColor	绘制单个特征点的颜色
matchesMask	决定哪些匹配会被绘制
flags	绘制模式，由 DrawMatchesFlags 定义（见 6.1.2 节）

两个函数的差异在于参数 matches1to2 和 matchesMask，在 drawMatches 函数中两个参数均为一维的向量，但是在 drawMatchesKnn 函数中两个参数的维度为二维。

下面通过案例来展示一下使用 BruteForce 匹配方法匹配的结果，案例中使用的第一幅图像如图 6.12 所示。

图 6.12

第二幅图像如图 6.13 所示。

图 6.13

第一个案例使用 match 函数返回最佳匹配，并通过 drawMatches 函数进行绘制。为了使绘制的结果清晰，设置参数 nfeatures 为 200，即返回 200 个特征点。

```
import cv2

img1_path = 'src1.jpg'
img2_path = 'src2.jpg'

#创建 SIFT 算法对象
sift = cv2.xfeatures2d.SIFT_create(nfeatures=200)

#对第一幅图像检测特征点
img1 = cv2.imread(img1_path, 1)
keypoint1, descriptors1 = sift.detectAndCompute(img1, None)

#对第二幅图像检测特征点
img2 = cv2.imread(img2_path, 1)
keypoint2, descriptors2 = sift.detectAndCompute(img2,None)

#创建 BFMatcher 类对象
bf = cv2.BFMatcher(cv2.NORM_L1, crossCheck=True)

#特征匹配，使用 match 函数
matches = bf.match(descriptors1, descriptors2)

#将匹配按照距离从小到大排序
matches = sorted(matches, key=lambda x: x.distance)
```

```
draw_match = cv2.drawMatches(img1, keypoint1, img2, keypoint2, matches, None, flags=2)
cv2.imwrite("BFmatch.jpg", draw_match)
```

得到的图像结果如图 6.14 所示。

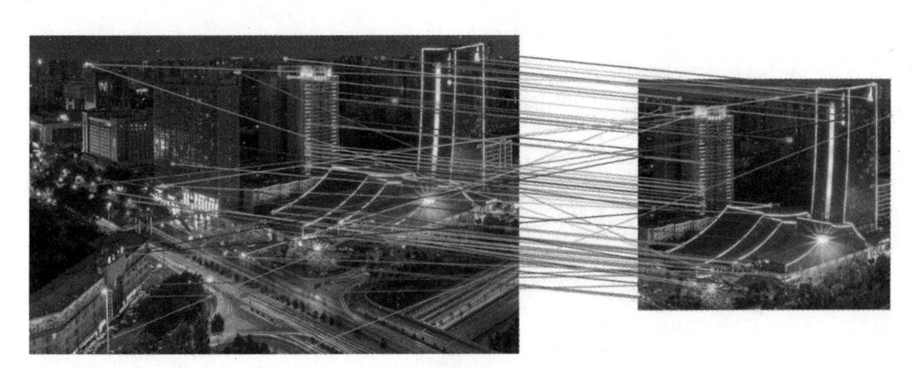

图 6.14

第二个案例使用 knnMatch 函数返回最佳匹配，并通过 drawMatchesKnn 函数进行绘制。为了使结果较清晰，设置参数 nfeatures 为 1000，即返回 1000 个特征点。

```
import cv2

img1_path = 'src1.jpg'
img2_path = 'src2.jpg'

sift = cv2.xfeatures2d.SIFT_create(nfeatures=1000)

#对第一幅图像检测特征点
img1 = cv2.imread(img1_path, 1)
keypoint1, descriptors1 = sift.detectAndCompute(img1, None)

#对第二幅图像检测特征点
img2 = cv2.imread(img2_path, 1)
keypoint2, descriptors2 = sift.detectAndCompute(img2,None)

#绘制特征点
img3 = cv2.drawKeypoints(img1, keypoint1, img1, color=(0,0,255))
img4 = cv2.drawKeypoints(img2, keypoint2, img2, color=(255,0,0))

#BFMatcher 解决匹配
bf = cv2.BFMatcher()
matches = bf.knnMatch(descriptors1, descriptors2, k=2)  #获得两个最佳匹配

#调整比率，越小越好
```

```
good = []
for m,n in matches:
    if m.distance < 0.75 * n.distance:
        good.append([m])

draw_match = cv2.drawMatchesKnn(img1, keypoint1, img2, keypoint2, good, None, flags=2)
cv2.imwrite("BFmatch.jpg", draw_match)
```

得到的图像结果如图 6.15 所示。

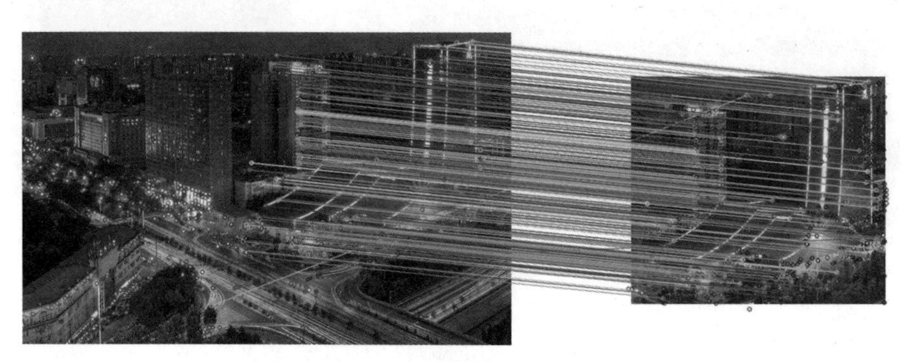

图 6.15

6.2.2 案例 33：FLANN 匹配

在数据集较大时，FLANN（Fast Library for Approximate Nearest Neighbors，快速近似最近邻搜索库）的速度比 BFMatcher 快。和 BFMatcher 类似，在 OpenCV 中，与 FLANN 相关的类是 FlannBasedMatcher，C++的实现也是在 modules/features2d/include/opencv2/feature2d.hpp 中。C++版本对应的函数如下：

```
class CV_EXPORTS_W FlannBasedMatcher : public DescriptorMatcher
{
public:
CV_WRAP FlannBasedMatcher( const Ptr<flann::IndexParams>& indexParams=
                         makePtr<flann::KDTreeIndexParams>(),
                         const Ptr<flann::SearchParams>&searchParams=
                         makePtr<flann::SearchParams>() );
...
}
```

Python 版本对应的函数如下：

```
class FlannBasedMatcher(_cv2.DescriptorMatcher):
    def create(self):
        pass
```

```
    def _init_(self, *args, **kwargs):
        pass

    @staticmethod # known case of _new_
    def _new_(*args, **kwargs):
        #创建并返回一个新对象
        pass

    def _repr_(self, *args, **kwargs):
        #返回 repr(self)
        pass
```

FlannBasedMatcher 类也是继承自 DescriptorMatcher 类，其中的 match 和 knnMatch 函数已经在 6.2.1 节中介绍，这里就不重复讲述了。

在创建 FlannBasedMatcher 对象时，需要传递两个参数：第一个参数 indexParams 表示配置使用的算法，如 kd 树、优先搜索 k-means 树等；第二个参数 searchParams 表示递归遍历的次数，遍历的次数越多，准确率越高，使用的时间越长，可以通过 checks 指定次数。

下面通过案例展示 FLANN 匹配的效果，本案例使用的源图像如图 6.12 和图 6.13 所示。

```
import cv2

img1_path = 'src1.jpg'
img2_path = 'src2.jpg'

#创建 SIFT 算法对象
sift = cv2.xfeatures2d.SIFT_create(nfeatures=1000)

#对第一幅图像检测特征点
img1 = cv2.imread(img1_path, 1)
keypoint1, descriptors1 = sift.detectAndCompute(img1, None)

#对第二幅图像检测特征点
img2 = cv2.imread(img2_path, 1)
keypoint2, descriptors2 = sift.detectAndCompute(img2, None)

#设置 FLANN 参数
FLANN_INDEX_KDTREE = 0
index_params = dict(algorithm=FLANN_INDEX_KDTREE, trees = 5)
search_params = dict(checks=50)

flann = cv2.FlannBasedMatcher(index_params, search_params)
matches = flann.knnMatch(descriptors1, descriptors2, k=2)
```

```
#创建掩膜，筛选匹配
matches_mask = [[0, 0] for i in range(len(matches))]

#调整比率
for i, (m, n) in enumerate(matches):
    if m.distance < 0.75 * n.distance:
        matches_mask[i] = [1, 0]
#设置绘制参数
draw_params = dict(matchesMask=matches_mask, flags=0)

draw_match = cv2.drawMatchesKnn(img1,
              keypoint1,
              img2,
              keypoint2,
              matches,
              None,
              **draw_params)
cv2.imwrite("drawMatch_FLANN.jpg", draw_match)
```

使用 FLANN 匹配的图像结果如图 6.16 所示。

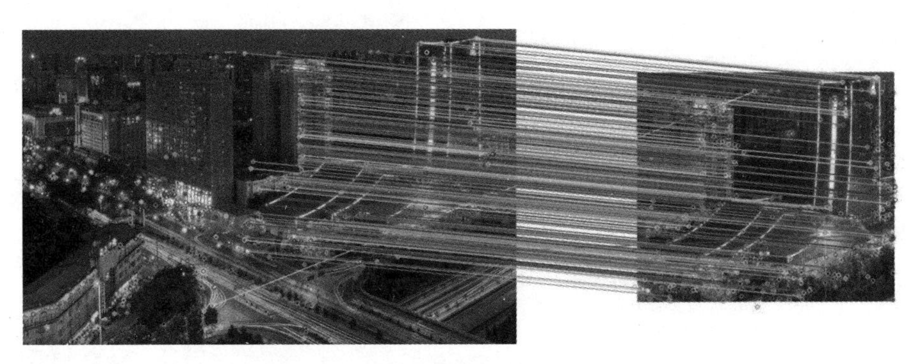

图 6.16

6.3 案例 34：ORB 特征提取

ORB（Oriented FAST and Rotated BRIEF）算法是目前最快速、最稳健的特征点检测和提取算法，在目标追踪和图像拼接中有重要作用。

ORB 算法在金字塔中使用 FAST 来检测稳定的特征点，根据 FAST 或 Harris 响应来选择最强的特征，使用一阶矩来确定它们的方向，并使用 BRIEF（其中随机点对或 k 元组的坐标根据测量的方向旋转）来计算描述子。若有兴趣深入研究 ORB 算法的原理，可以参考 Ethan Rublee 的论文 *ORB: An Efficient Alternative to SIFT or SURF*。

在 OpenCV 中，和 ORB 相关的类是 ORB，其在 C++中的定义如下：

```
class CV_EXPORTS_W ORB : public Feature2D
{
      CV_WRAP static Ptr<ORB> create(int nfeatures=500,
                                     float scaleFactor=1.2f,
                                     int nlevels=8,
                                     int edgeThreshold=31,
                                     int firstLevel=0,
                                     int WTA_K=2,
                                     ORB::ScoreType scoreType=ORB::HARRIS_SCORE,
                                     int patchSize=31, int fastThreshold=20);
   ...
}
```

在 Python 中的定义如下：

```
retral = ORB_create(nfeatures=None,
                    scaleFactor=None,
                    nlevels=None,
                    edgeThreshold=None,
                    firstLevel=None,
                    WTA_K=None,
                    scoreType=None,
                    patchSize=None,
                    fastThreshold=None)
```

创建 ORB 对象的 create 函数对应的参数及其含义如表 6.10 所示。

表 6.10

参　数	含　义
nfeatures	保留的特征点的最大数量
scaleFactor	金字塔抽取比，其值大于 1，当金字塔抽取比为 2 时是经典金字塔
nlevels	金字塔的层数
edgeThreshold	未检测到特征时边界的大小
firstLevel	源图像位于的层
WTA_K	生成定向 BRIEF 描述子的每个元素的特征点的数量
scoreType	特征排序使用的算法，默认使用 Harris 算法
patchSize	定向 BRIEF 描述子使用的批次大小
fastThreshold	FAST 的阈值

和 SIFT、SURF 算法一样，ORB 算法也是继承自 Feature2D 类，OpenCV 对 ORB 算法做了很好的封装，ORB 算法的用法也和 SIFT、SURF 算法非常相似。下面通过案例展示使用 ORB 算法提取特征点的效果，并将图 6.12 和图 6.13 的特征点进行匹配。

```
import cv2

img1_path = 'src1.jpg'
img2_path = 'src2.jpg'

#创建 ORB 算法对象
orb = cv2.ORB_create()

#对第一幅图像检测特征点
img1 = cv2.imread(img1_path, 1)
keypoint1, descriptors1 = orb.detectAndCompute(img1, None)

#对第二幅图像检测特征点
img2 = cv2.imread(img2_path, 1)
keypoint2, descriptors2 = orb.detectAndCompute(img2,None)

#BFMatcher 解决匹配
bf = cv2.BFMatcher()
matches = bf.knnMatch(descriptors1, descriptors2, k=2)
#调整比率
good = []
for m,n in matches:
    if m.distance < 0.75*n.distance:
        good.append([m])

draw_match = cv2.drawMatchesKnn(img1, keypoint1, img2, keypoint2, good, None, flags=2)
cv2.imwrite("orb.jpg", draw_match)
```

特征点匹配之后的图像结果如图 6.17 所示。

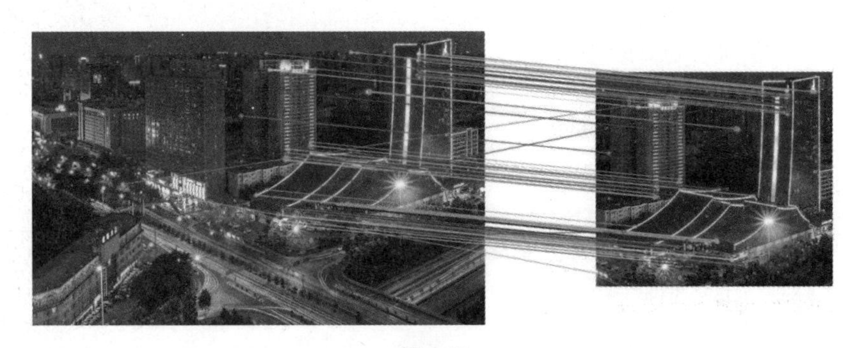

图 6.17

6.4　进阶必备：利用特征点拼接图像

6.4.1　特征点检测算法汇总

本章介绍了特征点检测案例，另外 OpenCV 提供了很多特征点检测算法的接口，如表 6.11 所示。

表 6.11

算法	OpenCV 中对应的类名
FAST	FastFeatureDetector
STAR	StarFeatureDetector
SIFT	SIFT
SURF	SURF
ORB	ORB
MSER	MSER
GFTT	GoodFeaturesToTrackDetector
HARRIS	GoodFeaturesToTrackDetector
Dense	DenseFeatureDetector

特征点检测在计算机视觉领域有重要的作用，如视觉跟踪、三维重建、图像匹配等。下面将讲述一个在生活中很常见的案例，在拍摄图片的时候，没有办法一次将想拍摄的景物拍到一张图片中。此时可以拍摄多张照片，将这些照片拼接成为一张图，下面将讲解拼接图像的案例。

6.4.2　案例 35：基于特征点检测与匹配的图像拼接

整个案例分为以下四步：

第一步，检测两张图像的特征点；

第二步，对两张图像的特征点进行匹配；

第三步，将两张图像配准；

第四步，将图像拼接后输出。

本案例使用的源图像如图 6.18 和图 6.19 所示。

图 6.18

图 6.19

图 6.19 与图 6.20 截取自同一张图片，图 6.19 的右边区域与图 6.20 的左边区域有部分画面相同，本案例将两张图片进行拼接，具体的实现代码如下：

```
import cv2
import matplotlib.pyplot as plt
import numpy as np

def detect(image):
    #转换为灰度图
    gray = cv2.cvtColor(image, cv2.COLOR_BGR2GRAY)
    #创建 SIFT 算法对象
    descriptor = cv2.xfeatures2d.SIFT_create()
```

```
    #特征点检测
    kps, features = descriptor.detectAndCompute(image, None)
    return (kps,features)

#特征匹配
def matchKeypoints(kps1, kps2, features1, features2, ratio, threshold):
    #创建暴力匹配器
    matcher = cv2.DescriptorMatcher_create("BruteForce")
    #使用 knnMatch 函数匹配两张图像的特征点
    raw_matches = matcher.knnMatch(features1, features2, 2)

    matches = []    #存坐标，为了后面的演示
    good = []       #存对象，为了后面的演示
    #筛选匹配点
    for m in raw_matches:
        #distance 代表匹配的特征点描述符的欧式距离，数值越小说明两个特征点越相近
        if len(m) == 2 and m[0].distance < m[1].distance * ratio:
            good.append([m[0]])
            #queryIdx 为 img1 的特征点描述符的下标，trainIdx 为 img2 的特征点描述符的下标
            matches.append((m[0].queryIdx, m[0].trainIdx))

    kps1 = np.float32([kp.pt for kp in kps1])
    kps2 = np.float32([kp.pt for kp in kps2])

    #若特征点对数大于 4 则可以构建变换矩阵
    if len(matches) > 4:
        #获取匹配点坐标
        pts1 = np.float32([kps1[i] for (i, _) in matches])
        pts2 = np.float32([kps2[i] for (_, i) in matches])
        #计算变换矩阵(采用 ransac 算法从 pts 中选择一部分点)
        H, mask = cv2.findHomography(pts2, pts1, cv2.RANSAC, threshold)
        return (matches, H, good)
    return None

def drawMatches(img1, img2, H):
    #获取图片的宽度和高度
    h_img1, w_img1 = img1.shape[:2]
    h_img2, w_img2 = img2.shape[:2]

    #创建一个图像矩阵存储结果
    image = np.zeros((max(h_img1, h_img2), w_img1+w_img2, 3), dtype='uint8')
    image[0:h_img2, 0:w_img2] = img2
    #利用获得的单应性矩阵进行透视变换
    image = cv2.warpPerspective(image, H, (image.shape[1], image.shape[0]))
```

```
    #将透视变换后的图片与另一张图片进行拼接
    image[0:h_img1, 0:w_img1] = img1
    return image

#拼接图像
def imgConcat():
    #读取图像
    img1 = cv2.imread('img1.png', 1)   #图 6.19
    img2 = cv2.imread('img2.png', 1)   #图 6.20
    #提取两张图像的特征
    kps1, features1 = detect(img1)
    kps2, features2 = detect(img2)
    #特征匹配
    matches, H, good = matchKeypoints(kps1, kps2, features1, features2, 0.5, 0.99)
    #透视变换绘制拼接结果
    result = drawMatches(img1, img2, H)
    cv2.imwrite("result.jpg", result) #保存图 6.21

if __name__ == '__main__':
    imgConcat()
```

拼接后的图像结果如图 6.20 所示。

图 6.20

图 6.20 的拼接效果非常好，没有出现边缘有差异的问题。本案例使用的两张输入图像是同一张图像截取得到的，所以效果很好。对于生活中拍摄的照片，可能会因为两张照片的光照等差异在拼接后会看出拼接差异。

由于如图 6.18 和图 6.19 所示的图片存在部分重叠，而创建的输出图像的宽度为两张输入图像的总长度，因此拼接图像的总长度小于两张图片的长度之和。在拼接后创建图像对象时设置的图像尺寸为两张图像的长度之和，因此拼接后的图像右边会有部分黑色区域，用户可以在拼接完成之后对黑色区域进行裁剪处理。

第 7 章 手写数字识别

手写数字识别是计算机视觉入门任务中最常见的一个项目，该项目由 LeCun 主导，由此奠定了卷积神经网络的理论基础，本章将借助该项目帮助用户熟悉模型训练的基本流程。本章的案例的网络搭建使用 Keras，因此首先介绍一下 Keras 的应用和 LeNet 算法，然后介绍使用 Keras 实现手写数字识别案例，最后讲解如何使用 TensorFlow Lite 对训练的模型进行推理，识别自己的手写数字图片。

7.1 Keras 的应用

Keras 是最常见的深度学习库之一，能够帮助用户快速构建深度学习网络。Keras 的张量计算依赖于处理后端，Keras 提供了 Theano、TensorFlow、CNTK 三种后端引擎，这三种引擎的函数使用统一封装，在用户层面可以切换后端引擎，但是调用的 API 相同。

Keras 提供了丰富的 API，用于模型的搭建与训练，本节将介绍常用的 API，用户若想深入了解可以参考官方文档。

7.1.1 Keras 模型

Keras 提供了两种模型构建方法：构建顺序模型和使用函数式 API 构建 Model 类模型。

顺序模型是网络层的线性叠加，使用函数 Sequential()创建，可以将网络的层当作参数传入，传入的网络的层如下：Conv2D（卷积层）、Activation（激活层）、Dense（全连接层）。

```
from keras.models import Sequential
from keras.layers import Conv2D, Dense, Activation
```

```
model = Sequential([
    Conv2D(3, (3, 3), padding='same')(inputs),
    Activation('Relu'),
    Dense(10),
    Activation('softmax'),
])
```

也可以创建一个空的模型，向里面添加层，代码如下：

```
model = Sequential()                                    #创建序列模型
model.add(Conv2D(3, (3, 3), padding='same')(inputs))    #添加卷积层
model.add(Activation('Relu'))                           #添加激活函数
model.add(Dense(10))                                    #添加全连接层
model.add(Activation('softmax'))                        #添加分类器
```

以上两种创建顺序模型的方式是等价的，使用顺序模型可以一层一层地叠加模型的层。

使用函数式 API 构建的 Model 类模型是由 keras.Model()创建的。

```
inputs = keras.Input(shape=(3,))                             #创建输入层
x = keras.layers.Dense(784, activation='Relu')(inputs)       #创建第一个全连接层
outputs = keras.layers.Dense(10, activation='softmax')(x)    #创建第二个全连接层
model = keras.Model(inputs=inputs, outputs=outputs)          #输出模型
```

除了这两种模型，还可以继承 Keras.Model，定制化创建自己的模型，这种方式具有更大的灵活性。

7.1.2 Keras 层

Keras 层由 keras.layers 引入，常用的函数层有 Conv2D、Dense、Activation、Input、MaxPooling2D、AveragePooling2D、BatchNormalization、Dropout，说明如下。

- Conv2D：提供二维的卷积功能。
- Dense：提供 $w \cdot x+b$ 的功能，和全连接类似。
- Activation：提供激活函数功能。
- Input：提供输入函数功能。
- MaxPooling2D：提供最大池化功能。
- AveragePooling2D：提供平均池化功能。
- BatchNormalization：提供归一化功能。
- Dropout：对输入应用 Dropout 功能。

这些函数层都是类的形式定义，传入的参数会初始化类成员，然后调用后端对应的功能函数，以 MaxPooling2D 为例，调用的代码如下：

```
class MaxPooling2D(_Pooling2D):
```

```
    @interfaces.legacy_pooling2d_support
    def _init_(self, pool_size=(2, 2), strides=None, padding='valid',
                 data_format=None, **kwargs):
        super(MaxPooling2D, self)._init_(pool_size, strides, padding,
                                          data_format, **kwargs)

    def _pooling_function(self, inputs, pool_size, strides,
                          padding, data_format):
        output = K.pool2d(inputs, pool_size, strides,
                          padding, data_format,
                          pool_mode='max')
        return output
```

MaxPooling2D 传入的参数有池化核大小 pool_size、步长 strides、padding 的类型 padding、数据类型 data_format。在_pooling_function 中调用某一个后端函数 pool2d。

若是 Linux 系统则可以在$HOME/.keras/keras.json 中找到 Keras 的配置文件；若是 Windows 系统则可以在%USERPROFILE%/.keras/keras.json 中找到 Keras 的配置文件。配置文件内容如下：

```
{
    "floatx": "float32",
    "epsilon": 1e-07,
    "backend": "tensorflow",
    "image_data_format": "channels_last"
}
```

可以在这里将后端修改为 tensorflow、theano、cntk 中的一个，也可以自定义后端。自定义后端需要定义 placeholder、variable、function 三个函数，否则会出现后端无效的错误。

用户也可以通过设置环境变量 KERAS_BACKEND 来改变后端，在设置之后会修改配置文件中的后端设置值。

7.1.3 模型编译

Keras 中的模型编译是通过 compile 方法完成的，常用的三个参数为优化器 optimizer、损失函数 loss、评价函数 metrics。

```
model.compile(optimizer='rmsprop',
              loss='mse',
              metrics=['accuracy'])
```

用户还可以根据需要设置其他的参数，compile 函数的定义如下：

```
def compile(self,
        optimizer,                              #优化器
```

```
        loss=None,                          #损失函数
        metrics=None,                       #评价函数
        loss_weights=None,                  #指定不同损失函数的权重
        sample_weight_mode=None,            #采样权重模式
        weighted_metrics=None,              #加权评估标准
        target_tensors=None,                #指定自己的目标张量
        **kwargs)
```

optimizer 提供了 8 种可选的优化器类型：SGD、RMSprop、Adam、Adadelta、Adagrad、Adamax、Nadam、Ftrl。

loss 为模型训练定义的损失函数，用户可以选择已有的损失函数，也可以自定义损失函数。在使用时根据分类或回归任务的不同选择不同的损失函数，如分类任务中常用的交叉熵损失函数 keras.losses.categorical_crossentropy。如果模型具有多个输出，那么对应的多个损失函数可以通过字典或列表进行参数传递，这样在每个输出上使用不同的损失，最终的最小化损失就是指最小化所有输出损失的总和。

metrics 为评价函数，用于评估当前训练模型的性能，是模型训练和测试期间的评估标准，如使用准确率作为标准可以设置 metrics = ['accuracy']，对于多输出模型可以用字典传递不同的评价函数。

7.1.4 模型训练

Keras 模型训练使用函数 fit()。

```
model.fit(inputs, labels, epochs=10, batch_size=32)
```

上面的调用传入的参数为输入数据 inputs、标签 labels、训练轮次 epochs（10 轮）、每一次更新梯度使用的样本数量的大小 batch_size（32）。

fit 函数还可以设置其他的参数，函数的定义如下：

```
def fit(self,
     x=None,                          #输入数据
     y=None,                          #标签 labels
     batch_size=None,                 #每一次更新梯度使用的样本数量的大小
     epochs=1,                        #训练轮次
     verbose=1,                       #输出日志的方式
     callbacks=None,                  #回调函数
     validation_split=0,              #验证集的比例
     validation_data=None,            #验证集
     shuffle=True,                    #是否打乱样本顺序
     class_weight=None,               #为不同类别设置不同的权重
     sample_weight=None,              #样本加权
     initial_epoch=0,                 #从指定的训练轮次开始训练
```

```
    steps_per_epoch=None,              #每个训练轮次的步数
    validation_steps=None,             #若 steps_per_epoch 被指定，则表示验证集上 step 的总数
    validation_freq=1,                 #验证集验证频次
    max_queue_size=10,                 #生成器序列的最大值
    workers=1,                         #最大线程数
    use_multiprocessing=False,         #是否为多线程
    **kwargs)
```

在训练的过程中可以根据需要选择合适的参数。例如，是否需要使用验证集做验证，是否打乱输入数据，以及根据训练机器的性能选择是否使用多线程和设置最大的线程数等。

7.2 LeNet 算法

1998 年，LeCun 开发了 LeNet 算法，用于手写数字识别，这个算法虽然简单，但是阐述了深度学习的理论基础，提出了卷积神经网络，并且搭建了 CNN 的基本框架，定义了 CNN 的基本模块：卷积层、激活层、池化层、全连接层，后续的算法基本都沿用这种设计思路。

关于 LeNet 算法的详细介绍，可以阅读 LeCun 的论文 *Gradient Based Learning Applied to Document Recognition*。

LeNet 算法的网络结构如图 7.1 所示，共有 7 层，包含 3 个卷积层、2 个池化层和 2 个全连接层。

注意：网络层数的计算不包括输入层，只计算卷积层和全连接层。

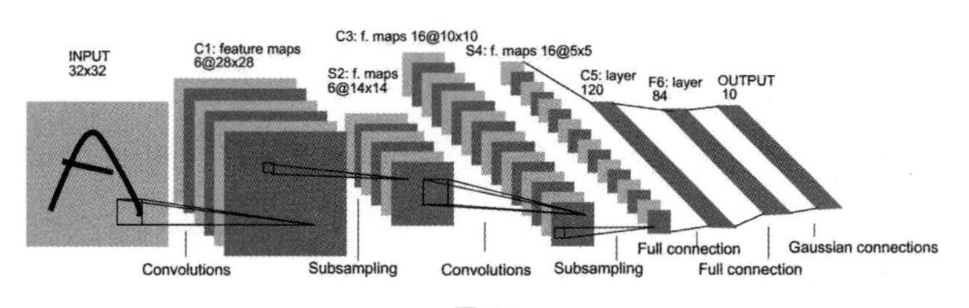

图 7.1

提示：图 7.1 来源于 LeCun 的论文，手写数字识别的种类为 0~9，共 10 个数字，输入图像使用字母 A 不是很准确，此处只是为了说明，用户不必深究。

在图 7.1 中，INPUT 表示输入层，C 表示卷积层，S 表示池化层（采样层），F 表示全连接层。下面对如图 7.1 所示的网络结构中的每一层做详细说明：

C1 层为第一个卷积层，输入的是 32×32 的图像，卷积核的大小为 5×5×6，步长为 1，输出特征图的尺寸为 28×28×6，训练参数量为(5×5+1)×6=156。

S2 层为第一个池化层（下采样层），此处使用的是最大池化，池化的大小为 2×2，池化后输出 14×14×6 的特征图，训练参数量为 12。

C3 层为第二个卷积层，卷积核的大小为 5×5×16，输出 10×10×16 的特征图，训练参数量为 1516。

S4 层为第二个池化层，池化的大小为 2×2，输出 5×5×16 的特征图。

C5 为第三个卷积层，卷积核的大小为 5×5×120，输出 1×1×120 的特征图，C5 与 S4 实际上是全连接的，训练参数量为(5×5×16+1)×1×1×120=48120。

F6 层为全连接层，输出 84 张特征图，训练参数量为(1×1×120+1)×84=10 164。

输出层为全连接层，由 RBF（欧式径向基函数）单元组成，每个类别（0~9）对应一个 RBF 单元，每个 RBF 单元有来自 F6 层的 84 张特征图输入。也就是说，每个 RBF 单元计算输入向量和该类别标记向量之间的欧式距离，距离越远，PRF 输出越大，同时与标记向量的欧式距离最小的类别就是数字识别的输出结果。目前分类任务输出层使用 RBF 单元较少，常用 softmax 分类器。

7.3 案例 36：使用 Keras 实现手写数字识别

本案例介绍使用 Keras 搭建手写数字识别的网络，并进行模型的训练，最后再将模型转换为.tflite 模型，并使用 TensorFlow Lite 进行推理。

7.3.1 模型训练

1. 数据集的导入

本案例进行手写数字识别算法模型训练，使用的数据集为 MNIST 数据集，该数据集包括四个部分。

- train-images-idx3-ubyte.gz：训练集图像。
- train-labels-idx1-ubyte.gz：训练集标签。
- t10k-images-idx3-ubyte.gz：测试集图像。
- t10k-labels-idx1-ubyte.gz：测试集标签。

其中，训练集包含 60 000 张图片，测试集包含 10 000 张图片，图片为 28×28 的灰度图。很多的框架都有 MNIST 数据集，可以直接导入。

Keras 提供了 MNIST 的数据集，可以直接导入，数据集的导入及其他训练参数的设置过程如下：

```
import keras
from keras.datasets import mnist        #导入 MNIST 数据集

img_rows, img_cols = 28, 28             #设置输入图像尺寸
num_classes = 10                        #设置手写数字识别类别

batch_size = 128                        #设置 batch 大小
epochs = 12                             #训练轮次，用户可以自行设置

#导入数据集，设置训练集与测试集
(x_train, y_train), (x_test, y_test) = mnist.load_data()
```

提示：batch_size 和 epochs 这类需要用户自行设置而非模型训练的可变参数称为超参数。超参数的设置对训练结果影响很大，用户需要在训练过程中根据训练情况调整超参数。

2. 数据集的处理

在介绍 Keras 时，提到可以打开 Keras 的配置文件，在其中提到了配置使用的后端的参数，还有一个参数就是 image_data_format，如下就是根据后端设置的数据格式调整输入数据的格式。

```
from keras import backend as K

#数据格式为 channels_first
if K.image_data_format() == 'channels_first':
    x_train = x_train.reshape(x_train.shape[0], 1, img_rows, img_cols)
    x_test = x_test.reshape(x_test.shape[0], 1, img_rows, img_cols)
    input_shape = (1, img_rows, img_cols)
#数据格式为 channels_last
else:
    x_train = x_train.reshape(x_train.shape[0], img_rows, img_cols, 1)
    x_test = x_test.reshape(x_test.shape[0], img_rows, img_cols, 1)
    input_shape = (img_rows, img_cols, 1)
```

输入数据的处理，包括输入数据类型的转换，输入数据的归一化，将类别标签转换为 one-hot 编码。

```
x_train = x_train.astype('float32')     #训练集数据类型的转换
```

```
x_test = x_test.astype('float32')       #测试集数据类型的转换
x_train /= 255      #训练数据的归一化
x_test /= 255       #测试数据的归一化

#将整型的类别标签转换为 one-hot 编码
y_train = keras.utils.to_categorical(y_train, num_classes)          #训练标签的处理
y_test = keras.utils.to_categorical(y_test, num_classes)            #测试标签的处理
```

3. **网络的搭建**

本案例使用的模型结构参考了 LeNet-5 的网络，但是在细节上做了一些修改，如卷积层使用的卷积核的大小、增加 dropout 操作、分类器使用 softmax 等，用户也可以调整网络结构，并查看调整结构带来的训练结果的差异。

```
#从 Keras 中引入搭建模型需要的层
from keras.models import Sequential
from keras.layers import Dense, Dropout, Flatten
from keras.layers import Conv2D, MaxPooling2D
#网络搭建
def model():
    model = Sequential()                                              #创建顺序模型
    model.add(Conv2D(32, kernel_size=(5, 5),
                activation='relu',
                input_shape=input_shape))                             #增加卷积层
    model.add(MaxPooling2D(pool_size=(2, 2)))                         #增加池化层
    model.add(Conv2D(64, kernel_size=(3, 3), activation='relu'))      #增加卷积层
    model.add(MaxPooling2D(pool_size=(2, 2)))                         #增加池化层
    model.add(Conv2D(128, kernel_size=(3, 3), activation='relu'))     #增加卷积层
    model.add(Dropout(0.2))
    model.add(Flatten())
    model.add(Dense(128, activation='relu'))                          #增加全连接层
    model.add(Dropout(0.2))
    model.add(Dense(num_classes, activation='softmax'))               #增加全连接层
    return model
```

4. **模型训练**

模型训练过程包括调用搭建的网络模型，模型配置，模型训练，使用测试集进行测试，保存训练模型，输出测试集的测试结果。

```
model = model()   #调用搭建的模型

#模型配置，配置训练损失、优化器及评价函数
model.compile(loss=keras.losses.categorical_crossentropy,
            optimizer=keras.optimizers.Adadelta(),
            metrics=['accuracy'])
```

```
#模型训练
model.fit(x_train, y_train,
          batch_size=batch_size,
          epochs=epochs,
          verbose=1,
          validation_data=(x_test, y_test))
#使用测试集进行测试
score = model.evaluate(x_test, y_test, verbose=0)
#保存模型
model.save("keras_model.h5")
#输出测试集的测试结果
print('Test loss:', score[0])
print('Test accuracy:', score[1])
```

在模型训练完成之后，打印结果如下所示。可以看到，当最终的训练完成时，测试集测试的准确率为 99.38%。

```
58752/60000 [=====================>.] - ETA: 0s - loss: 0.0160 - accuracy: 0.9949
59008/60000 [=====================>.] - ETA: 0s - loss: 0.0160 - accuracy: 0.9949
59264/60000 [=====================>.] - ETA: 0s - loss: 0.0161 - accuracy: 0.9949
59520/60000 [=====================>.] - ETA: 0s - loss: 0.0162 - accuracy: 0.9949
59776/60000 [=====================>.] - ETA: 0s - loss: 0.0161 - accuracy: 0.9948
60000/60000 [======================] - 14s 238us/step - loss: 0.0161 - accuracy: 0.9948 - val_loss:
0.0195 - val_accuracy: 0.9938

Test loss: 0.01947142451827458
Test accuracy: 0.9937999844551086
```

如果需要监控模型的训练过程，可以增加回调操作，并将此回调传递给训练函数 fit，若训练过程中监控指标有提升则会保存模型。

```
from keras.callbacks import ModelCheckpoint

save_path = "./model/keras_model.h5"
checkpoint = ModelCheckpoint(save_path,                      #模型的保存路径
                             monitor='val_accuracy',         #监控值
                             verbose=1,                      #信息展示模式
                             save_best_only=True)            #只保存最佳模型
#模型编译
model.compile(loss=keras.losses.categorical_crossentropy,
              optimizer=keras.optimizers.Adadelta(),
              metrics=['accuracy'])
#模型训练
model.fit(x_train, y_train,
          batch_size=batch_size,
```

```
        epochs=epochs,
        verbose=1,
        validation_data=(x_test, y_test),
        callbacks=[checkpoint])                          #传入回调
```

若训练过程中准确率有提升，则保存模型。

```
Epoch 00005: val_accuracy improved from 0.99120 to 0.99270, saving model to ./model/keras_model.h5
```

若训练过程中准确率没有提升，则不会保存模型。

```
Epoch 00006: val_accuracy did not improve from 0.99270
```

7.3.2 手写数字识别模型推理

在学习了基于 MNIST 数据集的手写数字识别模型训练之后，用户可以使用自己的手写数字图片验证模型的识别效果。

在本书中，模型的部署均是基于 TensorFlow Lite 实现的，模型部署的细节可以参考本书的第 12 章和第 13 章。将使用 Keras 训练出来的模型保存为.h5 格式，使用 TensorFlow Lite 进行推理之前需要的模型转换，然后调用转换模型进行模型推理。

1. 模型转换

使用 TensorFlow Lite 进行推理需要将模型转换为.tflite 格式，TensorFlow Lite 提供了模型转换的转化器，模型转换可以参考 12.2 节的案例。

TensorFlow Lite 提供了将 Keras 训练的.h5 模型转换为.tflite 模型的 API。转换过程如下：首先使用本地的.h5 模型创建转化器，然后调用转换接口，将转换后的模型保存。

```
import tensorflow as tf

converter=tf.lite.TFLiteConverter.from_keras_model_file("keras_model.h5")
tflite_model=converter.convert()
open("./model/tflite_model.tflite", "wb").write(tflite_model)
```

模型转换后会在设置的模型的存储路径下生成 tflite_model.tflite 文件，该模型文件可以用于模型推理过程。

2. 模型推理

模型转换生成了.tflite 格式的模型，该模型文件可以被用于 TensorFlow Lite 做推理。推理过程包括以下五步：

第一步，使用模型文件创建解释器；

第二步，给模型张量（tensors）分配空间；

第三步，将待分类的图片预处理后作为模型输入；

第四步，调用推理函数 invoke 进行模型推理；

第五步，获取模型输出，并将该输出转换为有意义的分类结果。

```
import cv2
import tensorflow as tf
import os
import numpy as np

test_images = './test_img/'
model_path = "./model/tflite_model.tflite"

#加载模型并给 tensors 分配空间
interpreter = tf.lite.Interpreter(model_path=model_path)
interpreter.allocate_tensors()

#获取输入 tensor、输出 tensor
input_details = interpreter.get_input_details()
print("Input details is: " + str(input_details))
output_details = interpreter.get_output_details()
print("Output details is: " + str(output_details))
```

此处打印了输入 tensor、输出 tensor 的细节，如下所示。

```
Input details is: [{'name': 'conv2d_1_input', 'index': 3, 'shape': array([ 1, 28, 28,  1]), 'dtype':
<class 'numpy.float32'>, 'quantization': (0.0, 0)}]
Output details is: [{'name': 'dense_2/Softmax', 'index': 12, 'shape': array([ 1, 10]), 'dtype':
<class 'numpy.float32'>, 'quantization': (0.0, 0)}]
```

输入的节点名称为 conv2d_1_input，输入的维度为[1, 28, 28, 1]，类型为 float32，没有做量化。

输出的节点名称为 dense_2/Softmax，输出的维度为[1, 10]，类型为 float32，没有做量化。

按如下代码遍历图片存储路径 test_images 中的图片，并使用 OpenCV 读取图像数据送入模型进行推理。

```
#遍历文件
file_list = os.listdir(test_images)
for file in file_list:
    print('==========================')
    full_path = os.path.join(test_images, file)

    #输入图像尺寸为 28×28 的灰度图
    img = cv2.imread(full_path, cv2.IMREAD_GRAYSCALE)
```

```
res_img = cv2.resize(img, (28, 28))

#模型输入维度为 [1, 28, 28, 1]，类型为 float32
image_np_expanded = np.expand_dims(res_img, axis=0)
image_np_expanded = np.expand_dims(image_np_expanded, axis=3)
image_np_expanded = image_np_expanded.astype('float32')

#添加输入数据
interpreter.set_tensor(input_details[0]['index'], image_np_expanded)

#模型推理
interpreter.invoke()

#得到输出结果
output_data = interpreter.get_tensor(output_details[0]['index'])

#去掉输出结果中没用的维度
result = np.squeeze(output_data)
print('predict result:{}'.format(result))

#输出结果是长度为 10（对应 0~9）的一维数据，最大值的下标就是预测的数字
print('result:{}'.format((np.where(result == np.max(result)))[0][0]))
```

本案例中模型的输入图片的尺寸为 28×28，因此在将输入图片送入模型之前，需要调整图片的尺寸为 28×28。如图 7.2 所示，左图为输入图片的原图，尺寸为 260×335，右图为调整大小之后的图片，尺寸为 28×28。该图片中书写数字使用的笔画较细，当图片调整到尺寸为 28×28 时，图片中的数字到了人眼都无法辨识的程度，使用模型进行识别的结果也有较大的误差。

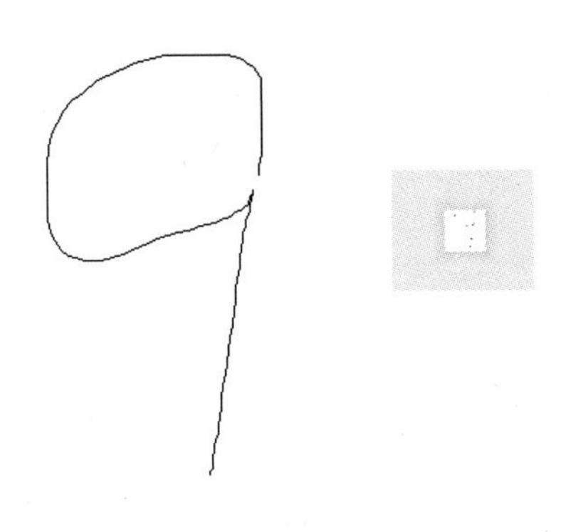

图 7.2

因而用户在选择待识别的图片时，需要考虑图片中的数字笔划在调整大小之后是否清晰可识别。图 7.3 所示的待识别图片，在调整大小之后数字依旧清晰，对识别结果的影响较小。

图 7.3

图 7.2 和图 7.3 的识别结果如下所示，可以发现图 7.2 因为图像调整尺寸之后信息丢失严重导致识别错误，而图 7.3 则识别正确。

```
============================
full_path:./test_img/8.png
predict result:[0. 0. 0. 0. 0. 0. 0. 0. 1. 0.]
result:8
==========================
full_path:./test_img/9.png
predict result:[0. 0. 0. 0. 0. 0. 0. 0. 1. 0.]
result:8
```

用户可以使用自己的手写数字的图片对模型进行推理测试，也可以将模型部署到有手写数字识别的工作场景中去。

7.4　进阶必备：算法模型开发流程

本章详细讲解了本书第一个深度学习计算机视觉的实战案例，虽然算法并不复杂，但是由本案例可以总结出算法模型研发的基本流程。

7.4.1　数据准备

数据准备是算法开发的基础，数据的好坏直接决定了模型训练的效果。数据准备包括以下三步。

1. 数据的收集与标注

用户根据自己的业务场景收集数据，并进行标注。例如，图像分类任务需要收集待分类类别的图片，将图片对应的类别与图片名称制作成标签文件。

如果数据不足可以采用旋转、裁剪等手段对数据进行增强处理。数据集准备需要注意不同类别的数据均衡，否则就要处理类别不均衡的问题。

注意：数据增强是深度学习中常用的技巧，但是如果原始数据量较少，则在此基础上进行数据增强的效果就比较有限。

2. 数据集格式的转换

在算法研发过程中，用户经常会遇到以下场景：

（1）为了得到更好的模型训练效果，将几个数据集的数据联合到一起进行训练；

（2）在现有的数据集中增加训练数据；

（3）使用别人的算法和自己的数据进行模型训练。

这些场景都会面临一个问题，就是需要将数据格式进行转换。用户使用不同的训练框架或不同的公开数据集，也需要将自己标注的数据保存为对应的格式，才能进行下一步的训练。

3. 数据集的划分

划分数据集有很多方法，如留出法（Hold-Out Method）、交叉验证法（Cross Validation）和自助法（Bootstrap Resampling），用户可以选择合适的方法划分自己的数据集。

Python 中的某些库提供了划分数据集的接口。例如，sklearn 提供了划分数据集的 API，可以参考如下方式进行调用。

```
from sklearn.model_selection import train_test_split                    #引入划分数据集的 API
import numpy as np
X, y = np.arange(10).reshape((5, 2)), range(5)                          #产生示例数据集
x_train, x_test, y_train, y_test = train_test_split(X,                  #输入文件
                                                    y,                  #输入标签
                                                    test_size=0.33,     #测试集比例
                                                    random_state=42)    #随机种子
'''
#结果分析
X:
    array([[0, 1],
           [2, 3],
           [4, 5],
           [6, 7],
           [8, 9]])
list(y):
```

```
    [0, 1, 2, 3, 4]
X_train:
    array([[4, 5],
           [0, 1],
           [6, 7]])
y_train:
    [2, 0, 3]
X_test:
    array([[2, 3],
           [8, 9]])
y_test:
    [1, 4]
'''
```

在上述示例中，数据集被划分为训练集与测试集，并在数据集被划分之前对数据进行打乱处理。如果用户不需要打乱数据，可以设置参数 shuffle 为 False。

7.4.2　网络搭建

网络搭建需要仔细分析开发需求，选择合适的算法搭建网络，主要包括以下三步。

1. 选择算法

用户需要根据不同的任务设计不同的算法。例如，图像分类任务可以选用常见的网络（如 VGG 等），也可以在这些网络的基础上做修改，设计自己的网络结构。

2. 定义损失函数与优化器

需要为模型训练定义损失函数，训练过程就是减小损失，使模型收敛的过程。常用的任务类型及其损失函数如表 7.1 所示。

表 7.1

任 务 类 型	损 失 函 数
图像分类	交叉熵损失（cross_entropy）等
目标检测	IOU 损失、L1/L2 损失、Focal 损失等
图像识别	Triplet 损失、Center 损失等

在模型训练过程中需要通过优化器不断优化模型以至最终的收敛。以 TensorFlow 框架为例，优化器定义在 tf.train 模块中，包含的 11 种优化器及其说明如表 7.2 所示。

表 7.2

优　化　器	说　　明
AdadeltaOptimizer	Adadelta 自适应梯度算法优化器

续表

优 化 器	说 明
AdagradDAOptimizer	Adagrad 双重平均算法优化器
AdagradOptimizer	自适应梯度下降算法优化器
AdamOptimizer	自适应矩估计算法优化器
FtrlOptimizer	Ftrl 算法优化器，在学习线机器时用得较多
GradientDescentOptimizer	梯度下降算法优化器
MomentumOptimizer	带动量的梯度下降算法优化器
ProximalAdagradOptimizer	Proximal 算法自适应梯度算法优化器
ProximalGradientDescentOptimizer	Proximal 算法梯度下降算法优化器
RMSPropOptimizer	RMSProp 算法优化器
SyncReplicasOptimizer	用于同步训练的优化器

3. 定义评价函数

定义模型训练结果的好坏需要有一个评价函数，不同的任务有不同的评价函数，如分类任务的评价函数是准确率。

7.4.3 模型训练

在数据集准备完成之后，将数据集分为不同的批次，送入算法模型进行训练。在模型训练之前，需要设置一些训练的超参数，如批次大小（Batch Size）、训练轮次和学习率（Lr）、dropout 等。

模型训练可以使用开源的预训练模型，在预训练模型的基础上进行训练。用户也可以使用开源的数据集训练自己的模型，然后将该模型作为预训练模型。

在训练过程中，可以每训练一定的轮次就使用测试集测试当前的模型，根据测试结果决定是否提前停止训练，也可以根据训练集和测试集上评估标准的差异来判断模型是否出现过拟合等问题。

第 8 章 CIFAR-10 图像分类

图像分类是计算机视觉的一个重要方向，用途是识别输入图像所属的类别，第 7 章讲到的手写数字识别就属于图像分类任务。图像分类任务有很多的开源数据集，如 CIFAR-10、CIFAR-100、ImageNet、PASCAL VOC 等。其中，自 2009 年发布 ImageNet 数据集之后，每年举办一次 ILSVRC 比赛，对计算机视觉领域影响深远，由此诞生了很多优秀的算法，极大地促进了深度学习的发展。

8.1 图像分类数据集

常见的图像分类数据集有 CIFAR-10、CIFAR-100、ImageNet 和 PASCAL VOC 等，用户可以使用这些常见的数据集进行图像分类的学习，也可以在这些数据集中增加自己的数据，训练自己的图像分类模型，本节将详细介绍这些数据集。

8.1.1 CIFAR-10 数据集和 CIFAR-100 数据集

CIFAR-10 数据集和 CIFAR-100 数据集是 80 million tiny images 数据集的一部分，80 million tiny images 数据集包含 8000 万张图片，在目前官网的说明中，该数据集已经被撤回。

CIFAR-10 数据集包含 6 万张图片，图片大小为 32×32，每张图片仅包含一个类别。这些图片分为 10 类，每个类别包含 6000 张，CIFAR-10 数据集的类别和部分图片如图 8.1 所示。其中，5 万张图片作为训练集，剩下的 1 万张图片作为测试集，即在每个类别中随机选取了 1000 张图片。

图 8.1

训练集中的 5 万张图片被分为 5 个批次，图片是被打乱存放的，不排除有的批次可能包含较多的某个类别；测试集中的图片只有一个批次，该批次包含 1 万张图片。

CIFAR-100 数据集和 CIFAR-10 数据集类似，只是它包含了 100 个类别，图片的数量和数据集的划分与 CIFAR-10 数据集相同，总共 6 万张图片，每个类别包含 600 张图片，其中，5 万张图片作为训练集，1 万张图片作为测试集。CIFAR-100 数据集中的 100 个类别被划分为 20 个超类，每张图片包含一个超类的标签和一个细分类的标签。例如，超类 fish 包含 5 个细分类：aquarium fish、flatfish、ray、shark、trout。

CIFAR-10 数据集和 CIFAR-100 数据集可以在官网下载，包含 Python、MATLAB 和 Binary3 个版本。

8.1.2 ImageNet 数据集

ImageNet 数据集是目前最为出名的图像处理数据集，完整的数据集大约有 1500 万张图片，约 22 000 个类别。

基于 ImageNet 数据集的 ILSVRC 比赛开始于 2010 年，每年举办一次。该比赛使用的数据集是 ImageNet 数据集的一个子集，通常说的 ImageNet 数据集多是指这个子集，该子集包含的训练图片大约有 128 万张，分为 1000 个类别，每个类别大约有 1000 张图片，该训练集还包括 5 万张图片的验证集，以及 15 万张图片的测试集。

ILSVRC 比赛截至到 2017 年共举办了 8 届，诞生了一系列的经典算法，如 AlexNet、VGG、GoogLeNet、ResNet 等。

ImageNet 数据集可以在官网下载，只可以用于非商业用途。

8.1.3 PASCAL VOC 数据集

PASCAL VOC 数据集是计算机视觉领域非常重要的一个数据集，有使用该数据集的 PASCAL VOC 比赛，该数据集可以在 PASCAL 官网下载。

PASCAL VOC 比赛有以下几个任务：目标分类(Object Classification) 、目标检测(Object Detection)、目标分割 (Object Segmentation)、人体部位 (Human Layout)、人体动作分类 (Action Classification)。

以 VOC2007 为例，在数据集下载之后，其解压文件存储于名称为 VOCdevkit 的文件夹下，数据存放在子目录 VOC2007 中，对应的文件结构如下所示。

```
#在 Ubuntu 下执行 tree ./VOCdevkit/ -L 2 命令可以查看目录下的 2 级结构
./VOCdevkit/
└── VOC2007
    ├── Annotations
    ├── ImageSets
    ├── JPEGImages
    ├── SegmentationClass
    └── SegmentationObject

6 directories, 0 files
```

Annotations 文件夹存储的是标注文件， 用于目标检测任务，以.xml 格式保存，.xml 格式的文件名与图片名相对应。

ImageSets 文件夹中还有三个子文件夹：Layout、Main、Segmentation。其中 Main 文件夹存储的是目标分类和目标检测任务的数据集分割文件，Layout 文件夹中的内容用于人体部位任务，Segmentation 文件夹中的内容用于目标分割任务。

JPEGImages 文件夹存储的是图片文件，文件的格式为.jpg，图片的尺寸大小不一。

SegmentationClass 文件夹存储的是按照 Class 分割的图片文件，图片格式为.png。

SegmentationObject 文件夹存储的是按照 Object 分割的图片文件，图片格式为.png。

PASCAL VOC 数据集比较常用的版本是 VOC2007 和 VOC2012。因为二者互斥，所以在目标检测任务中经常将这两个数据集联合加入到训练数据中。

8.2 案例 37：CIFAR-10 图像分类

本节将讲解使用 CIFAR-10 数据集进行图像分类的案例，用户可以提前下载数据集然后导入，也可以使用 Keras 等提供的数据集。本案例重点讲解网络搭建，模型训练，训练完成后模型的转换，使用 TensorFlow Lite 框架进行推理，得到预测结果。

8.2.1 模型训练过程

算法网络可以选择已有的网络，如 1.4 节介绍的经典网络，使用这些经典网络提取特征，最后使用 softmax 分类器得到分类的结果。

1. 数据预处理

数据预处理包含两部分内容：第一部分是设置模型训练的超参数，如训练的批次大小、训练的轮次等，以及设置分类类别、图像的宽度、高度等常用变量；第二部分是将数据集导入，并进行数据格式的转换，这一部分和使用 Keras 进行手写数字识别类似。

```
#导入 Python 包
import keras
from keras.datasets import CIFAR-10

#设定训练的批次大小
batch_size = 128
#设定 CIFAR-10 的类别数，10 个类别
num_classes = 10
#设定训练的轮次
epochs = 100

#输入图像的维度
img_rows, img_cols = 32, 32

#划分数据集，使用 Keras 提供的 CIFAR-10 数据集
(x_train, y_train), (x_test, y_test) = CIFAR-10.load_data()

#根据 backend 调整数据的格式
if K.image_data_format() == 'channels_first':
    x_train = x_train.reshape(x_train.shape[0], 3, img_rows, img_cols)
    x_test = x_test.reshape(x_test.shape[0], 3, img_rows, img_cols)
    input_shape = (3, img_rows, img_cols)
else:
    x_train = x_train.reshape(x_train.shape[0], img_rows, img_cols, 3)
    x_test = x_test.reshape(x_test.shape[0], img_rows, img_cols, 3)
    input_shape = (img_rows, img_cols, 3)

x_train = x_train.astype('float32')    #类型转换
x_test = x_test.astype('float32')
x_train /= 255      #归一化处理
```

```
x_test /= 255

#将类标签进行 one-hot 编码
y_train = keras.utils.to_categorical(y_train, num_classes)
y_test = keras.utils.to_categorical(y_test, num_classes)
```

2. 网络搭建

本案例选用的网络为 MobileNet-v1，其原理在 1.4.5 节已有介绍，用户可以参考。MobileNet-v1 的网络结构重点是将普通卷积替换为深度可分离卷积，深度可分离卷积的定义如下：

```
from keras.layers import Conv2D, BatchNormalization, DepthwiseConv2D, Activation

#定义深度可分离卷积
def depthwise_separable(x,params):
    (s1, f2) = params       #s1 表示步长 stride，f2 表示 filter 大小
    x = DepthwiseConv2D((3, 3), strides=(s1[0], s1[0]), padding='same')(x)
    x = BatchNormalization()(x)
    x = Activation('relu')(x)
    x = Conv2D(int(f2[0]), (1, 1), strides=(1, 1), padding='same')(x)
    x = BatchNormalization()(x)
    x = Activation('relu')(x)
    return x
```

下面就可以调用深度可分离卷积搭建 MobileNet-v1 网络，网络定义如下：

```
from keras.models import Sequential,Model
from keras.layers import Dense, Dropout, Flatten, Input
from keras.layers import MaxPooling2D, GlobalAveragePooling2D

def MobileNet(img_input, shallow=False, classes=10):
    #参数说明
    #shallow，可选参数，是否选择使用小网络（网络层数较少）
    #classes，可选参数，表示分类的类别
    x = Conv2D(int(32), (3, 3), strides=(2, 2), padding='same')(img_input)
    x = BatchNormalization()(x)
    x = Activation('Relu')(x)

    #调用深度可分离卷积搭建网络
    x = depthwise_separable(x, params=[(1,), (64,)])
    x = depthwise_separable(x, params=[(2,), (128,)])
    x = depthwise_separable(x, params=[(1,), (128,)])
    x = depthwise_separable(x, params=[(2,), (256,)])
    x = depthwise_separable(x, params=[(1,), (256,)])
    x = depthwise_separable(x, params=[(2,), (512,)])
```

```
#若不使用小网络则继续增加网络的层数
    if not shallow:
        for _ in range(5):
            x = depthwise_separable(x, params=[(1,), (512,)])

    x = depthwise_separable(x, params=[(2,), (1024,)])
    x = depthwise_separable(x, params=[(1,), (1024,)])

    x = GlobalAveragePooling2D()(x)
    out = Dense(classes, activation='softmax')(x)    #全连接，使用 softmax 分类器分类
    return out
```

3. 模型训练

在网络搭建完成之后，就可以进行模型训练。模型训练过程包括调用搭建的算法网络、网络配置（配置损失函数、优化器、评价函数）、执行训练。

```
import matplotlib.pyplot as plt

#调用网络
img_input=Input(shape=(32,32,3))
output = MobileNet(img_input)
model=Model(img_input,output)

#网络配置
model.compile(loss=keras.losses.categorical_crossentropy,       #配置损失函数
              optimizer=keras.optimizers.Adadelta(),             #配置优化器
              metrics=['accuracy'])                              #配置评价函数

#模型训练
history = model.fit(x_train, y_train,
         batch_size=batch_size,
         epochs=epochs,
         verbose=1,
         validation_data=(x_test, y_test))

#使用 matplotlib 绘制训练和测试的准确率
plt.plot(history.history['accuracy'])
plt.plot(history.history['val_accuracy'])
plt.title('Model accuracy')
plt.ylabel('Accuracy')
plt.xlabel('Epoch')
plt.legend(['Train', 'Test'], loc='upper left')
plt.savefig("acc-100.jpg")        #图 8.2
```

```
#使用 matplotlib 绘制训练和测试的损失
plt.plot(history.history['loss'])
plt.plot(history.history['val_loss'])
plt.title('Model loss')
plt.ylabel('Loss')
plt.xlabel('Epoch')
plt.legend(['Train', 'Test'], loc='upper left')
plt.savefig("loss-100.jpg")       #图 8.3

#保存模型
model.save("keras_CIFAR-10_mobilenet_v1.h5")

score = model.evaluate(x_test, y_test, verbose=0)    #模型评估
print('Test loss:', score[0])
print('Test accuracy:', score[1])
```

初次训练设置训练轮次为 100，当训练完成时结果如下所示。

```
49536/50000 [==========================>.] - ETA: 2s - loss: 0.0200 - accuracy: 0.9934
49664/50000 [==========================>.] - ETA: 1s - loss: 0.0200 - accuracy: 0.9934
49792/50000 [==========================>.] - ETA: 0s - loss: 0.0199 - accuracy: 0.9934
49920/50000 [==========================>.] - ETA: 0s - loss: 0.0199 - accuracy: 0.9934
50000/50000 [============================] - 231s 5ms/step - loss: 0.0199 - accuracy: 0.9934 -
val_loss: 1.8521 - val_accuracy: 0.7159
Test loss: 1.8520567996501922
Test accuracy: 0.7159000039100647
```

模型训练过程的准确率变化如图 8.2 所示。

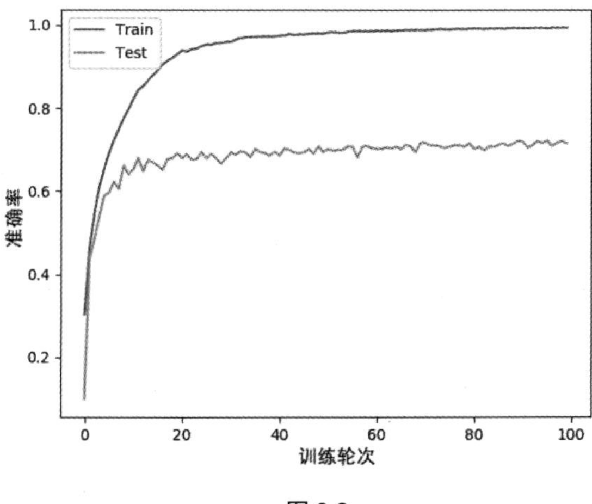

图 8.2

模型训练过程的损失变化如图 8.3 所示。

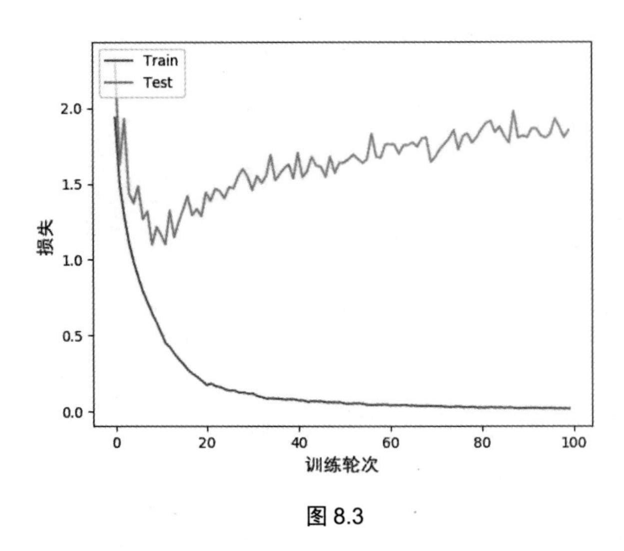

图 8.3

训练集的准确率为 0.9934，而测试集的准确率为 0.7159，对照图 8.2 和图 8.3 可以看出，这是因为模型存在过拟合问题。针对过拟合问题，用户可以采用早停（Early Stopping）、数据增强、增加正则化或 Dropout 来解决。

当重新进行模型训练时，将训练轮次设为 12，模型训练过程的准确率变化如图 8.4 所示。

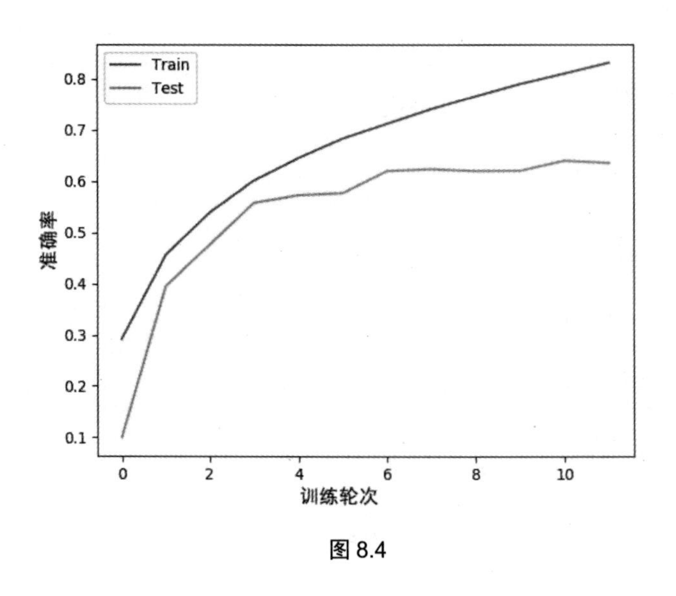

图 8.4

对应的模型训练过程的损失变化如图 8.5 所示。

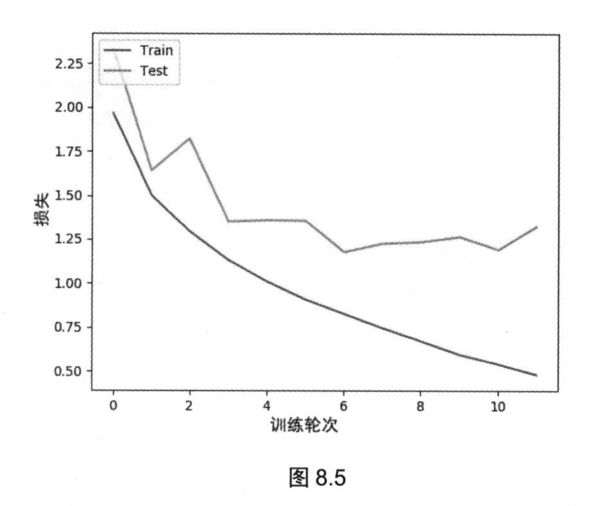

图 8.5

由图 8.4 和图 8.5 可以看出，模型训练还没有出现过拟合。用户可以通过选择其他的网络（如 VGG 或 GoogLeNet）搭建网络，参考 CIFAR-10 数据集的格式增加自己的训练数据等方法解决过拟合问题。

8.2.2　模型推理

在模型训练完成之后，可以按照 12.2 节介绍的模型转换方法，进行模型转换。在模型转换完成之后，调用 TensorFlow Lite 进行模型推理，详细过程可以参考 7.3.2 节。使用 TensorFlow Lite 进行模型推理后的结果如图 8.6 所示。

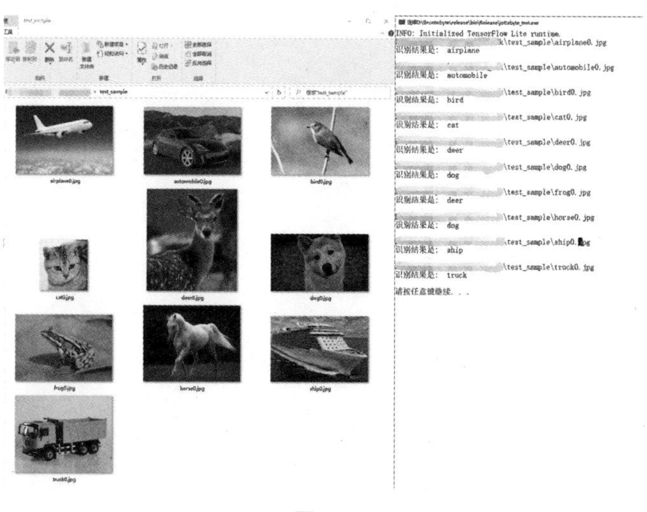

图 8.6

通过模型推理发现，frog 和 horse 类别的分类出现了错误，其他类别的分类均正确。用户可以增加自己的数据和类别，训练自己的图像分类模型。

8.3 进阶必备：COCO 数据集与使用 HOG+SVM 方法实现图像分类

8.3.1 COCO 数据集

本章讲解了图像分类常见的数据集，以及使用 CIFAR-10 数据集进行图像分类的案例。在计算机视觉领域，最出名的数据集除了 8.1 节提到的 CIFAR-10 数据集、CIFAR-100 数据集、ImageNet 数据集和 PASCAL VOC 数据集，还有一个数据集就是微软发布的 COCO（Common Objects in Context）数据集。COCO 数据集主要用于目标检测、目标分割、语义分割、人体特征点检测等任务，因为本章的重点在于介绍图像分类，所以在 8.1 节中没有进行介绍。

COCO 数据集的数据主要从复杂的自然场景中截取，被分为 91 个类别，包含 30 多万张图片，其中约 20 万张图片有标注，数据集中的个体目标超过 150 万个，平均每张图像的目标个数超过 7 个，在目标检测领域具有很大的权威性。

在深度学习被广泛使用之前，图像分类一般使用传统图像处理的方法，其中最常用的方法就是使用 HOG（Histogram of Oriented Gradient，方向梯度直方图）算法提取特征，使用 SVM（Support Vector Machine，支持向量机）进行特征分类。下面将通过案例介绍使用 HOG+SVM 的方法训练 CIFAR-10 数据集，完成图像分类。

8.3.2 案例 38：使用 HOG+SVM 方法实现图像分类

本案例分三步完成。

第一步，下载 Python 版本的 CIFAR-10 数据集。下载数据集并解压，解压之后的文件夹名称为 cifar-10-batches-py，包含 5 个批次的训练数据和 1 个批次的测试数据。

```
batches.meta
data_batch_1        #训练数据批次
data_batch_2
data_batch_3
data_batch_4
data_batch_5
test_batch          #测试数据批次
```

第二步，使用 HOG 算法提取特征。HOG 算法的原理此处不做展开，HOG 算法在 sklearn 中有对应的 API，提取特征的方式如下：

```
from skimage.feature import hog
```

```
import numpy as np
import joblib
import os
import pickle

#Python 版本的 CIFAR-10 数据集数据的提取方式，官网提供如下提取代码
def unpickle(file):
    fo = open(file, 'rb')
    dict = pickle.load(fo, encoding='bytes')
    fo.close()
    return dict

#CIFAR-10 数据集数据的提取
def getData(filePath):
    trainData = []        #存储训练数据
    testData = []         #存储测试数据

    #遍历 5 个批次的训练数据
    for b in range(1, 6):
        f = os.path.join(filePath, 'data_batch_%d' % (b,))  #获取路径
        data = unpickle(f)
        train = np.reshape(data[b'data'], (10000, 3, 32 * 32))
        labels = np.reshape(data[b'labels'], (10000, 1))
        fileNames = np.reshape(data[b'filenames'], (10000, 1))
        datalebels = zip(train, labels, fileNames)
        trainData.extend(datalebels)

    #测试集数据的提取
    f = os.path.join(filePath, 'test_batch')
    data = unpickle(f)
    test = np.reshape(data[b'data'], (10000, 3, 32 * 32))
    labels = np.reshape(data[b'labels'], (10000, 1))
    fileNames = np.reshape(data[b'filenames'], (10000, 1))
    testData.extend(zip(test, labels, fileNames))
    return trainData, testData

#使用 HOG 算法提取特征
def getHogFeatures(dataList, savePath):
    for data in dataList:
        image = np.reshape(data[0].T, (32, 32, 3))
        gray = rgb2Gray(image)/255.0
        fd = hog(gray, 9, [8, 8], [2, 2])
        fd = np.concatenate((fd, data[1]))
        filename = list(data[2])
```

```
        fd_name = str(filename[0], encoding="utf-8") .split('.')[0]+'.feat'
        fd_path = os.path.join(savePath, fd_name)
        joblib.dump(fd, fd_path)            #保存特征

#将 RGB 三通道图像转换为灰度图，OpenCV 有对应的转换函数
def rgb2Gray(im):
    gray = im[:, :, 0]*0.2989+im[:, :, 1]*0.5870+im[:, :, 2]*0.1140
    return gray

if __name__ == '__main__':
    filePath = r'data/cifar-10-batches-py'
    trainData, testData = getData(filePath)                 #提取数据
    getHogFeatures(trainData, './data/features/train/')    #生成训练特征
    getHogFeatures(testData, './data/features/test/')      #生成测试特征
```

每张图片都会被提取为一个.feat 文件，因此在训练集目录下有 5 万个.feat 文件，在测试集目录下有 1 万个.feat 文件，均保存的是这张图片使用 HOG 算法提取的特征，如图 8.7 所示。

名称	修改日期	类型	大小
abandoned_ship_s_000004.feat	2021/3/5 15:42	FEAT 文件	3 KB
abandoned_ship_s_000024.feat	2021/3/5 15:42	FEAT 文件	3 KB
abandoned_ship_s_000034.feat	2021/3/5 15:42	FEAT 文件	3 KB
abandoned_ship_s_000035.feat	2021/3/5 15:42	FEAT 文件	3 KB
abandoned_ship_s_000146.feat	2021/3/5 15:43	FEAT 文件	3 KB
abandoned_ship_s_000153.feat	2021/3/5 15:43	FEAT 文件	3 KB
abandoned_ship_s_000461.feat	2021/3/5 15:42	FEAT 文件	3 KB

图 8.7

第三步，训练 SVM 分类器。使用 HOG 算法提取的特征训练一个 SVM 分类器，SVM 是机器学习中非常重要的一种分类器。分类器的训练过程如下：

```
from sklearn.svm import LinearSVC
import joblib
import glob
import os
import pickle

if __name__ == "__main__":
    features = []
    labels = []
    correctCount = 0
    totalCount = 0

    #模型训练
    for featPath in glob.glob(os.path.join("./data/features/train", '*.feat')):
```

```
        data = joblib.load(featPath)         #特征数据加载
        features.append(data[:-1])           #保存特征
        labels.append(data[-1])              #保存标签
    classifier = LinearSVC()                 #创建 SVM 分类器模型
    classifier.fit(features, labels)         #开始训练

    #保存模型
    save = pickle.dumps(classifier)
    model = open("./data/models/svm_hog_model.model", "wb+")
    model.write(save)
    model.close()

    #模型测试
    for featPath in glob.glob(os.path.join("./data/features/test", '*.feat')):
        totalCount += 1
        data_test = joblib.load(featPath)
        temp = data_test[:-1]
        data_test_feat = temp.reshape((1, -1))
        result = classifier.predict(data_test_feat)
        if int(result) == int(data_test[-1]):
            correctCount += 1
    rate = float(correctCount) / totalCount   #计算准确率
    print('The classification accuracy is %f' % rate)
```

最终的训练完成之后，在测试集上测试的准确率为 51%，远低于使用现有的深度学习计算机视觉算法的结果。在训练后的路径下保存着模型 svm_hog_model.model，可以通过 pickle 或 joblib 模块加载模型进行推理。

第 9 章 验证码识别

TensorFlow 是由 Google 开源的机器学习算法库，自 2015 年发布以来，在全球范围内受到了极大关注，用户量一直处于各种框架用户量之首。TensorFlow 有着完整的生态体系，可以帮助用户解决模型训练和部署的问题，虽然目前已经发布的 TensorFlow 2.x 使 TensorFlow 更加简单易用，但是 TensorFlow 1.x 在实际工作中的用户群更多，所以本书还是基于 TensorFlow 1.x 的接口进行讲解，有兴趣的用户可以查看官方教程使用 TensorFlow 2.x。

本章将会讲解 TensorFlow 1.x 的基本应用及常用模块，还将介绍使用 TensorFlow 1.x 进行验证码识别的案例。

9.1 TensorFlow 应用

TensorFlow 支持移动端、嵌入式和 PC 等多种平台，开放 Python、C++和 Java 等多种语言的接口，本节讲解 TensorFlow Python 接口的使用，主要针对模型训练过程模型推理过程由 TensorFlow Lite 完成，将在第 12 章和第 13 章讲解。

9.1.1 案例 39：TensorFlow 的基本使用

在 TensorFlow 1.x 中，最重要的三个概念就是张量、会话与计算图，下面的代码展示了使用 TensorFlow 计算加法的过程。

```
#导入 Tensorflow 库
import tensorflow as tf

#创建计算图
g = tf.Graph()
```

```
#将计算图 g 作为默认图执行计算
with g.as_default():
    a = tf.constant(2, dtype=tf.int32, name="a")      #定义常量 a
    b = tf.Variable(3, dtype=tf.int32)                #定义变量 b
    c = tf.add(a, b)                                  #执行加法计算
    init = tf.initialize_all_variables()              #初始化所有的变量

#在会话中执行计算图 g 并计算
with tf.Session(graph=g) as sess:
    sess.run(init)
    print("c: ", sess.run(c))
```

计算图用于 TensorFlow 的计算和表示，可以由 tf.Graph()创建空白的计算图。

计算图并不执行运算，运算过程由会话完成。在会话中可以不指定计算图，使用默认计算图，也可以定义多个计算图，不同计算图的张量和计算相互独立，这种机制可以方便地管理张量和计算。可以在一个会话中执行多个计算图，一个计算图也可以在多个会话中被执行。

在计算图中，创建节点 a 和 b，其中 a 是常量，b 是变量，它们的类型是 Tensor，即张量。将 a，b，c 打印出来结果如下：

```
a:  Tensor("a:0", shape=(), dtype=int32)
b:  <tf.Variable 'Variable:0' shape=() dtype=int32_ref>
c:  Tensor("Add:0", shape=(), dtype=int32)
```

由打印结果可以看到，一个 Tensor 主要包含三个属性：名字（Name）、维度（Shape）和类型（Type），这些属性都可以在定义时指定。

节点 a 和 b 都有初值，对于变量需要执行初始化。例如，tf.initialize_all_variables()，将所有的变量都执行初始化；tf.initialize_variables()，将需要初始化的变量列表传入。若所有的节点都是常量则不需要初始化。

在 TensorFlow 2.x 中，不需要在会话中执行计算，而是直接执行计算。

```
import tensorflow as tf

a = tf.constant(2) #定义常量 a
b = tf.constant(3) #定义常量 b

c = tf.add(a, b)   #执行加法运算
print("c: ", c.numpy())
```

9.1.2 TensorFlow 的常用模块

本节主要介绍 TensorFlow 的常用模块，如 tf.nn 模块、tf.train 模块、tf.summary 模块和 tf.contrib 模块。

1. tf.nn 模块

tf.nn 模块是卷积神经网络计算的算子库，模块下有一个子模块 rnn_cell 用于创建 RNN 的 cell。

tf.nn 模块常用的函数及其功能如表 9.1 所示。

表 9.1

函　　数	功　　能
avg_pool2d()	池化操作
batch_normalization()	批归一化
bias_add()	添加偏置
ctc_greedy_decoder()	执行 greedy 解码，在 OCR 识别案例中有应用
ctc_loss()	计算 CTC 损失
depthwise_conv2d()	计算深度可分离卷积
dropout()	Dropout 操作
l2_loss()	计算 l2 损失
max_pool2d()	最大池化操作
ReLU()	激活函数 ReLU 操作
softmax()	激活函数 softmax 操作
softmax_cross_entropy_with_logits()	计算 logits 和标签之间的 softmax 交叉熵
sparse_softmax_cross_entropy_with_logits()	计算 logits 和标签之间的 sparse softmax 交叉熵
tanh()	激活函数 tanh 操作

由表 9.1 可以看出，模型训练中用到的卷积、池化、激活函数及损失函数等都存在于 tf.nn 模块中。

2. tf.train 模块

tf.train 模块为模型训练提供支持，包括两个子模块（experimental 和 queue_runner）、一些类（常用的类及其用途如表 9.2 所示）及一些函数 API（常用的函数 API 及其用途如表 9.3 所示）。

表 9.2

类	用　　途
AdadeltaOptimizer	Adadelta 算法优化器
AdagradOptimizer	Adagrad 算法优化器
AdamOptimizer	Adam 算法优化器

续表

类	用　途
Checkpoint	将可追踪变量存储到 ckpt 文件中，用于保存模型
Coordinator	线程管理器
ExponentialMovingAverage	指数移动平均
GradientDescentOptimizer	梯度下降优化器
MomentumOptimizer	Momentum 算法优化器
QueueRunner	保存队列的排队操作列表，每个操作将在线程中运行
RMSPropOptimizer	RMSProp 算法优化器
Saver	保存模型与变量

表 9.3

函数 API	用　途
exponential_decay()	学习率使用指数衰减
shuffle_batch()	打乱数据生成 batch
write_graph()	将模型图 proto 写入文件
start_queue_runners()	启动计算图中的所有队列

由表 9.2 和表 9.3 可以看出，tf.train 模块主要包含模型训练优化器，保存模型相关的功能。

3. tf.summary 模块

tf.summary 模块用于保存 summary 数据，该数据用于模型训练的分析和可视化。

tf.summary 模块包含若干类，常用的有 FileWriter，该类用于保存图像。

tf.summary 模块包含一些函数 API，常用的有 merge_all()，该函数用于将 summary 数据合并到默认的计算图中。

4. tf.contrib 模块

tf.contrib 模块保存的是 TensorFlow 中的试验性接口，比较常用的 slim 模块在第 10 章中有用到。

注意：tf.contrib 模块在 TensorFlow 2.x 版本中已经被弃用，很多的子模块被移植到 TensorFlow Core 中。

9.2 案例 40：验证码识别

验证码在生活中很常见，特别是在注册一个新的账号或者登录系统的时候，验证码的使用可以防止恶意的注册与登录，缓解高速点击刷新的后台压力。

在实际应用中，为了增加识别难度，经常会对验证码的字符做一些处理，如扭曲、加噪点、加干扰划线等。传统的图像处理技术的识别效果比较差，随着 AI 技术的发展，字符型的验证码可以被自动识别，本节就来搭建一个验证码的识别网络，完成验证码的自动识别。

9.2.1 生成验证码图片

生成验证码图片使用的是 Captcha 库，需要先安装对应的 Python 包。使用 Captcha 库的 ImageCaptcha 类生成验证码图片，该类的定义如下：

```
class ImageCaptcha(_Captcha):
    def __init__(self, width=160, height=60, fonts=None, font_sizes=None):
        self._width = width          #验证码图片的宽度，默认值为 160
        self._height = height        #验证码图片的高度，默认值为 60
        self._fonts = fonts or DEFAULT_FONTS                  #设置字体
        self._font_sizes = font_sizes or (42, 50, 56)         #设置字号
        self._truefonts = []
...
```

本案例使用默认的参数，用户可以根据需要传入对应的参数生成自己的验证码图片。

本案例使用的验证码是数字和大写字母的组合，用户可以自己修改对应的类别，生成不同的验证码图片。生成验证码图片的代码如下：

```
from captcha.image import ImageCaptcha
import string

CHAR_SET = string.digits + string.ascii_uppercase                  #验证码中使用的字符集合
CHAR_LEN = len(CHAR_SET)                                           #验证码字符集合中字符的数量
CAPTCHA_LEN = 3                                                    #使用的验证码的长度为 3
for i in range(CHAR_LEN):
    for j in range(CHAR_LEN):
        for k in range(CHAR_LEN):
        #生成验证码内容
        captcha_text = CHAR_SET[i] + CHAR_SET[j] + CHAR_SET[k]
        #使用 Captcha 库生成验证码图片
        image = ImageCaptcha()
        try:
```

```
        image.write(captcha_text, './data/'+ captcha_text + '.jpg')   #将内容写入验证码图片
    except:
        print(captcha_text)                      #验证码图片写入失败时打印对应的内容
```

在生成验证码图片的时候会有一些异常情况出现，导致生成过程中断，所以代码中加入了异常处理机制。生成的验证码如图 9.1 所示，字符集合中的字符有 36 个，验证码的长度为 3，所以最终生成的图片数量为 46 656 张，实际生成的数量因为异常情况的出现会少于该数量。

图 9.1

将生成的验证码图片置于 data 路径下，供后面的模型训练使用。

9.2.2　基于 TensorFlow 的验证码识别

1. 数据预处理

本案例使用 TensorFlow 进行模型的训练，首先定义网络搭建相关的变量。

```
CHAR_SET = string.digits + string.ascii_uppercase          #验证码字符集合
CHAR_LEN = len(CHAR_SET)                                   #验证码字符集合的长度
CAPTCHA_LEN = 3                                            #验证码字符的数量

IMAGE_WIDTH = 160   #图片宽度
IMAGE_HEIGHT = 60   #图片高度

#网络相关变量
input = tf.placeholder(tf.float32, [None, IMAGE_HEIGHT*IMAGE_WIDTH])    #输入
label = tf.placeholder(tf.float32, [None, CAPTCHA_LEN * CHAR_LEN])      #标签
keep_prob = tf.placeholder(tf.float32)                                  #Dropout 参数
```

定义模型训练相关的参数，即网络超参数，这些参数需要用户自己设置，超参数的设置对网络的训练有较大影响，用户可以参考本章的进阶必备的内容设置。

```
#定义模型训练相关参数
step_cnt = 50001             #迭代次数
batch_size = 128             #批量获取样本数量
learning_rate = 0.0005       #学习率
```

读取 9.2.1 节生成的验证码图片供后续使用。

```
#读取验证码图片集
image_path = './data/'        #图片的保存路径
image_files, image_labels = get_image_files(image_path)
```

其中读取图片文件的函数 get_image_files()定义如下：

```
#读取图片文件
def get_image_files(image_path):
    image_files = []          #保存图片文件
    image_labels = []         #保存标签文件
    for root, dirs, files in os.walk(image_path):
        for file in files:
            if os.path.splitext(file)[1] == '.jpg':
                image_files.append(root + '/' + file)
                image_labels.append(text2label(os.path.splitext(file)[0]))
    return image_files, image_labels
```

在图片对应的标签被读取的时候，调用 text_label() 函数，传入的参数是 os.path.splitext(file)[0]，表示获取文件的名称，因为前面生成验证码图片的时候使用验证码中的内容作为文件的名称。调用函数 text_label()将图片的文本内容转换为对应的标签，该函数的定义如下：

```
def text_label(text):
    label = np.zeros(CAPTCHA_LEN * CHAR_LEN)                #定义长度为 36×3 的 array
    for i in range(len(text)):
        idx = i * CHAR_LEN + CHAR_SET.index(text[i])        #找到字符 i 在字符集中的序号 idx
        label[idx] = 1                                      #将 array 中对应的索引位置标记为 1
    return label
```

上面这种将验证码内容转换为标签的方式称为 one-hot 编码，也称独热码，在分类任务中使用较多。以本案例来说，验证码使用数字加大写字母，即“0123456789ABCDEFGHIJKLMNOPQRSTUVWXYZ”，共 36 个字符。验证码共有 3 位，如“69A”，对于第一个字符“6”，在 36 个字符中的索引位置为第 7 位，所以创建一个全 0 序列，将第 7 位标记为 1，即“000000100000000000000000000000000000”，同理对于字符“9”和“A”，将对应的索引位置标记为 1，最后将 3 个字符的编码结果拼接就是最终的标签结果。

在数据准备完成之后，需要按照比例将数据集划分为训练集和测试集。

```
from sklearn.model_selection import train_test_split
#将数据集划分为训练集和测试集
x_train, x_test, y_train, y_test = train_test_split(image_files, image_labels, test_size=0.1,
random_state=33)
```

划分数据集使用的是sklearn 中的train_test_split 接口，该接口返回划分后的训练集和测试集。

2. 网络搭建

在数据预处理之后就可以搭建网络，网络可以选择现有的经典网络（如 VGG、ResNet 等）。本案例没有使用经典网络，只是搭建了一个简单的卷积加全连接网络来进行验证码识别，网络搭建的代码如下：

```
def network():
    x = tf.reshape(input, shape=[-1, IMAGE_HEIGHT, IMAGE_WIDTH, 1])

    #第一层卷积
    w1 = tf.Variable(0.01 * tf.random_normal([3,3,1,32]))      #第一层权重
    b1 = tf.Variable(0.1 * tf.random_normal([32]))             #第一层偏置
    #卷积
    conv1 = tf.nn.Relu(tf.nn.bias_add(tf.nn.conv2d(x,
                                                    w1,
                                                    strides=[1,1,1,1],
                                                    padding='SAME'), b1))
    #池化
    conv1 = tf.nn.max_pool(conv1, ksize=[1,2,2,1], strides=[1,2,2,1], padding='SAME')
    #Dropout
    conv1 = tf.nn.Dropout(conv1, keep_prob)
    #归一化
    norm1 = tf.nn.lrn(conv1, 4, bias=1.0, alpha=0.001 / 9.0, beta=0.75, name='norm1')

    #第二层卷积
    w2 = tf.Variable(0.01 * tf.random_normal([3,3,32,64]))
    b2 = tf.Variable(0.1 * tf.random_normal([64]))
    conv2 = tf.nn.Relu(tf.nn.bias_add(tf.nn.conv2d(norm1,
                                          w2,
                                          strides=[1,1,1,1],
                                          padding='SAME'), b2))
    conv2 = tf.nn.max_pool(conv2, ksize=[1,2,2,1], strides=[1,2,2,1], padding='SAME')
    conv2 = tf.nn.Dropout(conv2, keep_prob)
    norm2 = tf.nn.lrn(conv2, 4, bias=1.0, alpha=0.001 / 9.0, beta=0.75, name='norm1')

    #第三层卷积
    w3 = tf.Variable(0.01 * tf.random_normal([3,3,64,128]))
    b3 = tf.Variable(0.1 * tf.random_normal([128]))
    conv3 = tf.nn.Relu(tf.nn.bias_add(tf.nn.conv2d(norm2,
                                                   w3,
                                                   strides=[1,1,1,1],
                                                   padding='SAME'), b3))
    conv3 = tf.nn.max_pool(conv3, ksize=[1,2,2,1], strides=[1,2,2,1], padding='SAME')
    conv3 = tf.nn.Dropout(conv3, keep_prob)
```

```
    norm3 = tf.nn.lrn(conv3, 4, bias=1.0, alpha=0.001 / 9.0, beta=0.75, name='norm1')

    #第一层全连接
    wd1 = tf.Variable(0.01 * tf.random_normal([8*20*128, 1024]))
    bd1 = tf.Variable(0.1 * tf.random_normal([1024]))
    dense = tf.reshape(norm3, [-1, wd1.get_shape().as_list()[0]])
    dense = tf.nn.Relu(tf.add(tf.matmul(dense, wd1), bd1))
    dense = tf.nn.Dropout(dense, keep_prob)

    #第二层全连接
    wout = tf.Variable(0.01 * tf.random_normal([1024, CAPTCHA_LEN * CHAR_LEN]))
    bout = tf.Variable(0.1 * tf.random_normal([CAPTCHA_LEN * CHAR_LEN]))
    out = tf.add(tf.matmul(dense, wout), bout)
    return out
```

在进入全连接之前需要将 norm3 的 shape 进行调整，调整后传给 dense，dense 的第一个维度是 batch，第二个维度是 norm3 的参数量，norm3 的结构调整相当于一个展平（Flatten）操作。第一层全连接的权重参数 wd1 需要根据 norm3 的参数量进行设计，输入维度为 60 × 160 × 32，经过三层卷积、池化之后 norm3 的 shape 为[8, 20, 128]，所以 wd1 的第一个维度为 8 × 20 × 128，norm3 的结构打印结果如下：

```
print("norm3 shape: ", norm3.get_shape().as_list())
输出： norm3 shape:  [None, 8, 20, 128]
```

在网络搭建完成后，可以定义损失函数及优化器，损失函数使用的是 sigmoid_cross_entropy_with_logits，优化器使用的是 AdadeltaOptimizer，定义如下：

```
output = network()       #模型输出

#损失函数
loss = tf.reduce_mean(tf.nn.sigmoid_cross_entropy_with_logits(logits=output, labels=label))

#优化器
optimizer = tf.train.AdadeltaOptimizer(learning_rate=learning_rate).minimize(loss)
```

在模型训练过程中，迭代一定的次数后，就用测试集测试一下当前模型的准确率并保存模型，这样如果模型出现过拟合问题，可以选择在没有出现过拟合问题时保存的最佳模型。准确率的定义如下：

```
#评估准确率
#对模型输出变换维度
predict = tf.reshape(output, [-1, CAPTCHA_LEN, CHAR_LEN])
#找到预测值中第二个维度最大值所在的索引
predict_idx = tf.argmax(predict, 2)
#找到标签中第二个维度最大值所在的索引
```

```
label_idx = tf.argmax(tf.reshape(label, [-1, CAPTCHA_LEN, CHAR_LEN]), 2)
#对找到的索引结果进行比较
correct_pred = tf.equal(predict_idx, label_idx)
accuracy = tf.reduce_mean(tf.cast(correct_pred, tf.float32))
```

在计算准确率时，取模型输出的值中的最大值所在的位置序号，和标签中最大值所在的位置序号进行比较，在一个批次的测试集测试完成之后，就可以统计出正确预测的数量，计算出准确率。

3. 模型训练

在网络搭建完成之后，可以将输入数据送入网络进行模型训练。训练过程就是迭代优化损失与评价函数，用户可以训练一定的轮次后保存一次模型，可以在训练中插入可视化，监控模型的训练情况。

```
with tf.Session() as sess:
sess.run(tf.global_variables_initializer())          #初始化全局变量
#保存模型，最多保存 5 个模型
    saver = tf.train.Saver(tf.global_variables(), max_to_keep=5)

#模型迭代
for step in range(step_cnt):
#获取训练数据
        batch_x, batch_y = get_next_batch(x_train, y_train, batch_size)
        #运行计算优化器和损失
        _, loss_ = sess.run([optimizer, loss],
                           feed_dict={input: batch_x,
                                      label: batch_y,
                                      keep_prob: 1})
        print("step:", step, 'loss:', loss_)
        #每 1000 次迭代测试一次，计算准确率，保存一次模型
        if step % 1000 == 0:
            batch_x_test, batch_y_test = get_next_batch(x_test,
                                                        y_test,
                                                        batch_size)
            acc = sess.run(accuracy, feed_dict={input: batch_x_test,
                                                label: batch_y_test,
                                                keep_prob: 0.8})
            print("\nstep:", step, "acc:", acc, "\n")

            #保存模型
            saver.save(sess, './model/tf_captcha.ckpt', global_step=step)

        step += 1
```

模型训练完成之后会将结果保存在设置的模型存储的路径下，用户可以参考第 12 章的模型转换方法，将模型转换为 tflite 模型，使用 TensorFlow Lite 进行推理部署。

9.3 进阶必备：算法模型开发技巧

本章讲解了 TensorFlow 常用模块的应用，以及验证码识别的案例。和手写数字识别、CIFAR-10 图像分类类似，验证码识别同样属于图像分类领域，第 11 章将介绍的文本识别也属于图像分类领域，手写数字识别和 CIFAR-10 图像分类有已处理的数据集，而验证码识别和文本识别则需要用户处理数据集，几个图像分类的案例难度递进，用户可以渐进式学习。

注意：掌握图像分类、图像识别、目标检测三个任务的差异。

在完成计算机视觉任务时，有一些通用的技巧（Tricks），这些技巧包括数据预处理技巧、网络搭建技巧与模型训练技巧，这些技巧是经典网络或著名算法的经验总结，使用这些技巧有助于用户更好地开发任务。

9.3.1 数据预处理技巧

在进行深度学习任务开发时，如果使用自己的数据集，第一步就是对数据进行预处理，预处理的好坏决定了深度学习模型训练的结果。常用的数据预处理技巧有以下四个。

1. 设置验证集

数据集较少提供验证集，可以按照一定的比例设置验证集。

2. 数据增强

在模型训练时，扩充数据集有利于模型训练的效果，常用的数据增强的手段包括图片翻转、随机剪切、随机缩放、调整图像亮度、对比度和饱和度等。

3. 数据归一化

数据集中的数据如果有多个维度，可能存在来源与度量单位的差异，不同维度的数据特征值差异较大，如果计算不同样本之间的欧氏距离，取值范围较大的特征所在的维度会起到主导作用。

归一化是指将数据变换到 0～1，消除不同特征之间的相关性，因而可以减小这种数据差异对训练结果的影响，同时也能减少噪声的影响。归一化后梯度下降沿着最优解方向搜索，可以加速模型训练。

4. 类别不均衡处理

类别不均衡问题可以通过增加采样数据量较小的类别，减少采样数据量较大的类别来缓解。

9.3.2　网络搭建技巧

用户在进行深度学习任务开发时，可以优先选择已有的开源算法，或者在这些算法的基础上做修改。在进行网络搭建时需要借鉴一些成功的经验技巧，这些经验技巧也已成为网络搭建的常用规则而被广泛应用。

1. 权重初始化

权重初始化一般采用高斯分布或 uniform 分布进行初始化，不要进行全 0 初始化。

2. 设置卷积层

卷积网络在搭建模型的卷积层时，常见的通道变化是以 2 的倍数翻倍变化的，例如，经典的 VGG-16 网络的通道变化：64、64、128、128、256、256、256、512、512、512、512、512、512，通道较宽传递的信息也会较多，对应的参数计算量也会较大。

3. 设置池化层

池化层的设置可以防止模型出现过拟合问题，池化 kernel 的大小常用值为 2。

池化操作通常在卷积操作之后，例如，VGG-16 网络的设置：64、64、max-pooling、128、128、max-pooling、256、256、256、max-pooling、512、512、512、max-pooling、512、512、512、max-pooling、FC、FC、FC。

4. 激活函数

常用的激活函数为 Sigmoid、tanh 和 ReLU，其中 Sigmoid 和 tanh 存在梯度消失和梯度爆炸的问题，最常用的激活函数为 ReLU，有的算法选择改进版 Leaky ReLU 解决 ReLU 存在的神经元坏死问题。

另外还有激活函数 Swish，和 Sigmoid、tanh 有类似的计算量较大的问题，在此基础上提出的新的激活函数 H-Swish，计算量有所减小。

5. Dropout 操作

Dropout 操作是指在每个训练轮次中让一部分神经元失效，以减少模型出现过拟合问题。注意，Dropout 操作只在模型训练时使用，在测试时不使用 Dropout。

因为卷积层中使用 ReLU 激活函数会造成卷积层的稀疏化（Dropout 让部分神经元失效也会造成结果的稀疏化），所以卷积层较少使用 Dropout，在全连接中使用较多。

6. 插入 BatchNorm

和输入数据需要归一化类似，在网络中间插入 BN 层是为了对隐藏层的数据进行规范化，BatchNorm 有助于缓解梯度消失等问题，还可以加速模型训练。

7. 选择优化器

深度学习中使用的优化器几乎都是在梯度下降算法的基础上做的优化，但是普通的梯度下降优化器使用得较少，自适应梯度下降的方法为更加普遍的选择。

选择优化器需要了解各种优化器的优缺点，根据任务进行选择，RMSprop、Adadelta、Adam这些效果近似的优化器可以在训练时比较选择。

8. 选择损失函数

损失函数的选择首先需要明确任务类型，如图像分类和图像分割任务的损失函数一般选择softmax交叉熵损失，表7.1中介绍了不同任务对应的损失函数。

9.3.3 模型训练技巧

1. 使用预训练模型

使用CNN进行特征提取时，浅层卷积提取的特征是局部且比较低级的，这些特征比较通用，而越往后的深层卷积提取的特征就越抽象。所以在计算资源和时间受限的情况下，用户可以使用相似任务中已经训练好的预训练模型，在预训练模型的基础上搭建自己的网络，使用自己的数据集进行微调，得到自己任务的训练模型，无须从头构建模型解决问题。

2. 设置学习率

学习率是模型训练中控制权重更新速度的超参数，学习率越小，梯度更新的速度越慢，收敛的时间越长。若设置较大的学习率，则会因为更新步伐过大错过最优解或者因为震荡而导致模型无法收敛。

目前模型训练过程中的通用做法是设置学习率，在训练之初可以设置相对较大的学习率，而在模型接近收敛时则应该使用较小的学习率，在常用的深度学习框架中都有学习率动态变化的设置方法。

3. 训练过程可视化

训练过程可视化主要包括损失可视化、评价函数可视化，主要用于监控模型训练的情况，可以提前发现过拟合等问题。

第 10 章 文本检测

一直以来，将图片中的文字提取出来就是计算机视觉领域的一个重要课题，即光学字符识别（Optical Character Recognition，OCR）。OCR 是很多任务的基础，如指示牌识别、图片翻译、票据提取等。OCR 通常包括两个阶段的任务：文本检测和文本识别。本章主要介绍文本检测，文本识别将会在第 11 章介绍。

10.1 文本检测算法

文本检测的关键在于区别文字和背景，传统方法是采集文字的特征，而深度学习的方法是直接在训练数据中学习文字的显著特征。

和常见的目标检测任务不同，文字有其自身的特点：

（1）很多文字都没有一个闭合的轮廓，而常见的检测任务，如前面介绍的 CIFAR-10 数据集中的 bird 或 airplane 都有一个闭合的轮廓，有其边缘特征。

（2）对于一行文字，如果用一个矩形框标注出来，那么矩形框的高度会比较小，宽度会比较大；而对于标注一列文字的矩形框则是宽度较小，高度较大。这种矩形框的长宽比会比较大，而普通的物体标注框很少会出现这种长宽比较大的情况。

（3）对于文本的一句话，不管是汉字、英文字母还是别的语言，都是由一个个的字或字母符号表示的，符号之间是有间隔的。除了单字识别的场景，若将这一句话按照单个字的符号来标注，则与文本识别的期望相去甚远。

因此使用常规的目标检测算法（如 Faster R-CNN 算法等）不能很好地满足文本检测的需求，目前常用文本检测的算法有 CTPN 算法、EAST 算法等。

10.1.1 CTPN 算法

CTPN 算法主要针对水平文字做检测，该算法有三个亮点：

（1）使用小检测框做文本检测；

（2）使用双向 LSTM（BLSTM）提升检测效果；

（3）边缘精修。

CTPN 算法的网络结构如图 10.1 所示。

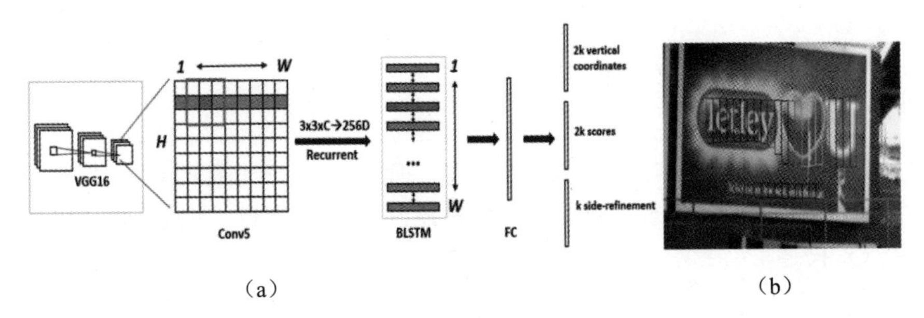

图 10.1

图 10.1（a）所示为 CTPN 网络结构，提取网络特征使用的是 VGG-16，在 conv5 层使用了一个 3×3 的卷积输出到 BLSTM 中，BLSTM 连接了一个全连接网络，紧接着就是输出层。输出层预测了 text/non-text 得分、*y* 轴坐标和精修边缘的偏移量。图 10.1（b）所示为固定宽度的小检测框。

1. 使用小检测框做文本检测

正是因为文本检测的特点，所以不能使用 RPN 做文本检测，否则结果会不准确，如图 10.2 左图所示。

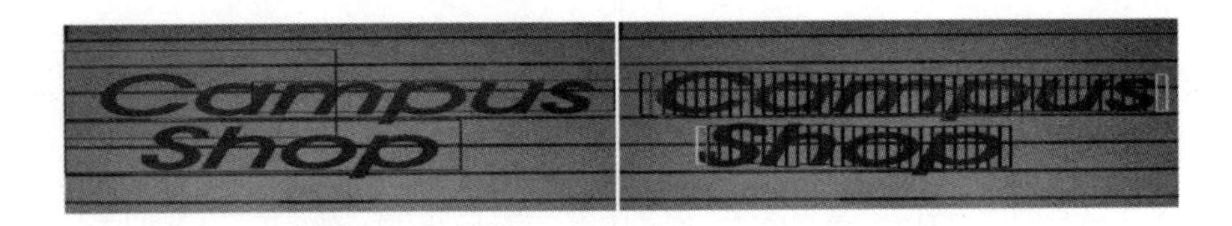

图 10.2

借鉴了 Faster R-CNN 算法的 RPN 思想，将 CTPN 的文本检测框的宽度固定为 16pixel，这样学习的参数就只有 anchor 的纵向偏移量（*y*）和检测框的高度（*h*），而不用像 RPN 回归四个参数（*x*, *y*, *w*, *h*）。对于每个固定宽度的检测框，都有 *k* 个不同高度的 anchors（论文中取 *k*=10），这些 anchors 的高度为 11~273pixel。使用小的检测框检测文本的效果如图 10.2 右图所示。其中中间部分的红色框（图中颜色标识请用户参考算法对应的论文，下同）表示检测到文本的得分较高，而边缘上的其他颜色则表示检测到的文本的得分较低。

2. 使用 BLSTM 提升检测效果

LSTM 用于序列信息的预测，使用很多小的检测框检测一行文本，对于某一个检测框，例如，两个字符之间的间隔位置，可能只有很少的信息用于判断该检测框是否有文本，但是若结合左右的检测框，则能够提升该检测框的文本检测效果。图 10.3 所示为没有使用 BLSTM 的文本检测效果和使用 BLSTM 的文本检测效果的对比。

图 10.3 的上半部分是没有使用 BLSTM 的文本检测效果，而下半部分则是使用了 BLSTM 的文本检测效果，对比可以发现，在使用 BLSTM 后，检测效果提升了，避免了第一幅图像中的误检和第二、第三幅图像中的漏检。

图 10.3

3. 边缘精修

使用小检测框和 BLSTM 可以很准确地预测垂直方向上的文本框，但是在水平方向上，检测框是固定的 16pixel。在边缘位置，若不进行边缘精修则会导致文本框两边留白较大，（见图 10.4 中的黄色框），而进行边缘精修后检测框的准确性较好（见图 10.4 中的红色框）。

CTPN 算法对水平文字的检测效果较好，但是对有角度的文本检测的效果不佳。若用户对 CTPN 算法感兴趣，可以参考论文 *Detecting Text in Natural Image with Connectionist Text Proposal Network*。

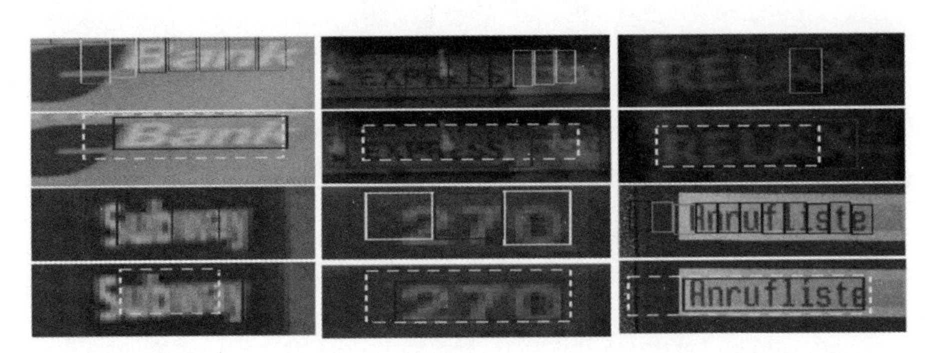

图 10.4

10.1.2 EAST 算法

基于深度学习的文本检测算法，在流程上多是采用多个阶段来提取文本行的检测框，如候选框的提取、候选框的过滤、Bounding Box 回归、候选框的合并、边界的调整等阶段。为了解决这种流程造成的耗时情况，EAST 算法提出了自己的 pipeline，该算法只使用一个神经网络，直接预测图像中任意方向的四边形文本行，消除不必要的中间步骤，简化流程，可以把更多的精力放在损失函数和神经网络结构的设计上，该算法在 ICDAR 2015、COCO Text 和 MSRA-TD 500 等标准数据集上的测试效果都较好。图 10.5 所示为 EAST 的算法流程与其他的算法流程的对比。

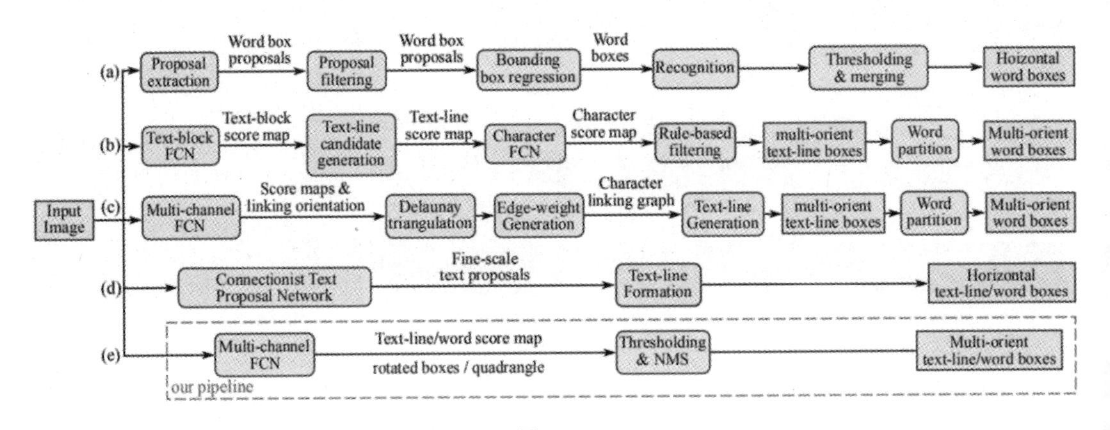

图 10.5

由图 10.5 可以看出，EAST 算法包括两个流程，首先使用 FCN 直接生成单词或文本行级别的预测，抛弃不必要的中间流程，然后将预测结果（矩形或四边形）使用非极大值抑制，得到最终的结果，该方法可以显著提升算法的性能。

使用 FCN 进行特征的提取，网络结构如图 10.6 所示。

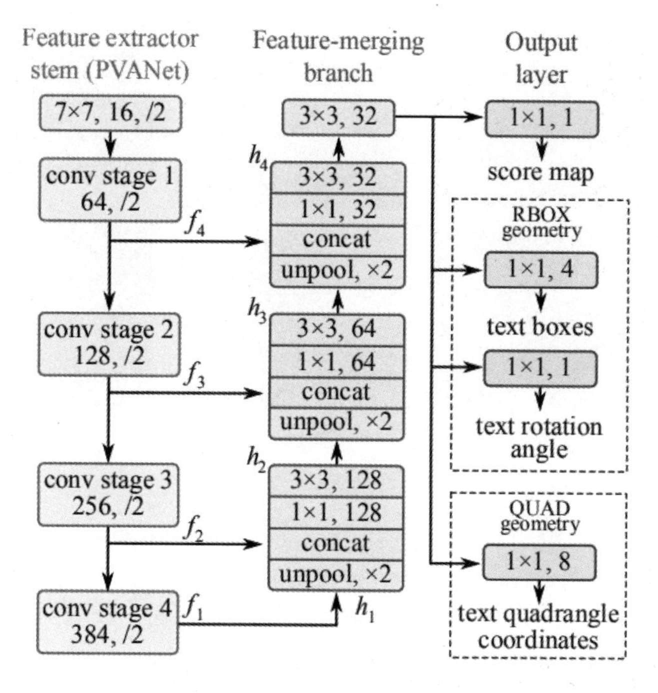

图 10.6

由图 10.6 可以看出，该网络主要包括三个模块：特征提取、特征融合和模型输出。特征提取使用的 backbone 是 PVANet，将特征送入卷积层；特征融合是从特征提取网络的顶部向下进行合并；模型输出预测包括 score map、RBOX 方式的文本框坐标和 QUAD 方式的文本框坐标。

网络设计考虑文本大小的变化较大，因此使用深层特征预测大的单词，使用低层特征预测小的单词。特征融合采用 U-Net 网络的思想，对特征图进行逐步合并，这样既可以使用不同层次的特征也可以减少计算量。

损失函数包含两个部分：分类误差和检测框位置误差。

为了解决文本检测中正负样本不均衡的问题，分类误差采用了 class-balanced cross-entropy。

为了解决自然场景中文本大小变化较大的问题，文本框的几何位置回归损失应该是尺度不变的。论文作者设计了两种文本框：旋转框（RBOX）和四边形（QUAD），两种文本框设计了不同的损失函数，在 RBOX 回归的 AABB（轴向文本框）部分采用 IOU 损失，在 QUAD 回归部分采用尺度归一化的平滑 L1 损失。

最后看看论文作者的识别结果，检测结果如图 10.7 所示。

图 10.7

图 10.7 中（a）图是 ICDAR 2015 的识别结果，（b）图是 MSRA-TD 500 的识别结果，（c）图是 COCO-Text 的识别结果，识别结果都比较精准。

10.2 案例 41：基于 EAST 算法的文本检测

使用深度学习方法进行文本检测的算法有很多，可以解决不同场景的文本检测，用户可以根据需要选择，本案例将讲解使用 EAST 算法进行文本检测，主要讲解算法的核心部分，帮助用户理解文本行检测的实现方法，EAST 算法的完整实现可以参考源码。

源码中的几个重要文件说明如下。

- data_util.py：该文件封装了训练数据生成类 generator。
- model.py：该文件用于网络的搭建及损失函数的定义等。
- icdar.py：该文件封装了数据处理的相关操作。
- multigpu_train.py：该文件用于模型的训练。

另外 nets 中搭建了一些网络以供调用，lanms 文件夹和 locality_aware_nms.py 文件是非极大值抑制的相关定义。

训练数据集可以使用 ICDAR 2013 和 ICDAR 2015，也可以添加自己的训练数据，如果使用自己的数据，需要按照 ICDAR 2015 的格式保存。

10.2.1 数据预处理

读取输入数据、处理分类标签和几何位置标签。

```
def generator(input_size=512, batch_size=32,
             background_ratio=3./8,
             random_scale=np.array([0.5, 1, 2.0, 3.0]),
             vis=False):
    image_list = np.array(get_images())          #从训练数据路径下读取输入图片的路径
    index = np.arange(0, image_list.shape[0])
    while True:
        np.random.shuffle(index)
        images = []
        image_fns = []
        score_maps = []
        geo_maps = []
        training_masks = []
        for i in index:                    #读取每张图片
            im_fn = image_list[i]
            im = cv2.imread(im_fn)
            h, w, _ = im.shape
            txt_fn = im_fn.replace(os.path.basename(im_fn).split('.')[1], 'txt')
            if not os.path.exists(txt_fn):
                continue

            #读取标签
            text_polys, text_tags = load_annoataion(txt_fn)
            #检查文本多边形是否在同一方向，并过滤一些无效的多边形
            text_polys, text_tags = check_and_validate_polys(text_polys,
                                                             text_tags,
                                                             (h, w))
            rd_scale = np.random.choice(random_scale)
            im = cv2.resize(im, dsize=None, fx=rd_scale, fy=rd_scale)
            text_polys *= rd_scale
            if np.random.rand() < background_ratio:
                #随机裁剪图片，生成背景图（负样本）
                im, text_polys, text_tags = crop_area(im, text_polys, text_tags,
                crop_background=True)
                #若包含文本框则舍弃
                if text_polys.shape[0] > 0:
                 continue
                 #调整图像大小为训练输入图片大小
                 new_h, new_w, _ = im.shape
                 max_h_w_i = np.max([new_h, new_w, input_size])
                 im_padded = np.zeros((max_h_w_i, max_h_w_i, 3), dtype=np.uint8)
                 im_padded[:new_h, :new_w, :] = im.copy()
                 im = cv2.resize(im_padded, dsize=(input_size, input_size))
                 score_map = np.zeros((input_size, input_size), dtype=np.uint8)
```

```
            geo_map_channels = 5 if FLAGS.geometry == 'RBOX' else 8
            geo_map = np.zeros((input_size,input_size,geo_map_channels),
                                                     dtype=np.float32)
            training_mask = np.ones((input_size, input_size), dtype=np.uint8)  #训练 mask
    #随机裁剪图片，生成含义文本框的图片（正样本）
    else:
        im, text_polys, text_tags = crop_area(im, text_polys, text_tags,
                                                 crop_background=False)
        if text_polys.shape[0] == 0:     #若不含文本则舍弃
            continue
        h, w, _ = im.shape

        #调整图片大小为训练输入图片大小
        new_h, new_w, _ = im.shape
        max_h_w_i = np.max([new_h, new_w, input_size])
        im_padded = np.zeros((max_h_w_i, max_h_w_i, 3), dtype=np.uint8)
        im_padded[:new_h, :new_w, :] = im.copy()
        im = im_padded
        #调整图像大小为输入图像大小
        new_h, new_w, _ = im.shape
        resize_h = input_size
        resize_w = input_size
        im = cv2.resize(im, dsize=(resize_w, resize_h))
        resize_ratio_3_x = resize_w/float(new_w)
        resize_ratio_3_y = resize_h/float(new_h)
        text_polys[:, :, 0] *= resize_ratio_3_x
        text_polys[:, :, 1] *= resize_ratio_3_y
        new_h, new_w, _ = im.shape
        score_map, geo_map, training_mask = generate_rbox(
                                                          (new_h, new_w),
                                                          text_polys, text_tags)
    #部分内容做了删减，用户可以参考源码
    images.append(im[:, :, ::-1].astype(np.float32))
    image_fns.append(im_fn)
    score_maps.append(score_map[::4, ::4, np.newaxis].astype(np.float32))
    geo_maps.append(geo_map[::4, ::4, :].astype(np.float32))
    training_masks.append(training_mask[::4, ::4, np.newaxis].astype(np.float32))

    if len(images) == batch_size:
        yield images, image_fns, score_maps, geo_maps, training_masks
        images = []
        image_fns = []
        score_maps = []
        geo_maps = []
```

```
            training_masks = []
```

读取标签由 load_annoataion()函数完成，读取时注意将标签的.txt 文件的名称改为和图片的名称相同，还有就是注意标签文件的编码。

```
def load_annoataion(p):      #p 为标签文件路径
    text_polys = []
    text_tags = []
    if not os.path.exists(p):
        return np.array(text_polys, dtype=np.float32)
    with open(p, 'r', encoding='utf_8_sig') as f:
        reader = csv.reader(f)
        for line in reader:
            label = line[-1]
            #去除非法字符
            line = [i.strip('\ufeff').strip('\xef\xbb\xbf') for i in line]

            x1, y1, x2, y2, x3, y3, x4, y4 = list(map(float, line[:8]))
            text_polys.append([[x1, y1], [x2, y2], [x3, y3], [x4, y4]]) #文本框四个点的坐标
            if label == '*' or label == '###':
                text_tags.append(True)
            else:
                text_tags.append(False)
        return np.array(text_polys, dtype=np.float32), np.array(text_tags, dtype=np.bool)
```

10.2.2　网络搭建

文本检测网络特征提取可以使用不同的网络作为主干网络，本章案例使用的网络为 ResNet-50。

对 ResNet-50 网络提取的特征进行特征融合，并预测得分和位置，网络搭建的代码如下：

```
def model(images, weight_decay=1e-5, is_training=True):
    #输入图像去均值
    images = mean_image_subtraction(images)
    #ResNet 网络特征提取
    with slim.arg_scope(resnet_v1.resnet_arg_scope(weight_decay=weight_decay)):
        logits, end_points = resnet_v1.resnet_v1_50(images, is_training=is_training,
scope='resnet_v1_50')
    #特征融合
    with tf.variable_scope('feature_fusion', values=[end_points.values]):
        batch_norm_params = {
        'decay': 0.997,
        'epsilon': 1e-5,
        'scale': True,
        'is_training': is_training
```

```
        }
        with slim.arg_scope([slim.conv2d],
                            activation_fn=tf.nn.Relu,
                            normalizer_fn=slim.batch_norm,
                            normalizer_params=batch_norm_params,
                            weights_regularizer=slim.l2_regularizer(weight_decay)):
            #对应图 10.6 中的 f，取第二、第三、第四、第五次池化后的输出
            f = [end_points['pool5'], end_points['pool4'],
                end_points['pool3'], end_points['pool2']] #注意 f[0]对应的是深层特征
            #输出 f 的维度信息
            for i in range(4):
                print('Shape of f_{} {}'.format(i, f[i].shape))
            g = [None, None, None, None]
            h = [None, None, None, None]                    #对应图 10.6 中的 h
            num_outputs = [None, 128, 64, 32]
            for i in range(4):
                if i == 0:                  #由图 10.6 可知，第一层的 h 和 f 相等
                    h[i] = f[i]
                else:                    #对于 h2～h4，需要上层 f 上采样后和当前层 f 拼接
                    c1_1 = slim.conv2d(tf.concat([g[i-1], f[i]], axis=-1), num_outputs[i], 1)
                    h[i] = slim.conv2d(c1_1, num_outputs[i], 3)
                if i <= 2:
                    g[i] = unpool(h[i])
                else:
                    g[i] = slim.conv2d(h[i], num_outputs[i], 3)

            #输出层
            #预测得分
            F_score = slim.conv2d(g[3], 1, 1,
            activation_fn=tf.nn.sigmoid, normalizer_fn=None)
            #位置 map，其中 text_scale 表示文本尺寸，默认值为 512
            geo_map = slim.conv2d(g[3], 4, 1, activation_fn=tf.nn.sigmoid, normalizer_fn=None) *
FLAGS.text_scale
            #角度 map，角度为-45° ～45°
            angle_map = (slim.conv2d(g[3], 1, 1, activation_fn=tf.nn.sigmoid,
                          normalizer_fn=None) - 0.5) * np.pi/2
            #预测位置
            F_geometry = tf.concat([geo_map, angle_map], axis=-1)

    return F_score, F_geometry
```

对于输入网络的图像，先进行去均值处理，作用是进行数据特征标准化。函数 mean_image_subtraction()的定义如下，其中 means=[123.68, 116.78, 103.94]，这组数值为经验值。去均值的过程是指将图像按照通道拆分，对不同的通道数据，减去这个经验均值，最终将结果做拼接。

```
def mean_image_subtraction(images, means=[123.68, 116.78, 103.94]):
    num_channels = images.get_shape().as_list()[-1]
    if len(means) != num_channels:
      raise ValueError('len(means) must match the number of channels')
    channels = tf.split(axis=3, num_or_size_splits=num_channels, value=images)
    for i in range(num_channels):
        channels[i] -= means[i]
    return tf.concat(axis=3, values=channels)
```

模型搭建中使用的主干网络为 Resnet_v1_50，该网络用于特征的提取，通过调用 resnet_v1.resnet_v1_50()返回，该网络的定义如下：

```
def resnet_v1_50(inputs,
                 num_classes=None,
                 is_training=True,
                 global_pool=True,
                 output_stride=None,
                 spatial_squeeze=True,
                 reuse=None,
                 scope='resnet_v1_50'):
    """ResNet-50 model of [1]. See resnet_v1() for arg and return description."""
    blocks = [
        resnet_utils.Block(
            'block1', bottleneck, [(256, 64, 1)] * 2 + [(256, 64, 2)]),
        resnet_utils.Block(
            'block2', bottleneck, [(512, 128, 1)] * 3 + [(512, 128, 2)]),
        resnet_utils.Block(
            'block3', bottleneck, [(1024, 256, 1)] * 5 + [(1024, 256, 2)]),
        resnet_utils.Block(
            'block4', bottleneck, [(2048, 512, 1)] * 3)
    ]
    return resnet_v1(inputs, blocks, num_classes, is_training,
                     global_pool=global_pool, output_stride=output_stride,
                     include_root_block=True, spatial_squeeze=spatial_squeeze,
                     reuse=reuse, scope=scope)
#resnet_v1 定义
def resnet_v1(inputs,
              blocks,
              num_classes=None,
              is_training=True,
              global_pool=True,
              output_stride=None,
              include_root_block=True,
              spatial_squeeze=True,
              reuse=None,
```

```
              scope=None):
    with tf.variable_scope(scope, 'resnet_v1', [inputs], reuse=reuse) as sc:
        end_points_collection = sc.name + '_end_points'
        with slim.arg_scope([slim.conv2d, bottleneck,
                             resnet_utils.stack_blocks_dense],
                            outputs_collections=end_points_collection):
            with slim.arg_scope([slim.batch_norm], is_training=is_training):
                net = inputs
                if include_root_block:
                    if output_stride is not None:
                        if output_stride % 4 != 0:
                            raise ValueError('The output_stride needs to be a multiple of 4.')
                        output_stride /= 4
                    net = resnet_utils.conv2d_same(net, 64, 7, stride=2, scope='conv1')
                    net = slim.max_pool2d(net, [3, 3], stride=2, scope='pool1')

                    net = slim.utils.collect_named_outputs(end_points_collection, 'pool2', net)

                net = resnet_utils.stack_blocks_dense(net, blocks, output_stride)

                end_points = slim.utils.convert_collection_to_dict(end_points_collection)

                #end_points['pool2'] = end_points['resnet_v1_50/pool1/MaxPool:0']
                try:
                    end_points['pool3'] = end_points['resnet_v1_50/block1']
                    end_points['pool4'] = end_points['resnet_v1_50/block2']
                except:
                    end_points['pool3'] = end_points['Detection/resnet_v1_50/block1']
                    end_points['pool4'] = end_points['Detection/resnet_v1_50/block2']
                end_points['pool5'] = net
                return net, end_points
```

特征融合是将特征图进行 unpool 操作，然后针对 channel 维进行拼接（Concatenation）操作。

unpool 操作的实现如下：

```
def unpool(inputs):
    return tf.image.resize_bilinear(inputs, size=[tf.shape(inputs)[1]*2,
tf.shape(inputs)[2]*2])
```

unpool 操作的作用是使用双线性差值方法将输入图像的长和宽扩张为原来的两倍。

model 返回的是得分 F_score 和文本框位置 F_geometry，使用激活函数 Sigmoid 将输出限制在 0～1，然后经过线性变换将结果变换到需要的范围内。

```
F_score = slim.conv2d(g[3], 1, 1, activation_fn=tf.nn.sigmoid, normalizer_fn=None)
```

在预测文本框位置的时候，使用的激活函数为 Sigmoid，输出范围为 0～1，所以最终的结果需要乘上变换尺度 FLAGS.text_scale，默认值 512 与输入尺寸 512 对应，这样就可以将预测的文本框的位置还原到真实的图片位置。

```
tf.app.flags.DEFINE_integer('text_scale', 512, '')
geo_map = slim.conv2d(g[3], 4, 1,
activation_fn = tf.nn.sigmoid, normalizer_fn=None) * FLAGS.text_scale
```

预测文本框角度使用的激活函数为 Sigmoid，输出范围为 0～1，若减去 0.5 则输出范围变为 −0.5～0.5，然后乘上π/2，最终的角度为−π/4～π/4，即−45°～45°。

```
angle_map = (slim.conv2d(g[3], 1, 1, activation_fn=tf.nn.sigmoid,
            normalizer_fn=None) - 0.5) * np.pi/2
F_geometry = tf.concat([geo_map, angle_map], axis=-1)
```

对于旋转文本框，RBOX 的几何输出矩阵是 5 维的，即（x, y, w, h, θ），包含一个坐标，文本框的高度、宽度和旋转角度，预测的几何位置通过如下方式恢复出矩形文本框。

```
def restore_rectangle_rbox(origin, geometry):   #origin 存储 score map 大于临界值的位置
    #位置使用的是 geometry 的前 4 个数据
    d = geometry[:, :4]
    #对于水平文档，可设置角度为 0，此时检测框是水平的
    #角度使用的是 geometry 的第 5 个数据
    angle = geometry[:, 4]
    #origin_0 保存 angle > 0 的位置
    origin_0 = origin[angle >= 0]
    #d_0 保存 angle >= 0 的坐标
    d_0 = d[angle >= 0]
    #angle_0 保存 angle >= 0 的角度
    angle_0 = angle[angle >= 0]
    if origin_0.shape[0] > 0:      #对于文本框的倾斜角度大于 0 的情况
        p = np.array([np.zeros(d_0.shape[0]), -d_0[:, 0] - d_0[:, 2],
                      d_0[:, 1] + d_0[:, 3], -d_0[:, 0] - d_0[:, 2],
                      d_0[:, 1] + d_0[:, 3], np.zeros(d_0.shape[0]),
                      np.zeros(d_0.shape[0]), np.zeros(d_0.shape[0]),
                      d_0[:, 3], -d_0[:, 2]])
        p = p.transpose((1, 0)).reshape((-1, 5, 2))  #N*5*2
        #旋转矩阵
        rotate_matrix_x = np.array([np.cos(angle_0), np.sin(angle_0)]).transpose((1, 0))
        rotate_matrix_x = np.repeat(rotate_matrix_x,
                                    5, axis=1).reshape(-1, 2, 5).transpose((0, 2, 1))
        rotate_matrix_y = np.array([-np.sin(angle_0), np.cos(angle_0)]).transpose((1, 0))
        rotate_matrix_y = np.repeat(rotate_matrix_y,
                                    5, axis=1).reshape(-1, 2, 5).transpose((0, 2, 1))
        #旋转得到 5 个点的坐标
```

```
        p_rotate_x = np.sum(rotate_matrix_x * p, axis=2)[:, :, np.newaxis]  # N*5*1
        p_rotate_y = np.sum(rotate_matrix_y * p, axis=2)[:, :, np.newaxis]  # N*5*1
        #旋转后的坐标
        p_rotate = np.concatenate([p_rotate_x, p_rotate_y], axis=2)  # N*5*2
        #根据旋转后的坐标和原坐标的相对位置，进行矩阵平移
        p3_in_origin = origin_0 - p_rotate[:, 4, :]
        new_p0 = p_rotate[:, 0, :] + p3_in_origin  # N*2
        new_p1 = p_rotate[:, 1, :] + p3_in_origin
        new_p2 = p_rotate[:, 2, :] + p3_in_origin
        new_p3 = p_rotate[:, 3, :] + p3_in_origin
        #得到最终的文本框坐标
        new_p_0 = np.concatenate([new_p0[:, np.newaxis, :], new_p1[:, np.newaxis, :],
                                  new_p2[:, np.newaxis, :], new_p3[:, np.newaxis, :]],
                                  axis=1)  # N*4*2
    #对于文本框倾斜的角度小于 0 的情况，步骤和倾斜角度大于 0 时近似
    else:
        new_p_0 = np.zeros((0, 4, 2))
        # for angle < 0
        origin_1 = origin[angle < 0]
        d_1 = d[angle < 0]
        angle_1 = angle[angle < 0]
        if origin_1.shape[0] > 0:
            p = np.array([-d_1[:, 1] - d_1[:, 3], -d_1[:, 0] - d_1[:, 2],
                          np.zeros(d_1.shape[0]), -d_1[:, 0] - d_1[:, 2],
                          np.zeros(d_1.shape[0]), np.zeros(d_1.shape[0]),
                          -d_1[:, 1] - d_1[:, 3], np.zeros(d_1.shape[0]),
                          -d_1[:, 1], -d_1[:, 2]])
            p = p.transpose((1, 0)).reshape((-1, 5, 2))  #N*5*2
            #旋转矩阵
            rotate_matrix_x = np.array([np.cos(-angle_1),
                                        -np.sin(-angle_1)]).transpose((1, 0))
            rotate_matrix_x = np.repeat(rotate_matrix_x, 5,
                                        axis=1).reshape(-1, 2, 5).transpose((0, 2, 1))  #N*5*2

            rotate_matrix_y = np.array([np.sin(-angle_1),
                                        np.cos(-angle_1)]).transpose((1, 0))
            rotate_matrix_y = np.repeat(rotate_matrix_y, 5,
                                        axis=1).reshape(-1, 2, 5).transpose((0, 2, 1))

            p_rotate_x = np.sum(rotate_matrix_x * p, axis=2)[:, :, np.newaxis]  #N*5*1
            p_rotate_y = np.sum(rotate_matrix_y * p, axis=2)[:, :, np.newaxis]  #N*5*1
            #平移矩形
            p_rotate = np.concatenate([p_rotate_x, p_rotate_y], axis=2)  #N*5*2
```

```
        p3_in_origin = origin_1 - p_rotate[:, 4, :]
        new_p0 = p_rotate[:, 0, :] + p3_in_origin  #N*2
        new_p1 = p_rotate[:, 1, :] + p3_in_origin
        new_p2 = p_rotate[:, 2, :] + p3_in_origin
        new_p3 = p_rotate[:, 3, :] + p3_in_origin
        #得到最终的文本框坐标
        new_p_1 = np.concatenate([new_p0[:, np.newaxis, :],
                                  new_p1[:, np.newaxis, :],
                                  new_p2[:, np.newaxis, :],
                                  new_p3[:, np.newaxis, :]], axis=1)  #N*4*2
    else:
        new_p_1 = np.zeros((0, 4, 2))
    return np.concatenate([new_p_0, new_p_1])
```

由 10.1.2 中 EAST 算法的介绍可知，EAST 算法的损失函数包括两个部分：分类损失和位置损失（含角度损失）。损失函数的定义如下：

```
def loss(y_true_cls, y_pred_cls,
         y_true_geo, y_pred_geo,
         training_mask):
    '''
    参数说明：
    y_true_cls: 文本框得分真实值
    y_pred_cls: 文本框得分预测值
    y_true_geo: 几何位置真实值
    y_pred_geo: 几何位置预测值
    training_mask: 训练 mask 用于忽略部分文本旋转
    '''
    #分类误差使用 Dice Loss
    classification_loss = dice_coefficient(y_true_cls, y_pred_cls, training_mask)
    # 设置分类损失比例以匹配 IOU 损失部分
    classification_loss *= 0.01

    #d1 -> top, d2->right, d3->bottom, d4->left
    d1_gt, d2_gt, d3_gt, d4_gt, theta_gt = tf.split(value=y_true_geo,
                                                   num_or_size_splits=5, axis=3)
    d1_pred, d2_pred, d3_pred, d4_pred, theta_pred = tf.split(value=y_pred_geo,
                                                             num_or_size_splits=5, axis=3)
    area_gt = (d1_gt + d3_gt) * (d2_gt + d4_gt)                     #计算 ground truth 的矩形框面积
    area_pred = (d1_pred + d3_pred) * (d2_pred + d4_pred)           #计算预测的矩形框面积
    w_union = tf.minimum(d2_gt, d2_pred) + tf.minimum(d4_gt, d4_pred)
    h_union = tf.minimum(d1_gt, d1_pred) + tf.minimum(d3_gt, d3_pred)
    area_intersect = w_union * h_union      #求交集
    area_union = area_gt + area_pred - area_intersect               #求并集
    L_AABB = -tf.log((area_intersect + 1.0)/(area_union + 1.0))     #计算交并比
```

```
    L_theta = 1 - tf.cos(theta_pred - theta_gt)       #角度损失定义
    L_g = L_AABB + 20 * L_theta         #位置损失包含定位矩形框损失和角度损失

    return tf.reduce_mean(L_g * y_true_cls * training_mask) + classification_loss
```

在如上所示的损失函数的定义中，分类损失使用的是 Dice Loss，实现函数 dice_coefficient() 的定义如下：

```
def dice_coefficient(y_true_cls, y_pred_cls,
                     training_mask):
    eps = 1e-5
    intersection = tf.reduce_sum(y_true_cls * y_pred_cls * training_mask)    #计算交集
    union = tf.reduce_sum(y_true_cls * training_mask)
            + tf.reduce_sum(y_pred_cls * training_mask) + eps                #计算并集
    loss = 1. - (2 * intersection / union)     #计算 loss
    tf.summary.scalar('classification_dice_loss', loss)                     #可视化绘制损失
    return loss
```

Dice Loss 在分割领域用得较多，在 VNet 中提出，本书就不做深入讨论了，有兴趣用户可以查阅 VNet 的论文进行研究。

位置损失中矩形框的损失使用的是 IOU 损失，角度损失使用的计算角度差值的余弦，损失函数最终返回分类损失和位置损失之和。

10.2.3 模型训练

接下来进行模型训练，包括超参数的设置、网络变量的定义、模型的保存等，可以选择是否使用多 GPU 训练和预训练模型。

1. 设置超参数

设置模型训练的超参数，如批次大小、学习率、训练轮次等。

```
tf.app.flags.DEFINE_integer('input_size', 512, '')                #设置输入图像尺寸
tf.app.flags.DEFINE_integer('batch_size_per_gpu', 14, '')         #设置批次大小
tf.app.flags.DEFINE_integer('num_readers', 16, '')
tf.app.flags.DEFINE_float('learning_rate', 0.001, '')             #设置学习率
tf.app.flags.DEFINE_integer('max_steps', 100000, '')              #设置训练轮次
tf.app.flags.DEFINE_float('moving_average_decay', 0.997, '')  #滑动平均衰减率
tf.app.flags.DEFINE_string('gpu_list', '1', '')                   #添加 GPU ID
tf.app.flags.DEFINE_string('checkpoint_path', 'models/', '')  #模型路径
tf.app.flags.DEFINE_boolean(
    'restore',
    False,
    'whether to resotre from checkpoint')                         #是否在有模型的基础上训练
tf.app.flags.DEFINE_integer('save_checkpoint_steps', 1000, '')#保存模型的轮次
```

```
tf.app.flags.DEFINE_integer('save_summary_steps', 100, '')     #保存可视化的 summary 的轮次
tf.app.flags.DEFINE_string('pretrained_model_path', None, '') #预训练模型路径

FLAGS = tf.app.flags.FLAGS
```

2. 定义网络变量

定义网络变量的代码如下：

```
#输入图像
input_images = tf.placeholder(
        tf.float32,
        shape=[
           None,
           None,
           None,
           3],
        name='input_images')

#分类标签
input_score_maps = tf.placeholder(
    tf.float32,
    shape=[
       None,
       None,
       None,
       1],
    name='input_score_maps')

#文本框几何位置标签
if FLAGS.geometry == 'RBOX':
    input_geo_maps = tf.placeholder(
       tf.float32, shape=[
           None, None, None, 5], name='input_geo_maps')
else:
    input_geo_maps = tf.placeholder(
       tf.float32, shape=[
           None, None, None, 8], name='input_geo_maps')
#训练 mask
input_training_masks = tf.placeholder(
    tf.float32,
    shape=[
       None,
       None,
       None,
       1],
```

```
    name='input_training_masks')

#训练总的迭代次数
global_step = tf.get_variable(
    'global_step',
    [],
    initializer=tf.constant_initializer(0),
    trainable=False)

#学习率动态衰减
learning_rate = tf.train.exponential_decay(
    FLAGS.learning_rate,
    global_step,
    decay_steps=10000,          #迭代次数衰减
    decay_rate=0.94,            #衰减率
    staircase=True)             #阶梯衰减
```

3. 多 GPU 训练

如果有多个 GPU，可以将 GPU ID 传给 gpu_list。

```
os.environ['CUDA_VISIBLE_DEVICES'] = FLAGS.gpu_list
gpu_list = list(range(len(FLAGS.gpu_list.split(','))))
#在不同的 GPU 上划分数据
input_images_split = tf.split(input_images, len(gpu_list))
input_score_maps_split = tf.split(input_score_maps, len(gpu_list))
input_geo_maps_split = tf.split(input_geo_maps, len(gpu_list))
input_training_masks_split = tf.split(input_training_masks, len(gpu_list))

#设置优化器
opt = tf.train.AdamOptimizer(learning_rate)

tower_grads = []
reuse_variables = None
for i, gpu_id in enumerate(gpu_list):        #针对不同的 GPU
    with tf.device('/gpu:%d' % gpu_id):      #选择设备
        with tf.name_scope('model_%d' % gpu_id) as scope:
            iis = input_images_split[i]
            isms = input_score_maps_split[i]
            igms = input_geo_maps_split[i]
            itms = input_training_masks_split[i]
            total_loss, model_loss = tower_loss(      #计算 loss
                iis, isms, igms, itms, reuse_variables)
            batch_norm_updates_op = tf.group(
                *tf.get_collection(tf.GraphKeys.UPDATE_OPS, scope))
            reuse_variables = True
```

```
        grads = opt.compute_gradients(total_loss)      #计算梯度
        tower_grads.append(grads)
grads = average_gradients(tower_grads)
apply_gradient_op = opt.apply_gradients(grads, global_step=global_step)

#学习率使用指数滑动平均的方式变化
variable_averages = tf.train.ExponentialMovingAverage(FLAGS.moving_average_decay,
                                                       global_step)
trainable_variables = tf.trainable_variables()        #需要训练的变量
with open('dict.pkl', 'rb') as f:
    changed_name = pickle.load(f)
training_variables = []
for i in trainable_variables:
    if i.name[:-2] in changed_name:
        training_variables.append(i)
variables_averages_op = variable_averages.apply(training_variables)
#更新 batch norm
with tf.control_dependencies([variables_averages_op,
                              apply_gradient_op, batch_norm_updates_op]):
    train_op = tf.no_op(name='train_op')
```

4. 保存模型

保存模型的代码如下：

```
saver = tf.train.Saver(tf.global_variables())          #创建 Saver 对象
summary_writer = tf.summary.FileWriter(                #保存模型
    FLAGS.checkpoint_path, tf.get_default_graph())
```

5. 使用预训练模型

使用预训练模型的代码如下：

```
if FLAGS.pretrained_model_path is not None:
    variable_restore_op = slim.assign_from_checkpoint_fn(
        FLAGS.pretrained_model_path,
        slim.get_trainable_variables(),
        ignore_missing_vars=True)
```

6. 开始训练

开始训练的代码如下：

```
init = tf.global_variables_initializer()    #初始化全局变量
with tf.Session(config=tf.ConfigProto(allow_soft_placement=True)) as sess:   #创建会话
    #使用预训练模型
    if FLAGS.restore:
```

```
    print('Train on Model: ', FLAGS.checkpoint_path)
    ckpt = tf.train.latest_checkpoint(FLAGS.checkpoint_path)
    saver.restore(sess, ckpt)      #恢复模型
#不使用预训练模型
else:
    sess.run(init)
    if FLAGS.pretrained_model_path is not None:
        variable_restore_op(sess)

data_generator = icdar.get_batch(       #获取数据 batch
    num_workers=FLAGS.num_readers,
    input_size=FLAGS.input_size,
    batch_size=FLAGS.batch_size_per_gpu * len(gpu_list))

for step in range(FLAGS.max_steps):          #训练迭代
    data = next(data_generator)
    #计算模型损失和总损失
    ml, tl, _ = sess.run([model_loss, total_loss, train_op], feed_dict={input_images: data[0],
                                                input_score_maps: data[2],
                                            input_geo_maps: data[3],
                                            input_training_masks: data[4]})

    if np.isnan(tl):
        print('Loss diverged, stop training')
        break

    if step % FLAGS.save_checkpoint_steps == 0:   #按设置的迭代次数保存一次模型
        saver.save(
            sess,
            FLAGS.checkpoint_path +
            'model_direction_{}.ckpt'.format(tl),
            global_step=global_step)
#按设置的迭代次数保存一次可视化数据
    if step % FLAGS.save_summary_steps == 0:
        _, tl, summary_str = sess.run([train_op,
                                       total_loss,
                                       summary_op],
                                       feed_dict={input_images: data[0],
                                             input_score_maps: data[2],
                                             input_geo_maps: data[3],
                                             input_training_masks: data[4]})
        summary_writer.add_summary(summary_str, global_step=step)
```

7. 数据可视化

如果需要可视化，可以对需要监控的变量添加可视化，如对学习率变化添加可视化，即可按如下代码进行添加。

```
tf.summary.scalar('learning_rate', learning_rate)
```

10.2.4　文本检测验证

对文本检测的整个流程已经做了详细分析，具体的训练过程这里就不做展示了，用户可以参考完整代码，下载开源数据集或者使用自己标注的数据集进行训练。

本案例使用的源图像如图 10.8 所示。

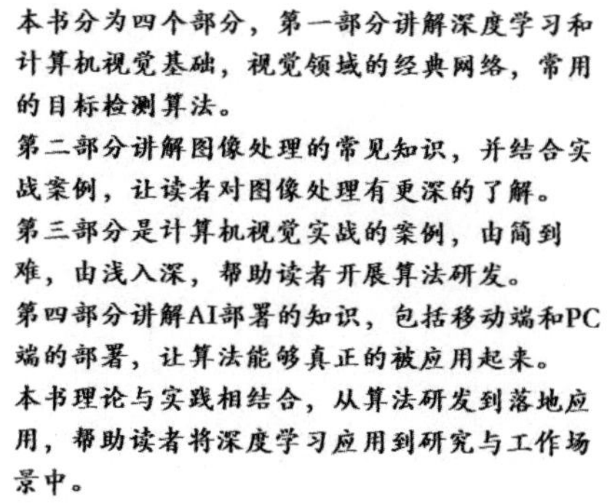

本书分为四个部分，第一部分讲解深度学习和
计算机视觉基础，视觉领域的经典网络，常用
的目标检测算法。
第二部分讲解图像处理的常见知识，并结合实
战案例，让读者对图像处理有更深的了解。
第三部分是计算机视觉实战的案例，由简到
难，由浅入深，帮助读者开展算法研发。
第四部分讲解AI部署的知识，包括移动端和PC
端的部署，让算法能够真正的被应用起来。
本书理论与实践相结合，从算法研发到落地应
用，帮助读者将深度学习应用到研究与工作场
景中。

图 10.8

对如图 10.8 所示的图像进行文本检测的结果如图 10.9 所示，图 10.9 中用矩形框标记了检测到的文本行。

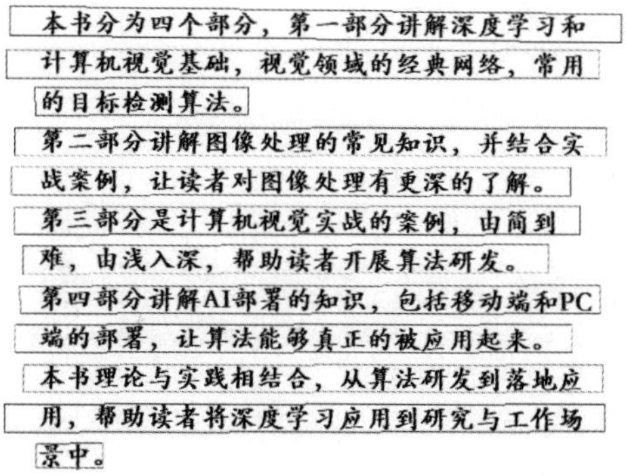

本书分为四个部分，第一部分讲解深度学习和
计算机视觉基础，视觉领域的经典网络，常用
的目标检测算法。
第二部分讲解图像处理的常见知识，并结合实
战案例，让读者对图像处理有更深的了解。
第三部分是计算机视觉实战的案例，由简到
难，由浅入深，帮助读者开展算法研发。
第四部分讲解AI部署的知识，包括移动端和PC
端的部署，让算法能够真正的被应用起来。
本书理论与实践相结合，从算法研发到落地应
用，帮助读者将深度学习应用到研究与工作场
景中。

图 10.9

图 10.8 中的文本共有 12 行，在图 10.9 中对文本行使用矩形框做了标记，每一行矩形框的位置、最终识别结果和每个阶段的时间输出如图 10.10 所示。

```
INFO: Initialized TensorFlow Lite runtime.
 Row 0 Geometry:
 3.85973, 20.963562.967, 24.44313.69449, 46.0485562.802, 49.5281
 Row 1 Geometry:
 0, 59.5071542.442, 56.48910, 84.3278542.588, 81.3097
 Row 2 Geometry:
 26.8388, 92.6638221.08, 91.30227.0221, 117.027221.264, 115.665
 Row 3 Geometry:
 8.08165, 128.92549.567, 125.8398.23161, 153.483549.717, 150.404
 Row 4 Geometry:
 5.12843, 163.92516.476, 161.9825.22772, 188.202516.575, 186.263
 Row 5 Geometry:
 8.81676, 199.049525.757, 195.7718.98126, 223.322525.921, 220.045
 Row 6 Geometry:
 16.5519, 233.826496.156, 229.99416.7649, 258.686496.369, 254.855
 Row 7 Geometry:
 13.9722, 269.6544.22, 265.89614.1538, 293.767544.401, 290.063
 Row 8 Geometry:
 9.61032, 303.745518.539, 300.979.75749, 328.713518.686, 325.938
 Row 9 Geometry:
 17.109, 339.219547.557, 336.13617.2613, 363.694547.709, 360.611
 Row 10 Geometry:
 0, 374.93549.687, 371.1220, 399.724549.867, 395.915
 Row 11 Geometry:
 29.486, 409.22890.4348, 408.41829.7952, 430.96490.7438, 430.154

本书分为四个部分，第一部分讲解深度学习和
计算机视觉基础，视觉领域的经典网络，常用
的目标检测算。
第二部分讲解图像处理的常见知识，并结合实
，战案例，让读者对图像处理有更深的了解。
，第三部分是计算机视觉实战的案例，山简到
难，由浅入深，帮助读者开展算研发。
第四部分讲解AI部署的知识，包括移动端和PC
，端的部署，证算法能够真正的被应用起来。
本书理论与实践相结合，从算法研发到落地应
用，帮助读者将深度学习应用到研究与工作场
中。

 text detect time is: 456
 text recognition time is: 363
 page time is :883
请按任意键继续. . .
```

图 10.10

图 10.8 所示的测试图不存在倾斜，所以没有打印角度值。如图 10.10 所示，输出了 12 行文本行矩形框的位置，因为本案例使用的矩形框是 RBOX，所以回归位置包括 5 个值，文本内容按行输出。图 10.8 所示的图片尺寸为 564 × 454，整张图片从输入到最终识别出结果的时间为 883ms，其中检测时间为 456ms，识别时间为 363ms。

10.3 进阶必备：在不同场景下文本检测的应对方式

文本检测是文本识别的前提，在进行文本检测任务之前，用户需要先对自己的场景做一个初步分析，大概可以分为简单场景和复杂场景。简单场景中的文字较清晰，字体较少且规整，图片清晰度高，如证件照、屏幕截图及扫描件文档等。在生活中遇到的情况很多是复杂场景的文本检测，复

杂场景中的图片存在清晰度较差、多种方向的文字混合、多种语言文字混合、文字大小不一、文字排版多样、图文混合较多、字体多样、图片不同区域明暗不一等问题，如街景、宣传册、设备上的说明等。

10.3.1 复杂场景文本检测

图 10.11 所示为很常见的公交站牌，该图中的文字就属于复杂场景文本，中英混合，有多种字体，有多种排版，不同文字的字号差异较大，有的文字还有背景颜色，文字存在挤压或拉伸，这些都给 OCR 任务增加了难度。

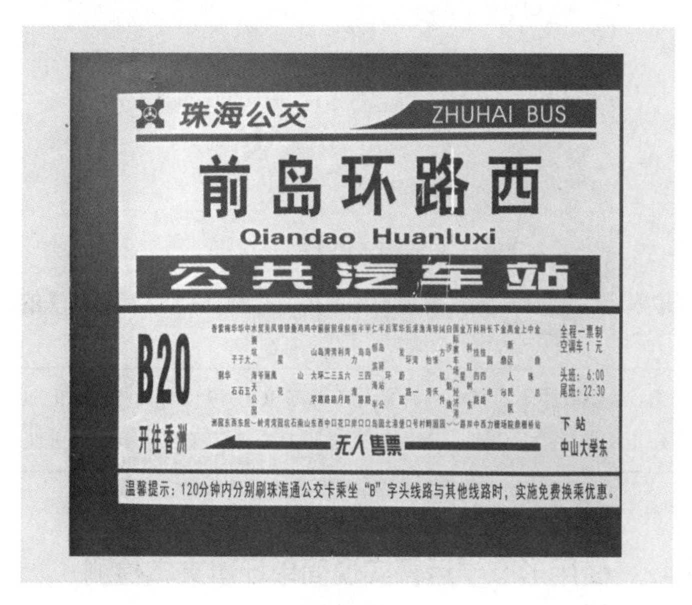

图 10.11

复杂场景文本检测通过计算机视觉的方法解决的效果较好，计算机视觉算法除 10.1 节介绍的 CTPN 算法与 EAST 算法之外，较常用的还有 SegLink 算法、DB（Differentiable Binarization）算法等。

对 SegLink 算法有兴趣的用户可以参考论文 *Detecting Oriented Text in Natural Images by Linking Segments*，该算法既融入了 CTPN 算法使用小检测框检测的思路，还结合了 SSD 算法的思想。

如果用户想研究 DB 算法可以参考论文 *Real-Time Scene Text Detection with Differentiable Binarization*，该算法在分割网络中对每一个像素点进行了自适应二值化，二值化的阈值自适应设置（由网络学习得到），将二值化加入模型训练，这样既简化了流程还提升了文本检测的效果。

除此之外，百度自研文本检测（SAST）算法是对 EAST 算法的改进，解决了长文本容易被分割、紧密文本难分割的问题，该算法可以进行任意形状的文本检测，对该算法有兴趣的用户可以参考论文 *A Single-Shot Arbitrarily-Shaped Text Detector Based on Context Attended Multi-Task Learning*。

在百度开源的 PaddleOCR 项目中，展示了在 ICDAR 2015 数据集上测试 EAST、DB 和 SAST 算法的效果，结果如图 10.12 所示。

算法	骨干网络	precision	recall	Hmean
EAST	ResNet50_vd	85.80%	86.71%	86.25%
EAST	MobileNetV3	79.42%	80.64%	80.03%
DB	ResNet50_vd	86.41%	78.72%	82.38%
DB	MobileNetV3	77.29%	73.08%	75.12%
SAST	ResNet50_vd	91.39%	83.77%	87.42%

图 10.12

由图 10.12 可以看出，SAST 算法在 ICDAR 2015 数据集中比其他算法的效果好一些。

注意：SAST 算法的模型训练额外加入了 ICDAR 2013、ICDAR 2017、COCO-Text、ArT 等公开数据集进行调优，PaddleOCR 项目公开了整理的数据集并提供了下载地址。

10.3.2 案例 42：使用形态学运算实现简单场景文本检测

简单场景文本检测使用复杂场景文本检测的算法效果会非常好，其实也可以使用形态学运算、MSER 结合 NMS 的方法来解决。

形态学运算在第 3 章中有介绍，用户可以参考。下面介绍使用形态学运算进行文本检测的案例。

本案例使用的形态学运算主要是通过膨胀和腐蚀操作突出文本轮廓，消除边框线条，然后查找轮廓，将面积较小、不符合条件的轮廓剔除，最后返回符合条件的文本框。

```
import cv2
import numpy as np

#读取图片
img_path = 'src.png'             #读取图 10.8
img = cv2.imread(img_path)
```

```
#转换为灰度图
gray = cv2.cvtColor(img, cv2.COLOR_BGR2GRAY)

#利用 Sobel 边缘检测生成二值图
sobel = cv2.Sobel(gray, cv2.CV_8U, 1, 0, ksize=3)
#二值化
ret, binary = cv2.threshold(sobel, 0, 255, cv2.THRESH_OTSU + cv2.THRESH_BINARY)

#膨胀、腐蚀
element1 = cv2.getStructuringElement(cv2.MORPH_RECT, (30, 9))
element2 = cv2.getStructuringElement(cv2.MORPH_RECT, (24, 6))

#膨胀一次，突出轮廓
dilation = cv2.dilate(binary, element2, iterations=1)

#腐蚀一次，去掉细节
erosion = cv2.erode(dilation, element1, iterations=1)

#再次膨胀，让轮廓明显一些
dilation2 = cv2.dilate(erosion, element2, iterations=2)
cv2.imwrite("dilation.jpg", dilation2)     #图 10.13

#查找轮廓和筛选文字区域
region = []
contours, hierarchy = cv2.findContours(dilation2,
                                       cv2.RETR_TREE,
                                       cv2.CHAIN_APPROX_SIMPLE)
for i in range(len(contours)):
    cnt = contours[i]

    #计算轮廓面积，并筛选掉面积小的轮廓
    area = cv2.contourArea(cnt)
    if (area < 1000):
        continue

    #找到最小的矩形
    rect = cv2.minAreaRect(cnt)

    #box 是四个点的坐标
    box = cv2.boxPoints(rect)
    box = np.int0(box)

    #计算高和宽
    height = abs(box[0][1] - box[2][1])
```

```
    width = abs(box[0][0] - box[2][0])

    #根据文字特征，筛选掉太细的矩形，留下扁的矩形
    if (height > width * 1.3):
        continue
    region.append(box)

#绘制轮廓
for box in region:
    cv2.drawContours(img, [box], 0, (0, 255, 0), 2)
    cv2.imwrite("result.jpg", img)          #图10.14
```

本案例使用的源图像如图 10.8 所示，形态学运算的中间结果如图 10.13 所示。

图 10.13

由图 10.13 可以看出，文本行已经被较好地检测出来，能够看到每一行文本的轮廓。在图 10.13 中查找文本行的轮廓，可以参考 4.2 节的相关内容，最终的文本检测结果如图 10.14 所示。

本书分为四个部分，第一部分讲解深度学习和
计算机视觉基础，视觉领域的经典网络，常用
的目标检测算法。
第二部分讲解图像处理的常见知识，并结合实
战案例，让读者对图像处理有更深的了解。
第三部分是计算机视觉实战的案例，由简到
难，由浅入深，帮助读者开展算法研发。
第四部分讲解AI部署的知识，包括移动端和PC
端的部署，让算法能够真正的被应用起来。
本书理论与实践相结合，从算法研发到落地应
用，帮助读者将深度学习应用到研究与工作场
景中。

图 10.14

对于这种简单场景的文本检测，使用形态学运算的效果也是较好的，而且使用这种方法（18ms）比使用深度学习的方法（456ms）快很多。

10.3.3　案例 43：使用 MSER+NMS 实现简单场景文本检测

MSER（Maximally Stable Extremal Regions，最大稳定极值区域）算法基于分水岭思想检测图像中的斑点，OpenCV 中对该算法做了封装。

```
mser = cv2.MSER_create()
```

本案例使用 MSER+NMS 进行文本检测，MSER 算法用于文本框检测，使用 OpenCV 创建 MSER 算法对象，使用该对象检测文本区域，获取检测到的区域的外接矩形，然后使用 NMS 算法对检测到的文本框进行筛选，将筛选后的结果绘制出来并保存。

```
import cv2
import numpy as np

img = cv2.imread('src.png')
result = img.copy()                                         #用于绘制不重叠的矩形框图
gray = cv2.cvtColor(img, cv2.COLOR_BGR2GRAY)                #得到灰度图
mser = cv2.MSER_create()                                    #创建 MSER 算法对象
regions, _ = mser.detectRegions(gray)                       #检测文本区域
hulls = [cv2.convexHull(p.reshape(-1, 1, 2)) for p in regions]   #绘制文本区域轮廓
cv2.polylines(img, hulls, 1, (255, 0, 0))

keep = []
#获取检测到的文本区域的外接矩形框
for c in hulls:
    x, y, w, h = cv2.boundingRect(c)
    keep.append([x, y, x + w, y + h])

#使用非极大值抑制剔除重叠较大的矩形框
keep2 = np.array(keep)
pick = nms(keep2, 0.5)

for (startX, startY, endX, endY) in pick1:
#绘制检测到的文本框
    cv2.rectangle(result, (startX, startY), (endX, endY), (0, 255, 0), 1)

cv2.imwrite("mser_nms.jpg", result)          #保存绘制结果，如图 10.15 所示
```

NMS 算法用于对检测到的文本区域的矩形框进行筛选，对于重叠较大的矩形框进行剔除，OpenCV 中没有 NMS 算法的封装，需要自定义，代码如下：

```
#非极大值抑制
def nms(boxArr, overlapThresh):
    if len(boxArr) == 0:     #若文本检测框的坐标数组为空则不操作
        return []

    pick = []

    #4 个坐标数组
    x1 = boxArr[:, 0]
    y1 = boxArr[:, 1]
    x2 = boxArr[:, 2]
    y2 = boxArr[:, 3]

    area = (x2 - x1 + 1) * (y2 - y1 + 1)    #计算面积数组
    idxs = np.argsort(y2)                   #返回右下角坐标从小到大的索引值

    #开始遍历删除重复的框
    while len(idxs) > 0:
        #将最右下方的框放入 pick 数组中
        last = len(idxs) - 1
        i = idxs[last]
        pick.append(i)

        #找到剩下的框中最大的坐标（x1, y1）和最小的坐标（x2, y2）
        xx1 = np.maximum(x1[i], x1[idxs[:last]])
        yy1 = np.maximum(y1[i], y1[idxs[:last]])
        xx2 = np.minimum(x2[i], x2[idxs[:last]])
        yy2 = np.minimum(y2[i], y2[idxs[:last]])

        #计算重叠面积占对应框的比例
        w = np.maximum(0, xx2 - xx1 + 1)
        h = np.maximum(0, yy2 - yy1 + 1)
        overlap = (w * h) / area[idxs[:last]]

        #若占比大于阈值则删除
        idxs = np.delete(idxs, np.concatenate(([last], np.where(overlap > overlapThresh)[0])))

    return boxArr[pick]
```

使用 MSER+NMS 方法进行文本检测的结果如图 10.15 所示。

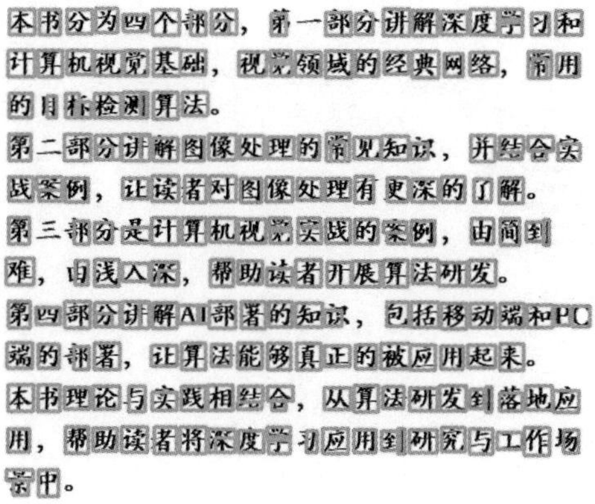

本书分为四个部分，第一部分讲解深度学习和
计算机视觉基础，视觉领域的经典网络，常用
的目标检测算法。
第二部分讲解图像处理的常见知识，并结合实
战案例，让读者对图像处理有更深的了解。
第三部分是计算机视觉实战的案例，由简到
难，由浅入深，帮助读者开展算法研发。
第四部分讲解AI部署的知识，包括移动端和PC
端的部署，让算法能够真正的被应用起来。
本书理论与实践相结合，从算法研发到落地应
用，帮助读者将深度学习应用到研究与工作场
景中。

图 10.15

如图 10.15 所示，检测到的文本框是一个个汉字的框，需要使用一些后处理策略得到文本行的矩形框，有兴趣的用户可以自行研究。

第 11 章 文本识别

在第 10 章中介绍了文本检测算法，检测的是文本行，这些文本行是不定长的，不能使用类似于 CIFAR-10 图像分类的方法进行分类处理，因为每张图片中包含多个类别。可以选择图像处理算法将文本行中的汉字切割为单字进行识别，但是这种方法耗时且效果不好，中文的汉字切割可能存在过度切割的问题。本章介绍的是深度学习计算机视觉中实现端到端的 OCR 识别的方法，常用的端到端的 OCR 识别算法是 CRNN 算法和 Attention OCR 算法。

11.1 文本识别算法

本节将解读目前主流的文本识别算法，即 CRNN 算法和 Attention OCR 算法。

11.1.1 CRNN 算法

CRNN（Convolutional Recurrent Neural Network，卷积递归神经网络）是 DCNN 和 RNN 的结合，使用 DCNN 提取文字特征，使用 RNN 处理文本的序列信息。

对于处理类似序列的对象，CRNN 相较于传统的神经网络有几个显著的优点：

（1）它可以直接从序列标签中学习；

（2）它与 DCNN 一样从图像中学习特征性，既不需要人为设计特征，也不需要预处理步骤，如二值化、分割等操作；

（3）它与 RNN 具有相同的特性，能够产生序列标签；

（4）它不受序列长度的限制；

（5）它在场景文本识别中的效果比在 DCNN 和 RNN 中各自使用的效果好；

（6）它的模型参数比标准的 DCNN 的模型参数少很多，需要更小的存储。

CRNN 自底向上包括三个模块层：卷积层、循环层和转录层，如图 11.1 所示。

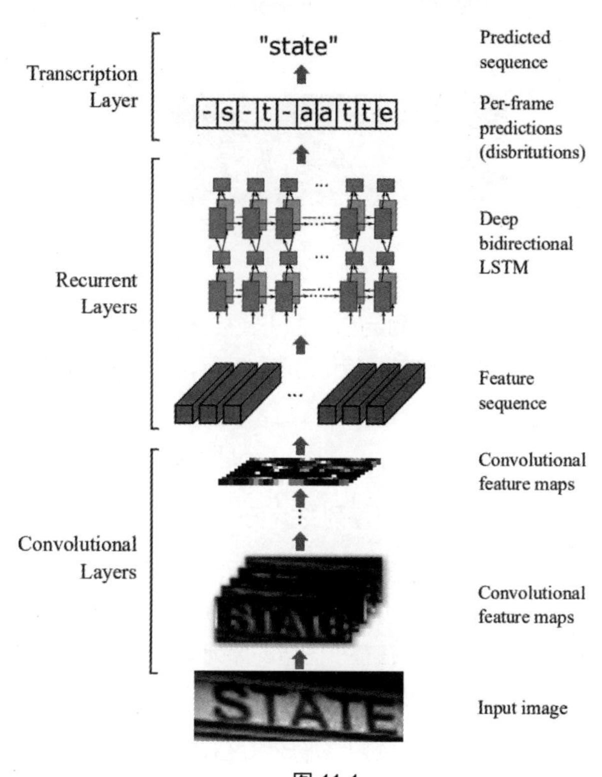

图 11.1

1. 卷积层

卷积层的作用是从输入图像中提取特征序列。

在 CRNN 模型中，卷积层可以使用某个标准 CNN 模型（如 VGG-16）去除全连接层，用于从输入图像中提取特征序列。所有的输入图像在送入卷积网络之前都需要缩放到相同的高度，后将卷积层产生的特征序列作为递归层的输入。特征序列的每个特征向量都是从特征映射图上按列从左到右生成的，即第 i 个特征向量是将所有特征图的第 i 列连接而成的，在论文作者发表的 CRNN 算法的论文中，每列的宽度固定为单个像素。

因为卷积、池化等操作在特征图的局部区域上进行，所以这些操作是平移不变的。特征图的每一列对应源图像的一个矩形区域，该区域也称感受野，这些从左到右的感受野与特征图上对应列的顺序相同（见图 11.2），每个特征序列中的向量与感受野相关，可以认为这些特征向量是该区域的图像描述子。

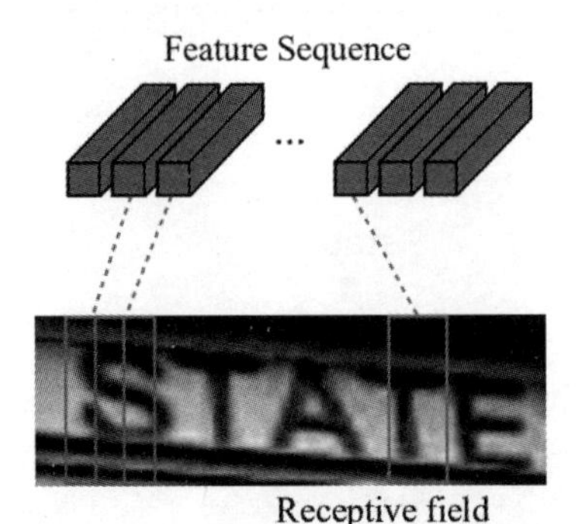

图 11.2

由于 CNN 需要将输入图像缩放到一个固定的尺寸，显然这种操作不适合不定长的序列类对象，因此在 CRNN 中，将卷积层之后提取的深度特征转化为序列表示，以使其对类序列对象的长度变化保持不变。

2. 循环层

循环层的作用是预测从卷积层获取的特征序列的标签分布。

图 11.1 所示，CRNN 在卷积层之后连接了一个深度双向 LSTM 网络作为递归层。递归层可以将误差反向传播到卷积层，这样可以实现递归层和卷积层的联合训练。传统的 RNN 存在梯度消失问题，因此 CRNN 中选用了 LSTM 网络，在基于图像的序列中，需要考虑来自两个方向的上下文，因此算法使用了双向 LSTM 网络，一个向前，一个向后。

图 11.3 所示，可以堆叠多个双向 LSTM 网络形成深度双向 LSTM 网络，从而提取更高级别的抽象信息。为了实现卷积层特征序列和循环层的特征映射之间的转换，在卷积层与循环层之间增加一个“Map-to-Sequence”的网络层。

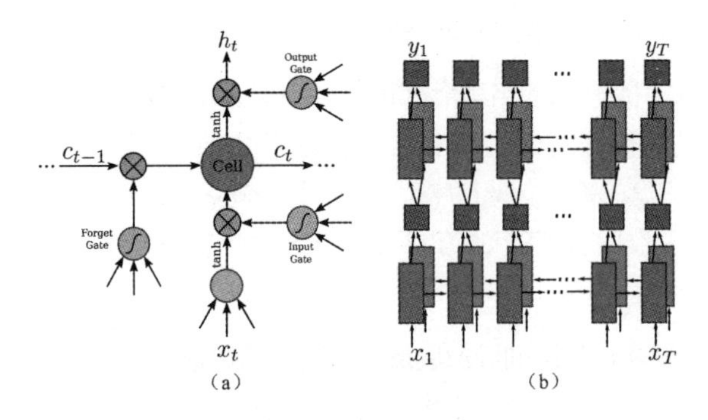

图 11.3

图 11.3（a）所示为基本的 LSTM 网络的结构，LSTM 网络包括一个 Cell 模块和输入门、输出门、遗忘门三个门。图 11.3（b）所示为 CRNN 算法论文中使用的双向 LSTM 网络结构，其中前向为从左到右，后向为从右到左，深层双向 LSTM 网络是多个 LSTM 网络的堆叠。

3. 转录层

转录层的作用是把从循环层获取的标签序列转换成最终的识别结果。

转录层将 RNN 的预测结果转换成标签序列，也就是在每帧预测的结果中找到概率最大的标签序列。在实践中，存在两种转录模式，即无词典转录和基于词典的转录，其中词典是一组标签序列。在无词典转录模式下，预测是在没有任何词典的情况下进行的。在基于词典的转录模式下，通过选择概率最大的标签序列进行预测。

CRNN 采用 CTC（Connectionist Temporal Classification）定义的条件概率，以这个概率的负对数似然为目标来训练网络时，只需要图像及其相应的标签序列，避免了单个字符的位置标注工作。

LSTM 网络输出的序列是不定长的，这样就面临着重复序列的合并问题，CTC 采用 blank 机制，如果以“-”表示 blank，对于一个输出序列“--hh-e-l-ll-oo--”，首先去除重复字母得到“--h-e-l-l-o--”，然后去除空格即可得到“hello”。而“--hh-e-l-ll-oo--”只是其中的一条映射路径，如“-hhh-ee-lll-l-oo--”也可以映射为“hello”，所以最终输出为“hello”的概率就是所有可以映射为“hello”的路径的概率之和。

如果用户想深入了解 CRNN 算法，可以参考论文 *An End-to-End Trainable Neural Network for Image-Based Sequence Recognition and Its Application to Scene Text Recognition*；如果对 CTC 的原理有兴趣，可以参考论文 *Connectionist Temporal Classification: Labelling Unsegmented Sequence Data with Recurrent Neural Networks*。

11.1.2 Attention OCR 算法

Attention OCR 算法是另外一种常用的文本识别算法，该算法包含 CNN、RNN 和 Attention 机制，该算法在法国街景路标数据集（French Street Name Signs，FSNS）上将识别文本的成绩提高到了 84.2%，远超当时的最好成绩 72.46%，而且方法更加简单通用。该算法作者还在谷歌街景上做了验证，并且研究了不同深度的 CNN 特征提取时速度和精度的平衡，发现并不是所有的更深的网络都有更好的效果。

Attention OCR 算法的网络模型如图 11.4 所示。

Google 开源了 Attention OCR 算法，算法模型在 FSNS 数据集上训练，数据集较大，总大小约为 160GB，包含 153.6GB 的训练数据、2.56GB 的验证数据和 3.2GB 的测试数据。FSNS 数据集中的单张图片大小为 150 × 150 × 3，每一个标签内容都包含 4 个视角的图片，训练时使用的输入维度为（150, 600, 3），最大的序列长度为 37。

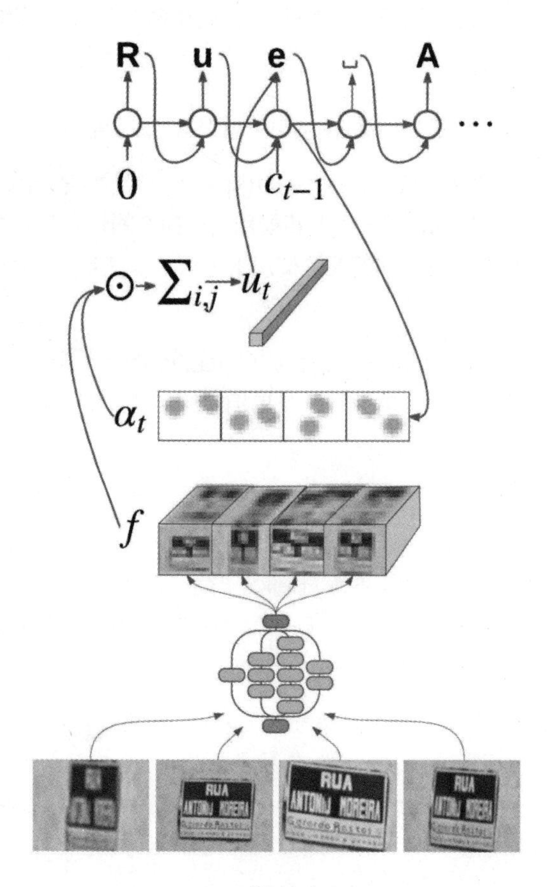

图 11.4

因为 FSNS 数据集中的一个标签内容包含 4 个视角的图片，所以图 11.4 中的输入图片为 4 张，将 4 张图片拼接送入 CNN，CNN 使用的是 Inception 结构，对提取的特征进行拼接，拼接结果即 f。

图中 α_t 表示的是 Attention 机制的特征向量，Attention 机制在 NLP 领域有广泛的应用，它是可以让模型关注重要信息并学习的技术。Attention 机制会有一个“注意力范围”，表示重点关注输入序列中的哪些部分，由“注意力范围”产生下一个输出。在图 11.4 中，α_t 与 f 进行内积计算，最终结果送入 RNN 进行预测。

该算法作者使用不同的 Inception 结构的结果如图 11.5 所示，使用 Inception-resnet-v2 和 Location-base 的 Attention 机制的结果最好。

CNN	Attention	Accuracy
Smith et al. [7]	NA	72.46%
Inception-v2	Standard	80.7%
Inception-v2	Location	81.8%
Inception-v3	Standard	83.1%
Inception-v3	Location	84.0%
Inception-resnet-v2	Standard	83.3%
Inception-resnet-v2	Location	**84.2%**

图 11.5

如果想深入研究 Attention OCR 算法可以参考论文 *Attention-Based Extraction of Structured Information from Street View Imagery*。

11.2　案例 44：基于 CRNN 算法的文本识别

在 11.1 节中介绍了常用的文本识别算法的原理，包括 CRNN 算法和 Attention OCR 算法，本节将基于 CRNN 算法，介绍实现文本识别的案例。

11.2.1　数据预处理

在第 10 章中介绍了文本检测的案例，对于一张带文本的图片，送入文本检测模型之后，预测得到的是文本行位置的坐标和文本行的倾斜角度，如图 11.6 所示标记了检测到的文本行。

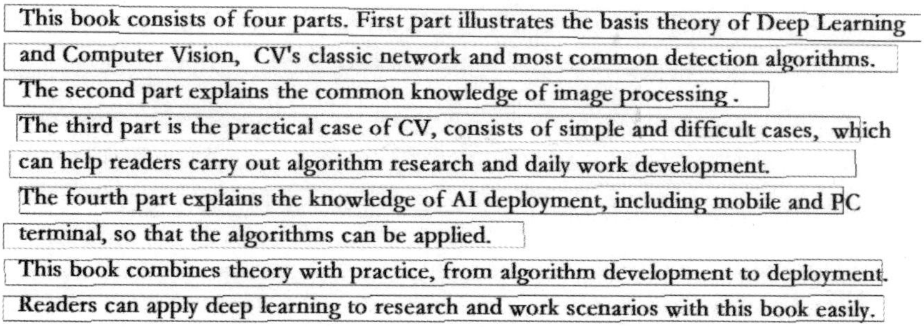

This book consists of four parts. First part illustrates the basis theory of Deep Learning
and Computer Vision, CV's classic network and most common detection algorithms.
The second part explains the common knowledge of image processing .
The third part is the practical case of CV, consists of simple and difficult cases, which
can help readers carry out algorithm research and daily work development.
The fourth part explains the knowledge of AI deployment, including mobile and PC
terminal, so that the algorithms can be applied.
This book combines theory with practice, from algorithm development to deployment.
Readers can apply deep learning to research and work scenarios with this book easily.

图 11.6

检测到了文本行，下一步就是识别文本行中的内容，在识别之前，会将文本行所在的矩形框进行裁剪，送入识别模型。本章讲解文本行的识别，可以根据场景选择识别的文本的类别数量。本案例介绍英文 OCR 的文本行识别，可识别的字符包括字母、标点符号等，类别数量为 190。本案例中训练图片的大小为 280 × 32，数据集如图 11.7 所示。

图 11.7

训练图像对应的标签保存在.txt 文件中。例如，图 11.7 中的图片对应的标签，在.txt 文件中的保存方式如图 11.8 所示。

```
1 I hope you are well
2 that you enjoyed
3 Chinese New Year
4 and holiday.
5 First and foremost,
```

图 11.8

图片名称和标签中的行索引相对应，如 00000000.jpg 对应第一行的内容。

11.2.2 网络搭建

本案例讲解的代码为整个实现过程的部分核心代码，没有展示全部的代码，用户若想复现文本识别案例可以参考 GitHub 用户 Sanster 仓库 tf_crnn，该仓库基于 TensorFlow 框架实现了 CRNN 文本识别功能。

网络搭建需要选取合适的网络进行文本行特征提取，本案例中特征提取网络使用 CRNN 算法论文中的网络来讲解，用户可以根据自己的实际需求选择合适的网络，论文中的网络特征图通道数为 [64, 128, 256, 256, 512, 512, 512]，结构相对比较简单，该结构设计也是针对英文 OCR 这种类别较少的简单任务；对于中文 OCR（一级字库常用汉字 3755 个，二级字库汉字 3008 个及常用标点符号，OCR 中常用汉字字表类别 5990 个）这种复杂任务，识别效果不佳。

```
def build_net(self, inputs, is_training):
    #BatchNorm 参数设置
    norm_params = {
        'is_training': is_training,
        'decay': 0.9,
        'epsilon': 1e-05
    }

    with tf.variable_scope(self._scope, self._scope, [inputs]) as sc:
        end_points_collection = sc.name + '_end_points'
```

```
        #网络搭建
        with slim.arg_scope([slim.conv2d, slim.max_pool2d, slim.batch_norm],
                            outputs_collections=end_points_collection):
            net = slim.conv2d(inputs, 64, 3, 1, scope='conv1')
            net = slim.max_pool2d(net, 2, 2, scope='pool1')
            net = slim.conv2d(net, 128, 3, 1, scope='conv2')
            net = slim.max_pool2d(net, 2, 2, scope='pool2')
            net = slim.conv2d(net, 256, 3, scope='conv3')
            net = slim.conv2d(net, 256, 3, scope='conv4')
            net = slim.max_pool2d(net, 2, [2, 1], scope='pool3')
            net = slim.conv2d(net, 512, 3, normalizer_fn=slim.batch_norm,
                              normalizer_params=norm_params, scope='conv5')
            net = slim.conv2d(net, 512, 3, normalizer_fn=slim.batch_norm,
                              normalizer_params=norm_params, scope='conv6')
            net = slim.max_pool2d(net, 2, [2, 1], scope='pool4')
            net = slim.conv2d(net, 512, 2, padding='VALID', scope='conv7')
        #以 dict 形式返回 tensor
        self.end_points = utils.convert_collection_to_dict(end_points_collection)
        self.net = net
```

搭建的网络包含 7 层卷积，用于特征提取，也可以选择其他的经典网络，如 VGG-16（不带全连接层）网络。特征提取网络的输出需要维度的调整，调整之后作为 BiLSTM 的输入。

```
cnn_out = net.net              #输出网络
cnn_output_shape = tf.shape(cnn_out)        #获取输出维度

batch_size = cnn_output_shape[0]        #获取 batch 值
cnn_output_h = cnn_output_shape[1]      #获取输出的特征图的高度
cnn_output_w = cnn_output_shape[2]      #获取输出的特征图的宽度
cnn_output_channel = cnn_output_shape[3]    #获取输出的特征图的 channel

# 根据 CNN 的输出得到 LSTM 网络序列的长度 seq_len
self.seq_len = tf.ones([batch_size], tf.int32) * cnn_output_w

#维度变换为 LSTM 网络需要的方式 [batch_size, max_time, …]
cnn_out_transposed = tf.transpose(cnn_out, [0, 2, 1, 3])
cnn_out_reshaped = tf.reshape(cnn_out_transposed,
[batch_size, cnn_output_w, cnn_output_h * cnn_output_channel])

cnn_shape = cnn_out.get_shape().as_list()
cnn_out_reshaped.set_shape([None, cnn_shape[2], cnn_shape[1] * cnn_shape[3]])

#进入 LSTM 网络
bilstm = cnn_out_reshaped
for i in range(self.cfg.num_lstm_layer):    #将 BiLSTM num_lstm_layer 配置为 2
```

```
    with tf.variable_scope('bilstm_%d' % (i + 1)):
        if i == (self.cfg.num_lstm_layer - 1):  #第1层
            bilstm = self._bidirectional_LSTM(bilstm, self.num_classes)
        else:                               #第0层
            bilstm = self._bidirectional_LSTM(bilstm, self.cfg.rnn_num_units)
logits = bilstm

#调整维度送入CTC
self.logits = tf.transpose(logits, (1, 0, 2))
```

其中双向LSTM网络函数_bidirectional_LSTM()的定义如下：

```
#定义LSTM单元
def_LSTM_cell(self, num_proj=None):
    cell = tf.nn.rnn_cell.LSTMCell(num_units=self.cfg.rnn_num_units,    #单元的个数
                                   num_proj=num_proj)                   #输出维度
#使用Dropout
if self.cfg.rnn_keep_prob < 1:
        cell = tf.contrib.rnn.DropoutWrapper(cell=cell,
                                             output_keep_prob=self.cfg.rnn_keep_prob)
    return cell

def_bidirectional_LSTM(self, inputs, num_out):
    #调用双向LSTM网络
    outputs, _ = tf.nn.bidirectional_dynamic_rnn(self._LSTM_cell(),
                                                 self._LSTM_cell(),
                                                 inputs,
                                                 sequence_length=self.seq_len,
                                                 dtype=tf.float32)

    outputs = tf.concat(outputs, 2)    #输出按照axis=2的维度进行拼接
    outputs = tf.reshape(outputs, [-1, self.cfg.rnn_num_units * 2])         #调整维度

    outputs = slim.fully_connected(outputs, num_out, activation_fn=None)      #全连接

    shape = tf.shape(inputs)
    outputs = tf.reshape(outputs, [shape[0], -1, num_out])

    return outputs
```

将BiLSTM的输出送入转录层，损失函数即CTC对应的损失。

```
def_build_train_op(self):
    self.global_step = tf.Variable(0, trainable=False)
    self.ctc_loss = tf.nn.ctc_loss(labels=self.labels,
                                   inputs=self.logits,
```

```
                                    ignore_longer_outputs_than_inputs=True,
                                    sequence_length=self.seq_len) #计算 CTC 对应的损失
    self.ctc_loss = tf.reduce_mean(self.ctc_loss)
    self.total_loss = self.ctc_loss    #总的损失为 CTC 对应的损失
    tf.summary.scalar('total_loss', self.total_loss) #可视化总的损失变化
    #学习率动态变化
    self.lr = tf.train.piecewise_constant(self.global_step,
    self.cfg.lr_boundaries,
    self.cfg.lr_values)
    #可视化学习率变化
    tf.summary.scalar("learning_rate", self.lr)
    #选择不同的优化器
    if self.cfg.optimizer == 'adam':
        self.optimizer = tf.train.AdamOptimizer(learning_rate=self.lr)
    elif self.cfg.optimizer == 'rms':
        self.optimizer = tf.train.RMSPropOptimizer(learning_rate=self.lr,
                                                    epsilon=1e-8)
    elif self.cfg.optimizer == 'adadelate':
        self.optimizer = tf.train.AdadeltaOptimizer(learning_rate=self.lr,
                                                     rho=0.9,
                                                     epsilon=1e-06)
    elif self.cfg.optimizer == 'sgd':
        self.optimizer = tf.train.MomentumOptimizer(learning_rate=self.lr,
                                                     momentum=0.9)

#在 update_ops 集合中保存模型训练之前需要完成的操作
update_ops = tf.get_collection(tf.GraphKeys.UPDATE_OPS)
    with tf.control_dependencies(update_ops):
        self.train_op = self.optimizer.minimize(self.total_loss, global_step=self.global_step)

    #CTC 解码，使用 greedy search 方法解码
    self.decoded, self.log_prob = tf.nn.ctc_greedy_decoder(self.logits,
                                                            self.seq_len,
                                                            merge_repeated=True)

    self.dense_decoded = tf.sparse_tensor_to_dense(tf.cast(self.decoded[0], tf.int32),
    default_value=self.CTC_INVALID_INDEX, name="output")

    #对错误结果计算 edit_distances
    self.edit_distances = tf.edit_distance(tf.cast(self.decoded[0], tf.int32), self.labels)

    non_zero_indices = tf.where(tf.not_equal(self.edit_distances, 0))
    self.edit_distance = tf.reduce_mean(tf.gather(self.edit_distances, non_zero_indices))
```

网络搭建主要包括使用 CNN 进行特征提取，将提取的特征转换为序列，将转换的序列送入双

向 LSTM 网络，将 LSTM 网络的输出序列送入到 CTC 中，进行 CTC 解码。在训练中需要将字符串标签转换为数字标签，对于 CTC 中的 blank 类别，使用标签-1。

11.2.3 模型训练

在网络搭建完成之后，进行模型的训练。如下所示，_train_with_summary 函数用于训练过程的可视化监控，train 函数用于模型训练。

```
def _train_with_summary(self):
    #获取数据 batch
    img_batch, label_batch, labels, _ = self.tr_ds.get_next_batch(
        self.sess)
    #填充 feed 数据
    feed = {self.model.inputs: img_batch,
            self.model.labels: label_batch, }

    fetches = [self.model.total_loss,
               self.model.ctc_loss,
               self.model.global_step,
               self.model.lr,
               self.model.merged_summay,
               self.model.dense_decoded,
               self.model.edit_distance,
               self.model.train_op]

    batch_cost, _,_, global_step, lr, summary, predicts, edit_distance, _ = self.sess.run(
        fetches, feed)

    #根据字表进行 CTC 解码
    #CTC_INVALID_INDEX 为-1，表示空白符的索引
    #返回解码后的字符串
    predicts = [
        self.converter.decode(
            p, CRNN.CTC_INVALID_INDEX) for p in predicts]
    accuracy, _ = infer.calculate_accuracy(predicts, labels)   #计算准确率

    return batch_cost, global_step, lr

#开始模型训练
def train(self):
    self.sess.run(tf.global_variables_initializer()) #全局变量初始化

    #定义模型保存 Saver 对象，只保存 5 次结果
    self.saver = tf.train.Saver(tf.global_variables(), max_to_keep=5)
```

```
self.train_writer = tf.summary.FileWriter(self.args.log_dir, self.sess.graph)

#使用模型恢复
if self.args.restore:
    self._restore()

#开始训练迭代
for epoch in range(self.epoch_start_index, self.cfg.epochs):
    self.sess.run(self.tr_ds.init_op)

    for batch in range(self.batch_start_index, self.tr_ds.num_batches):
        if batch != 0 and (batch % self.args.log_step == 0):
            batch_cost, global_step, lr = self._train_with_summary()
        else:
            batch_cost, global_step, lr = self._train()

        #打印训练过程
        print(
            "epoch: {}, batch: {}/{}, step: {}, time: {:.02f}s, loss: {:.05}, lr:
            {:.05}".format(
                epoch,
                batch,
                self.tr_ds.num_batches,
                global_step,
                time.time() -
                batch_start_time,
                batch_cost,
                lr))

        if global_step != 0 and (global_step % self.args.val_step == 0):
            #计算测试准确率
            val_acc = self._do_val(self.val_ds, epoch, global_step, "val")
            test_acc = self._do_val(self.test_ds, epoch, global_step, "test")
            #保存模型
            self._save_checkpoint(
              self.args.ckpt_dir, global_step, val_acc, test_acc)
            self.batch_start_index = 0
```

11.2.4　文本识别验证

用户可以参考完整源码，下载开源数据集或者标注自己的数据进行模型训练。在模型训练完成后，可以将文本检测中检测到的文本行裁剪出来，送入识别模型。对于图 11.6 中检测到的文本行，按照行输出的结果如图 11.9 所示。

```
Trhis book consists of four patts.First part illustrates the basis thcoty ofDeep Lcarming
and Computer Vision,CV"s classic network and most common detection algorithms.
Thc second part explains thec common knowledge of image processing.
Thc third part is the practical case ofCV,consists of simplc and diffcult cases,wh
 can hep readers carry out algorithm tresarch and daily work development.
The fourth part explains thc knowledgce ofAI deployment, including mobile and
terminal so that the algorithms can be applied.
his book combincs theory with practice,from algorithm development to deployment
 Icades can apply dep learning to research and work scenarios with this book easily.


 text detect time is: 290
 text recognition time is: 561
 page time is :906
请按任意键继续. . .
```

图 11.9

如图 11.9 所示，将检测到的文本行切割出来送入识别模型中识别，此处的时间为 9 行总的识别时间，单行的识别时间约为 60ms。

11.3 进阶必备：单字 OCR

11.3.1 OCR 探究

本章解读了 CRNN 算法与 Attention OCR 算法，以及基于 CRNN 算法进行文本识别的案例。在深度学习领域，文本识别算法最著名的就是这两种算法，另外还有研究检测加识别端到端实现的方法，有兴趣的用户可以参考论文 *Towards End-to-end Text Spotting with Convolutional Recurrent Neural Networks*。

在深度学习出现之前就有很多企业或研究者对 OCR 做了很多的研究，如 Abbyy 的 OCR 功能。另外还有一款开源的 OCR 引擎 Tesseract-OCR，用户可以下载安装，该引擎支持文本识别，还支持用户训练以增强文字转换能力，用户还可以基于该引擎做二次开发。

目前主流的文本识别算法 CRNN 和 Attention OCR 都是端到端的文本识别，送入的是文本行，识别出来的是一行文字。在端到端的文本识别算法出现之前，文本识别需要先将文本进行字符切割，将切割的单字送入分类网络，下面就介绍一下传统图像处理算法实现字符切割的案例。

11.3.2 案例 45：文本图片字符切割

本案例使用C++实现，如果用户需要使用Python实现可以参考代码做改写。使用Visual Studio 2019 新建项目，在项目属性中配置 OpenCV 库，就可以运行下面的代码实现单字切割。

整个案例分为以下三步：

第一步，对图片按照行投影，获取每一行的位置；

第二步，选取某一行的投影，获取每个字符的位置；

第三步，根据字符的位置抠取字符，保存字符图片。

```
#include "opencv2/imgproc.hpp"
#include "opencv2/highgui.hpp"
#include <iostream>

using namespace cv;
using namespace std;

//定义保存字符区域的类型
typedef struct
{
    int begin;
    int end;
}CharRange;

//定义水平垂直模式
enum
{
    VERTICAL = 1,
    HORIZONAL = 2
};

//获取文本位置投影
int getProjection(Mat& src, vector<int>& pos, int mode)
{
    if (mode == VERTICAL)                           //获取垂直投影
    {
        for (int i = 0; i < src.rows; i++)          //遍历行
        {
            uchar* p = src.ptr<uchar>(i);
            for (int j = 0; j < src.cols; j++)      //遍历列
            {
                if (p[j] == 0)
                {
                    pos[j]++;       //若有文字则统计
                }
            }
        }
    }
    else if (mode == HORIZONAL)                     //获取水平投影
    {
    for (int i = 0; i < src.cols; i++)          //遍历列
        {
```

```
            for (int j = 0; j < src.rows; j++)      //遍历行
            {
                uchar pixel = src.at<uchar>(j, i);
                if (src.at<uchar>(j, i) == 0)
                {
                    pos[j]++;       //有文字则统计
                }
            }
        }
    }
    return 0;
}

//获取每个分割字符的范围
//参数说明：minThresh 为波峰的最小幅度；minRange 为两个波峰之间的最小间隔
int GetPeekRange(vector<int>& vPos, vector<CharRange>& peekRange, int minThresh = 2, int minRange
= 10)
{
    int begin = 0;   //设置起始位置
    int end = 0;
    for (int i = 0; i < vPos.size(); i++)
    {
        //若起始位置为 0，且从某个位置开始出现投影值大于阈值的情况
        //则将该位置设置为字符起始位置
        if (vPos[i] > minThresh && begin == 0)
        {
            begin = i;
        }
        //若有投影且字符起始位置已经设置，则此处还位于字符中
        else if (vPos[i] > minThresh && begin != 0)
        {
            continue;
        }
        //若投影小于阈值且已经设置起始位置，则说明文字区域将结束
        else if (vPos[i] < minThresh && begin != 0)
        {
            end = i;        //设置字符结束区域位置
            //若起始于结束位置的距离大于字符应有的最小宽度，则认为该区域有字符存在
            if (end - begin >= minRange)
            {
                CharRange tmp;
                tmp.begin = begin;
                tmp.end = end;
                peekRange.push_back(tmp);       //添加字符投影区域
```

```
            }
            begin = 0;
            end = 0;
        }
        else        //有投影却小于阈值，可能为噪音
        {
            continue;
        }
    }
    return 0;
}

//切割字符
int CutChar(Mat& img,
            const vector<CharRange>& vPeekRange,
            const vector<CharRange>& hRange,
            vector<Mat>& vecChars)
{
    static int count = 0;           //切割的单字个数统计
    for (int i = 0; i < vPeekRange.size(); i++)
    {
        //单字区域矩形
        Rect rect(vPeekRange[i].begin, 0,
        vPeekRange[i].end - vPeekRange[i].begin, img.rows);
        Mat singleChar = img(rect).clone();     //抠取单字区域图像
        vecChars.push_back(singleChar);

        char name[128] = { 0 };
        sprintf_s(name, "./singleChar/%d.jpg", count);
        imwrite(name, singleChar);      //保存单字图像
        count++;
    }

    return 0;
}

//对输入图片切割，返回单字图像的 vector
vector<Mat> segmentText(Mat& img)
{
    //图像二值化
    threshold(img, img, 0, 255, cv::THRESH_BINARY | cv::THRESH_OTSU);

    vector<int> hPos(img.rows, 0);
```

```
    vector<CharRange> hRange;
    getProjection(img, hPos, HORIZONAL);        //水平投影
    GetPeekRange(hPos, hRange, 10, 10);

    //保存由投影得到的文本行
    vector<Mat> vecLines;
    for (int i = 0; i < hRange.size(); i++)
    {
        Mat line = img(Rect(0, hRange[i].begin, img.cols,
        hRange[i].end - hRange[i].begin)).clone();
        vecLines.push_back(line);
    }

    //将每行文本切割成单字，并保存单字图片
    vector<Mat> vecChars;
    for (int i = 0; i < vecLines.size(); i++)
    {
        Mat line = vecLines[i];
        vector<int> vPos(line.cols, 0);
        vector<CharRange> vPeekRange;
        getProjection(line, vPos, VERTICAL);                //垂直投影
        GetPeekRange(vPos, vPeekRange);
        CutChar(line, vPeekRange, hRange, vecChars);        //字符切割
    }
    return vecChars;
}

//调用单字切割接口
int main()
{
    Mat img = imread("src.png", 0);          //图 11.10
    resize(img, img, Size(), 2, 2);          //调整图片大小为原图大小的两倍，以便于切割
    //segmentText 函数返回的单字图像可以用于后续做分类识别
    vector<Mat> vecChars = segmentText(img);
    return 0;
}
```

本案例使用的源图像如图 11.10 所示。

切割之后的部分单字截图如图 11.11 所示。

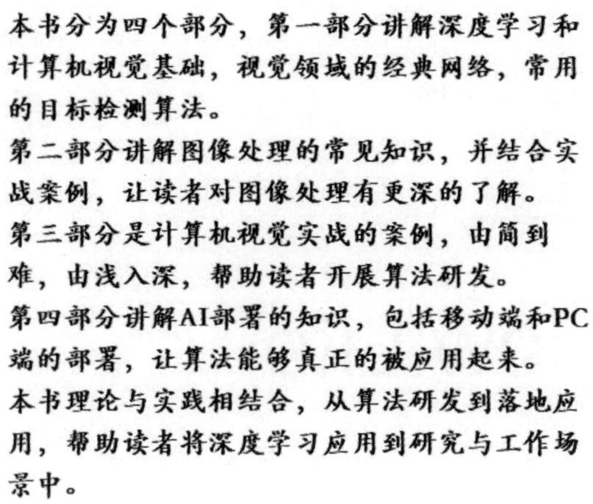

本书分为四个部分，第一部分讲解深度学习和
计算机视觉基础，视觉领域的经典网络，常用
的目标检测算法。
第二部分讲解图像处理的常见知识，并结合实
战案例，让读者对图像处理有更深的了解。
第三部分是计算机视觉实战的案例，由简到
难，由浅入深，帮助读者开展算法研发。
第四部分讲解AI部署的知识，包括移动端和PC
端的部署，让算法能够真正的被应用起来。
本书理论与实践相结合，从算法研发到落地应
用，帮助读者将深度学习应用到研究与工作场
景中。

图 11.10

由图 11.11 可以看出，截图中的最后一行的“99.jpg”和“100.jpg”其实为一个字“到”，被过度切分了。值得注意的是，使用这种方法进行字符切割，如果有表格、图片等内容将会失效。

使用字符切割加分类的方法进行文本识别有很多的缺陷，如案例 45 中字符切割可能存在过度切割的问题，而且很多的复杂场景字符切割难度大。

本 书 分 为 四 个 部 分 第 一 部 分 讲 解 深
度 学 习 和 计 算 机 视 觉 基 础 视 觉 领 域
的 经 典 网 络 常 用 的 目 标 检 测 算 法 。
第 二 部 分 讲 解 图 像 处 理 的 常 见 知 识
并 结 合 实 战 案 例 让 读 者 对 图 像 处 理
有 更 深 的 了 解 。 第 三 部 分 是 计 算 机
视 觉 实 战 的 案 例 由 简 至 刂 难 由 浅 入

图 11.11

图 11.11 所示切割的单字，可以用于训练单字识别模型进行字符识别，这种文本识别和手写数字识别、CIFAR-10 图像分类、验证码识别三个任务一样，都属于分类任务，只是对应的类别会比较多。

第 12 章 TensorFlow Lite

AI 近几年发展得如火如荼，各种算法模型让其扶摇直上，着实让人激动不已。但是这些研究都只停留在理论层面，有些模型参数量巨大，普通的机器算不了，如果放到服务端，成本太高算不起，这让很多的小公司“望模型兴叹”。

如何将 AI 的功能应用到自己的业务中，这是深度学习研究的压轴之作。要想让深度学习模型能够运行起来，需要一个可以执行模型推理的推理框架。Google 推出的深度学习推理框架 TensorFlow Lite 由于算子多、文档完善、代码结构清晰、稳定性好，受到很多公司的青睐。

本章及第 13 章的内容是基于 TensorFlow Lite，讲解如何将 AI 模型部署到移动端和 Windows、Linux 等 PC 端，让 AI 算法真正地被应用。本章就模型部署需要的准备工作做一个介绍，包括将训练的模型转换为 TensorFlow Lite 模型，以及如何使用量化等优化策略让模型更小、运行得更快。在第 13 章将讲解在移动端和 PC 端上如何对模型进行部署。

12.1 TensorFlow Lite 介绍

TensorFlow Lite 是 Google 推出的深度学习推理框架，其不支持模型的训练，只能用于功能的推理。这个框架最初的目的是帮助用户在移动端、嵌入式设备或 IoT 设备上运行 TensorFlow 模型，发展到现在，TensorFlow Lite 已经支持将该推理框架编译为 Windows 或 Linux 的二进制库文件，让 AI 算法能够在这些平台运行。

TensorFlow Lite 提供了 Python、Java、iOS 和 C++四种 API。

注意：推理（Inference）指的是使用 AI 模型，通过输入得到 AI 输出的过程。

12.1.1 TensorFlow Lite 基础

在 TensorFlow 的官方教程中指出，“TensorFlow Lite 是一种在设备端运行 TensorFlow 模型的开源深度学习框架”。由此可知，TensorFlow Lite 用于设备端的模型推理，而不用于模型训练，使用 TensorFlow Lite 进行模型推理具有低延迟、低功耗等优点。

TensorFlow Lite 主要包括两个组件：转化器（Converter）和解释执行器（Interpreter），如图 12.1 所示。

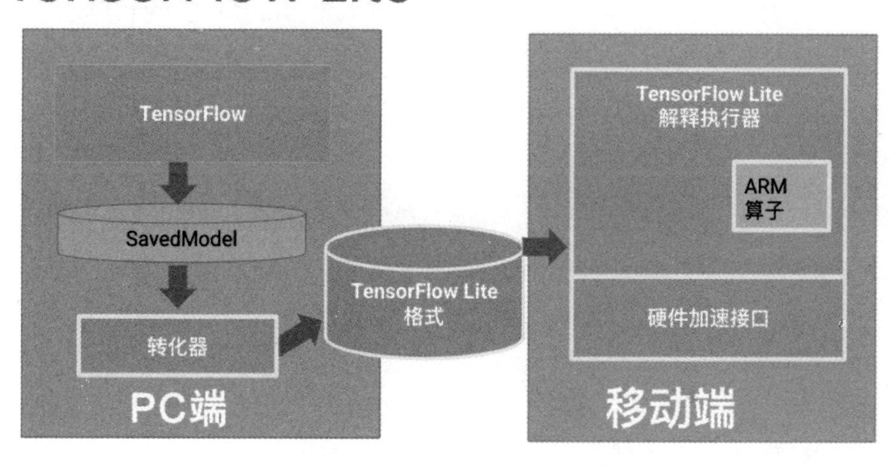

图 12.1

1. 转化器

转化器用于将训练好的模型转换为解释执行器可以使用的模型格式，转化器中还引入了一系列的优化措施（如量化等），有效地减小了转换后模型二进制库文件的大小，提升了模型的推理性能。

转化器的运行流程如图 12.2 所示。

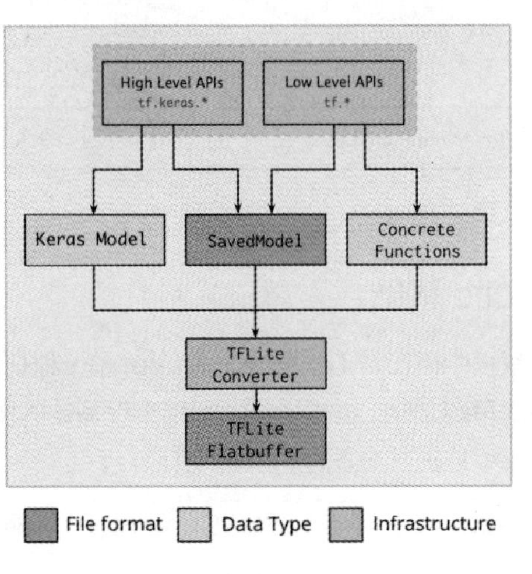

图 12.2

转化器可以使用高阶 API（tf.keras）或低阶 API（tf.lite.TFLiteConverter）进行模型转换，也可以将 Keras 模型或 SavedModel 模型转换为 TensorFlow Lite 模型（文件格式为 FlatBuffers 格式，以 .tflite 为文件扩展名）。其可以使用 tf.lite.TFLiteConverter 调用 TensorFlow 2.x 的模型，也可以使用 tf.compat.v1.lite.TFLiteConverter 转换为 TensorFlow 1.x 的模型。

模型转换可以参考 12.2 节，该节介绍使用转化器将各种格式的模型转换为.tflite 模型。

2. 解释执行器

解释执行器可在各种设备端上运行转化器转换的模型，输出模型推理的结果。

使用解释执行器进行模型推理主要包括以下四个步骤：

- 模型加载，将.tflite 模型加载到内存中；
- 转换数据，将输入数据转换为模型期望的输入数据；
- 运行推理，使用 TensorFlow Lite API 运行模型；
- 解释输出，将模型计算输出结果转换为更有意义的输出结果。

使用解释执行器进行模型推理可以参考第 13 章，该章主要讲解使用解释执行器在移动端和 PC 端进行模型的推理部署。

12.1.2 TensorFlow Lite 源码分析

如果对 TensorFlow Lite 源码有兴趣，可以在 GitHub 上搜索“Tensorflow”，进入代码仓库，Lite 存在于路径 tensorflow/tensorflow/lite 下，在 tag 下选择对应的版本，如 v2.4.0 对应的代码如图 12.3 所示。

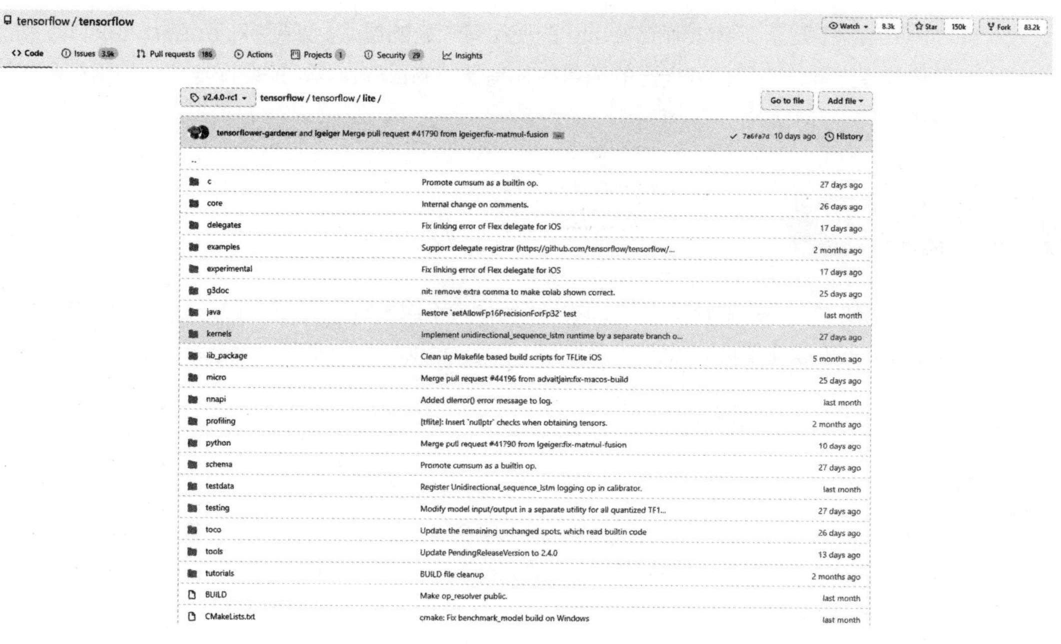

图 12.3

使用 TensorFlow Lite 进行推理，最重要的步骤就是将训练的模型转换为.tflite 模型，以及模型的加载和推理过程的执行。

对照图 12.3，简要地说明源码中几个文件夹的作用，如表 12.1 所示。

表 12.1

文 件 夹	作 用 描 述
c	一些基础数据结构的定义
core	TensorFlow Lite 中基础 API 的封装
delegates	使用的 delegate 方法，如 nnapi 和 xnnpack
examples	使用的示例程序
kernels	算子的内部实现
schema	对 TensorFlow Lite 使用的 FlatBuffers 格式文件做解析
toco	模型格式的转换
tools	一些工具的存放，如 make 文件夹对应的就是 lite 库编译的脚本

在该目录下还有一些文件夹，例如，interpreter.h 和 interpreter.cc 对应 TensorFlow Lite 的解释执行器，model.h 和 model.cc 对应模型的加载。

了解源码的结构，对于 TensorFlow Lite 的使用有较大的帮助。如何将 TensorFlow Lite 编译为对应的二进制库文件，并且用到自己的项目中才是最终的目的，实际的编译与部署使用将会在第 13 章详细分析。

12.2 模型转换

通过 12.1 节的介绍，TensorFlow Lite 可以被编译为不同平台的二进制库文件，用于项目的开发，还有一个需要解决的问题就是将训练的模型转换为 TensorFlow Lite 的模型格式.tflite。

12.2.1 FlatBuffers 文件格式

前面讲过，TensorFlow Lite 提供了两大组件用于推理和模型转换：解释执行器和转化器。

转化器负责把训练好的模型进行转换，并输出为 FlatBuffers 格式，扩展名为.tflite 的文件。TensorFlow Lite 的 FlatBuffers 使用 schema 结构定义，存储在 lite/schema/schema.fbs 中，然后根据 schema.fbs 生成 schema_generated.h 文件进行使用。

在 C++中，模型存储在 FlatBufferModel 类中，该类封装了 TensorFlow Lite 模型，类定义在 lite/model_builder.h 中。

```
class FlatBufferModel {
 public:
  //从文件中创建模型
  static std::unique_ptr<FlatBufferModel> BuildFromFile(
      const char* filename,
      ErrorReporter* error_reporter = DefaultErrorReporter());

  //这个 API 会首先验证文件的合法性，然后从文件中创建模型
  static std::unique_ptr<FlatBufferModel> VerifyAndBuildFromFile(
      const char* filename, TfLiteVerifier* extra_verifier = nullptr,
      ErrorReporter* error_reporter = DefaultErrorReporter());

  //从预加载的 flatbuffer 中创建模型
  static std::unique_ptr<FlatBufferModel> BuildFromBuffer(
      const char* caller_owned_buffer, size_t buffer_size,
      ErrorReporter* error_reporter = DefaultErrorReporter());

  //首先验证 buffer 的合法性，然后从 buffer 中创建模型
  static std::unique_ptr<FlatBufferModel> VerifyAndBuildFromBuffer(
      const char* caller_owned_buffer, size_t buffer_size,
      TfLiteVerifier* extra_verifier = nullptr,
```

```
    ErrorReporter* error_reporter = DefaultErrorReporter());

  //由 flatbuffer 指针创建模型
  static std::unique_ptr<FlatBufferModel> BuildFromModel(
      const tflite::Model* caller_owned_model_spec,
      ErrorReporter* error_reporter = DefaultErrorReporter());

  //释放模型内存
  ~FlatBufferModel();

  //禁止该类的复制构造
  FlatBufferModel(const FlatBufferModel&) = delete;
  FlatBufferModel& operator=(const FlatBufferModel&) = delete;

  bool initialized() const { return model_ != nullptr; }                //初始化
  const tflite::Model* operator->() const { return model_; }            //重载操作符
  const tflite::Model* GetModel() const { return model_; }              //获取模型
  ErrorReporter* error_reporter() const { return error_reporter_; }     //上报错误
  const Allocation* allocation() const { return allocation_.get(); }    //分配内存

  //从 flatbuffer 中获取最小的运行时间版本
  std::string GetMinimumRuntime() const;

  //验证模型
  bool CheckModelIdentifier() const;

 private:
  //从内存中加载模型
  FlatBufferModel(std::unique_ptr<Allocation> allocation,
                  ErrorReporter* error_reporter = DefaultErrorReporter());

  //从模型的 flatbuffer 中加载模型
  FlatBufferModel(const Model* model, ErrorReporter* error_reporter);

  ///flatbuffer 遍历指针
  const tflite::Model* model_ = nullptr;
  //错误上报指针
  ErrorReporter* error_reporter_;
  //模型内存分配器
  std::unique_ptr<Allocation> allocation_;
};
```

12.2.2 案例 46：其他格式转换为.tflite 模型

TensorFlow Lite 转化器提供的 API 可以通过帮助函数获取。

```
import tensorflow as tf
print("Tensorflow Lite Converter:")
print(help(tf.lite.TFLiteConverter))
```

在上面代码的打印信息中可以找到类方法，类方法中有模型转换的 API，模型转换的方式有如下四种。

1. 将 SavedModel 模型转换为.tflite 模型

由 tf.saved_model 保存的模型可以通过如下方式转换为.tflite 模型，这种方式也是 TensorFlow Lite 官方推荐的模型转换方式。

```
import tensorflow as tf

converter = tf.lite.tfliteConverter.from_saved_model(saved_model_dir)   #创建转化器
lite_model = converter.convert()                                        #模型转换


with open('model.tflite', 'wb') as f:
  f.write(lite_model)                                                   #保存转换后的模型
```

其中，saved_model_dir 传入的是 SavedModel 模型所在的路径。

2. 通过 Session 导入 converter 中

这种方式直接把网络和参数恢复到 Session 中，然后再通过 Session 导入 converter 中，保存为.tflite 模型。例如，在下面的例子中，定义如下：

```
import tensorflow as tf

input1 = tf.placeholder(name="input1", dtype=tf.float32, shape=(1, 32, 32, 3))   //输入 1
input2 = tf.get_variable("input2", dtype=tf.float32, shape=(1, 32, 32, 3))       //输入 2
output = input1 + input2                              //加法操作
out = tf.identity(output, name="out")                 //创建输出

with tf.Session() as sess:                            //创建会话
  sess.run(tf.global_variables_initializer())                                    //初始化
  converter = tf.lite.tfliteConverter.from_session(sess, [input1], [out])        //创建转化器
  lite_model = converter.convert()                                               //导出模型
  open("lite.tflite", "wb").write(lite_model)                                    //保存模型
```

转换后得到的模型为 lite.tflite，使用 Netron 打开该模型，结果如图 12.4 所示。

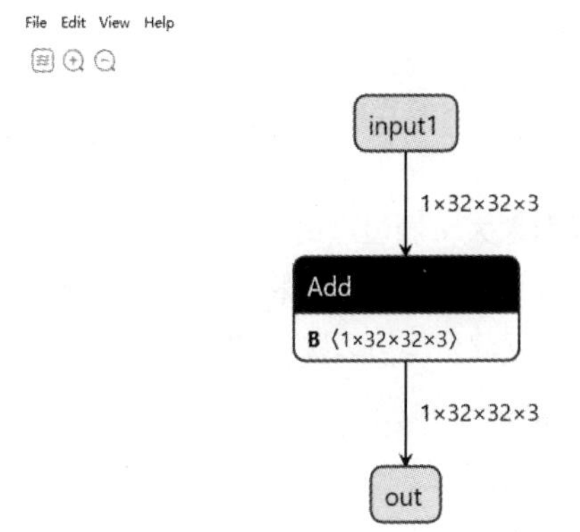

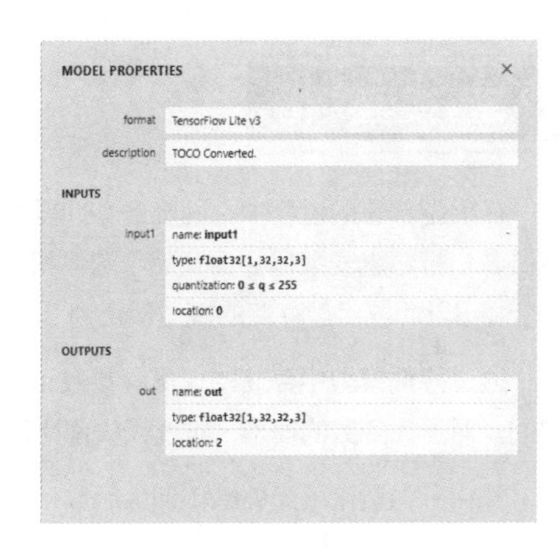

图 12.4

3. 将.pb 模型转换为.tflite 模型

这种方式需要先把.meta 和.checkpoint 文件通过 freeze_graph 输出为.pb 格式，再通过转化器转换为.tflite 模型。

```
import tensorflow as tf

graph_def_file = "/model/mobilenet_v1_1.0_224/frozen_graph.pb"          //.pb 模型路径
input_arrays = ["input"]                                                 //输入模型
output_arrays = ["MobilenetV1/Predictions/Softmax"]                      //输出模型

converter = tf.lite.tfliteConverter.from_frozen_graph(                   //创建转化器
  graph_def_file, input_arrays, output_arrays)
lite_model = converter.convert()
open("converted_model.tflite", "wb").write(lite_model)                   //保存模型
```

4. 将.h5 模型转换为.tflite 模型

通过 Keras 训练的模型保存为.h5 格式，可以通过如下方式将.h5 模型转换为.tflite 模型：

```
import tensorflow as tf

converter = tf.lite.tfliteConverter.from_keras_model_file("mobilenet_slim.h5")
lite_model = converter.convert()
open("mobilenet_slim.tflite", "wb").write(lite_model)
```

通过上面的几种方式，可以将训练的模型转换为 TensorFlow Lite 需要的模型格式，这样就可以使用 TensorFlow Lite 进行推理部署了。

12.3 模型量化

在模型部署的过程中会面临各种问题，其中一个就是模型太大，通过网络下放会占用大量的带宽资源，打包进安装包会让安装包的体积变大很多。为了解决这种问题，可以将模型进行量化。例如，将 32bit 浮点型存储的模型量化为 8bit 整型存储的模型，存储空间可以降低 75%。

通过降低模型中存储的权重等参数和算子的运算精度，量化可以减少模型的大小和推理所需的时间。对于大多数的模型，精度损失都比较小，在可接受的范围内。

量化分为量化感知训练和训练后量化两种方式。

12.3.1 案例 47：量化感知训练

量化感知训练就是训练过程中的量化。需要安装 tensorflow-model-optimization，安装命令如下：

```
pip install -q tensorflow-model-optimization
```

本节的实例依旧使用基于 MNIST 数据集的手写数字识别任务，使用 Keras 搭建模型，使用 TensorFlow 做量化感知训练。

1. 训练一个不带量化感知的模型

使用 Python 训练一个不带量化感知的模型，代码如下：

```
import tempfile
import os
import tensorflow as tf
from tensorflow import keras
import tensorflow_model_optimization as tfmot

#训练一个不带量化感知的 MNIST 模型
#加载 MNIST 数据集
mnist = keras.datasets.mnist
(train_images, train_labels), (test_images, test_labels) = mnist.load_data()

#输入图像的归一化
train_images = train_images / 255.0
test_images = test_images / 255.0

#搭建网络
model = keras.Sequential([
  keras.layers.InputLayer(input_shape=(28, 28)),
```

```
  keras.layers.Reshape(target_shape=(28, 28, 1)),
  keras.layers.Conv2D(filters=12, kernel_size=(3, 3), activation='Relu'),
  keras.layers.MaxPooling2D(pool_size=(2, 2)),
  keras.layers.Flatten(),
  keras.layers.Dense(10)
])

#模型训练
model.compile(optimizer='adam',
             loss=tf.keras.losses.SparseCategoricalCrossentropy(from_logits=True),
             metrics=['accuracy'])

model.fit(
  train_images,
  train_labels,
  epochs=1,
  validation_split=0.1,
)
```

搭建的网络结构如图 12.5 所示。

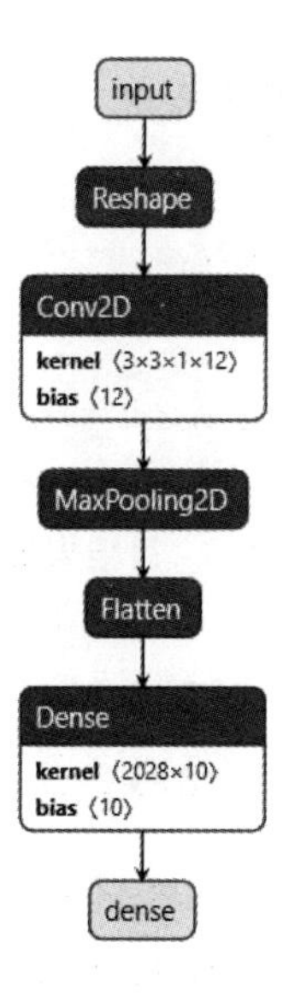

图 12.5

2. 使用量化感知训练模型

使用量化感知训练模型，代码如下：

```
#使用量化感知训练微调预训练模型
quantize_model = tfmot.quantization.keras.quantize_model

q_aware_model = quantize_model(model)    #量化模型

#编译量化模型
q_aware_model.compile(optimizer='adam',
            loss=tf.keras.losses.SparseCategoricalCrossentropy(from_logits=True),
            metrics=['accuracy'])

q_aware_model.build(input_shape=(None, 28, 28))
q_aware_model.summary()
```

3. 量化模型与 baseline 模型对比

将量化模型与 baseline 模型对比，代码如下：

```
#模型训练并与 baseline 模型对比
train_images_subset = train_images[0:60000]
train_labels_subset = train_labels[0:60000]

q_aware_model.fit(train_images_subset, train_labels_subset,
                  batch_size=500, epochs=1, validation_split=0.1)
#baseline 模型的准确率
_, baseline_model_accuracy = model.evaluate(
    test_images, test_labels, verbose=0)
#量化模型的准确率
_, q_aware_model_accuracy = q_aware_model.evaluate(
   test_images, test_labels, verbose=0)

print('Baseline test accuracy:', baseline_model_accuracy)
print('Quant test accuracy:', q_aware_model_accuracy)
```

比较 baseline 模型和量化模型的准确率，其结果如图 12.6 所示。

```
Baseline test accuracy: 0.9609
Quant test accuracy: 0.955
```

图 12.6

上面的结果在不同的机器上会有些许的差异，但是可以发现量化之后模型的精度损失不大。

4. 保存模型

调用 model.save 函数可以将 baseline 模型和量化模型保存为 Keras 的.h5 格式，还可以使用 TensorFlow Lite 的转化器将模型转换为可以使用 TensorFlow Lite 进行推理的.tflite 格式。

```
model.save("./tf_keras_mnist_model/model.h5")    #保存未量化模型
q_aware_model.save("./tf_keras_mnist_model/model_quantization.h5")      #保存量化模型

converter = tf.lite.tfliteConverter.from_keras_model(q_aware_model)      #创建解释执行器
converter.optimizations = [tf.lite.Optimize.DEFAULT]                     #int8 量化

quantized_TensorFlow Lite_model = converter.convert()
open("quantized_lite_model.tflite", "wb").write(quantized_lite_model)   #保存量化模型
```

量化感知训练可以实现训练中的量化，相较于训练后量化，其需要重新训练模型，但是对模型的精度损失更小。

12.3.2　案例 48：训练后量化

训练后量化对模型准确率有些许损失，但量化可以有效地减少 CPU、硬件加速器的延迟和处理时间，并降低它们的功耗，以及减小模型大小。与量化感知训练不同的是，训练后量化无法重新训练模型以补偿量化带来的误差。因此，训练后量化需要在量化精度和模型大小之间权衡。

训练后量化包括三种方式：动态范围量化、int8 量化和 float16 量化。

（1）动态范围量化是指仅将权重从浮点型到整型做量化，在推理时再将权重转为浮点型进行计算，动态范围量化的输出为浮点型。为了进一步改善延迟现象，“动态范围”算子会根据其 8 位动态范围量化激活，并使用 8 位权重和激活执行计算。尽管该优化的延迟接近 8 位整型量化，然而加速效果还是不如整型量化。

（2）int8 量化是指将 32 位浮点数格式存储的模型转换为最接近的 8 位整型数格式存储的模型，这种转换可以有效地减小模型尺寸并提高推理速度。另外，这种操作对于功耗低、内存非常有限的微控制器之类的设备，意义非同一般。在使用 int8 量化时，有些模型的精度损失让人不能接受，但模型体积又限制了模型的使用，出现这种情况时可以考虑 float16 量化。

（3）float16 量化是指将 32 位浮点数格式存储的模型转换为 16 位浮点数格式存储的模型，这种转换对精度的影响较整型量化小，还将模型存储大小降为原来的 1/2。使用这种降低精度的量化算法进行本地计算，可以达到比传统浮点推理更快的速度。

使用训练后量化需要先读取未量化的模型创建转化器。

```
converter = tf.lite.tfliteConverter.from_keras_model_file(
"./tf_keras_mnist_model/mnist_model.h5")
lite_model = converter.convert()
```

这里使用的是.h5 模型文件，可以使用如下方式转换模型。

（1）对于 TensorFlow 2.x，需要使用 tf.lite.tfliteConverter：

- tf.lite.tfliteConverter.from_saved_model()，转换 SavedModel 模型。
- tf.lite.tfliteConverter.from_keras_model()，转换 Keras 模型。
- tf.lite.tfliteConverter.from_concrete_functions()，转换具体函数。

（2）对于 TensorFlow 1.x，需要使用 tf.compat.v1.lite.tfliteConverter 转换：

- tf.compat.v1.lite.tfliteConverter.from_saved_model()，转换 SavedModel 模型。
- tf.compat.v1.lite.tfliteConverter.from_keras_model_file()，转换 Keras 模型。
- tf.compat.v1.lite.tfliteConverter.from_session()，转换 GraphDef 模型。
- tf.compat.v1.lite.tfliteConverter.from_frozen_graph()，转换.pb 模型。

下面将介绍三种训练后量化的转换方法。

在量化之前需要先使用动态范围量化方法量化所有的固定参数，如权重，代码如下：

```
converter = tf.lite.tfliteConverter.from_keras_model(model)
converter.optimizations = [tf.lite.Optimize.DEFAULT]
lite_model_quant = converter.convert()
```

动态范围量化只是量化了固定的参数，对于其他的一些变量仍然是使用浮点数格式存储的。要量化变量的数据，需要提供一个生成器函数 RepresentativeDataset，该函数提供了一组代表性数据集，用于评估优化。

```
def representative_data_gen():   #生成数据
  for input_value in tf.data.Dataset.from_tensor_slices(train_images).batch(1).take(100):
    #模型只有一个输入，因此每个数据点只有一个元素
    yield [input_value]

converter = tf.lite.tfliteConverter.from_keras_model(model)
converter.optimizations = [tf.lite.Optimize.DEFAULT]
converter.representative_dataset = representative_data_gen

lite_model_quant = converter.convert()
```

这样就完成了整型量化，为了保持与 32 位浮点型模型输入和输出的兼容性，TensorFlow Lite Converter 将模型输入和输出张量保存为 32 位浮点数格式。

但是如果想将输入和输出也量化为整型，可以进行如下操作：

```
def representative_data_gen():
  for input_value in tf.data.Dataset.from_tensor_slices(train_images).batch(1).take(100):
    yield [input_value]

converter = tf.lite.tfliteConverter.from_keras_model(model)
```

```
converter.optimizations = [tf.lite.Optimize.DEFAULT]
converter.representative_dataset = representative_data_gen
#若有算子不支持 int8 量化则会报错
converter.target_spec.supported_ops = [tf.lite.OpsSet.tflite_BUILTINS_INT8]
#将输入和输出类型转换为 uint8
converter.inference_input_type = tf.uint8
converter.inference_output_type = tf.uint8

lite_model_quant = converter.convert()
```

这样就是全整型量化了，输入、输出也是 uint8 类型的。

12.4　进阶必备：模型转换与模型部署优化答疑

用户在使用 TensorFlow Lite 进行模型部署的过程中会遇到一些问题，如模型转换问题和模型部署优化问题，本节选取了常见的几个问题进行分析。

12.4.1　模型转换问题

1. 目前支持的转换格式

（1）SavedModel 格式，使用的转换 API 为 TFLiteConverter.from_saved_model。

（2）由 freeze_graph.py 生成的冻结 GraphDef 格式，即.pb 格式的模型，使用的转换 API 为 TFLiteConverter.from_frozen_graph。

（3）tf.keras HDF5 格式，即使用 Keras 框架训练的模型，使用的转换 API 为 TFLiteConverter.from_keras_model_file。

（4）tf.Session 格式，使用的转换 API 为 TFLiteConverter.from_session。

2. 模型转换失败

将 TensorFlow 训练的模型转换为.tflite 模型，因为 TensorFlow 中的算子数量远多于 TensorFlow Lite 中的算子数量，所以对于某些算子（如嵌入向量和 LSTM/RNN 等）来说，TensorFlow Lite 不一定支持。

对未定义的算子的解决方案：

（1）寻找替换方案，尝试用其他的算子组合实现该功能。

（2）对于较为简单的算子或者有开源代码的算子，用户可以在 TensorFlow Lite 中添加自定义算子。

（3）到 TensorFlow Lite 的 GitHub 中给开发团队提 issue，这种方案耗时较长且不一定会被采纳。

3. 对于.pb 模型，不确定输入/输出

将.pb 模型转换为.tflite 模型，需要确定模型的输入/输出，如果不能确定，可以通过以下方案进行尝试解决：

（1）使用开源软件 Netron 查看输入/输出。

（2）使用 summarize_graph 工具查看输入/输出。

（3）使用 TensorBoard 查看输入/输出，TensorBoard 可以在计算图中查找输入/输出，在使用之前，用户需要使用 import_pb_to_tensorboard.py 脚本进行转换。

```
python import_pb_to_tensorboard.py --model_dir <model path> --log_dir <log dir path>
```

提示：Netron 是一款开源的深度学习模型可视化工具，目前支持 Windows、Linux、Mac 等平台或操作系统，支持 ONNX （.onnx、.pb、.pbtxt）、Keras（.h5、.keras）、Core ML（.mlmodel）、Caffe（.caffemodel、.prototxt）、Caffe2（predict_net.pb）、Darknet（.cfg）、MXNet（.model、-symbol.json）、Barracuda（.nn）、ncnn（.param）、Tengine（.tmfile）、TNN（.tnnproto）、UFF （.uff）和 TensorFlow Lite（.tflite）等各种框架的不同格式模型的可视化，还有一些试验性的支持文件格式。

12.4.2 模型部署优化

在模型部署过程中，最需要注意的就是模型大小、执行速度和准确率这三个问题。通过模型部署优化可以减小模型大小，提升模型推理执行速度，对准确率影响较小。

1. 模型大小优化

在模型较大时，可以考虑通过模型量化的方法减小模型大小，模型量化也能在一定程度上提高执行速度，但可能会影响模型的准确率，所以用户需要在这三者之间寻求一个平衡。在模型训练完成后可以使用训练后量化的方法，重新训练模型可以考虑使用量化感知训练的方法，对准确率的损失会小一些，但是量化感知训练支持的卷积神经网络架构有限。

2. 多线程加速

可以调整使用多线程加速模型推理，在 C++中，可以使用 TfLiteInterpreterOptions 中的 SetNumThreads()设置多线程。

3. 硬件加速器加速

目前的计算机或移动设备硬件配置都比较高，TensorFlow Lite 为这些设备提供了很多硬件加速方案，如 Android 8.1 版本以上的系统可以使用 Neural Networks API（NNAPI）进行加速，ARM、WebAssembly 和 x86 平台可以使用 XNNPACK 进行加速。TensorFlow Lite 通过代理（Delegates）调用设备的加速器（如 GPU 和 DSP）以启用模型推理的硬件加速，用户可以在 TFLiteInterpreterOptions 中设置是否使用某项加速方案，如 NNAPI 加速可以通过 TFLiteInterpreterOptions 调用 UseNNAPI 开关开启。

第 13 章 基于 TensorFlow Lite 的 AI 功能部署实战

越来越多的公司在自己的业务中提出了接入 AI 功能的需求，这些需求大部分是将 AI 功能接入智能手机或 PC 客户端软件中，例如，前面讲到的 OCR 功能，在实际业务中用户会拍一张图片，然后选择 OCR 功能将文字提取出来。公司还可以参考 CIFAR-10 数据集或 CIFAR-100 数据集，利用公司已有的商品图像对其分类，在识别到相应的商品后给客户做推荐等。

应对这些需求，摆在面前的一道难关就是把训练好的模型部署到这些终端上，前面已经介绍过部署所需要的模型转换、模型优化，接下来介绍如何在相应的终端上完成模型的部署，即如何基于 Google 的深度学习推理框架 TensorFlow Lite 实现模型推理，并将其部署到移动端和 PC 端设备中调用。

13.1 部署流程

不管是 TensorFlow Lite 还是其他的推理框架，进行 AI 功能的部署都需要以下四个步骤。

第一步，模型加载。

模型加载是指将训练好的模型加载到内存中，这样内存中包含模型的执行图，推理过程也就是执行图的计算。

需要说明的是，使用任何推理框架，都需要将模型转换为对应的模型格式，如在 TensorFlow Lite 中将模型保存为.tflite 格式，转换方式在第 12 章有相关介绍。

对于 TensorFlow Lite，模型加载之后需要创建解释器。

第二步，数据准备。

若模型中有全连接，则模型的输入数据的尺寸需要固定。例如，读取一张图像，需要调整图像的大小，然后将调整后的图像作为输入数据送入模型。另外，模型输入数据的维度和读取数据的维度很可能不同，此时需要对输入数据的维度进行调整。

第三步，执行推理。

基于 TensorFlow Lite，调用解释器执行模型推理，对于分类网络，输出分类结果的得分；对于 OCR 的文本检测，输出矩形框的位置和得分。

第四步，解释输出。

在完成模型推理之后，输出结果为数值，这些数值和实际中需要的结果存在差异，需要通过后处理将这些数值和需要的结果进行映射，根据实际需求将这些概率值转换为有意义的结果输出。

13.2　案例 49：移动端部署

TensorFlow Lite 设计的初衷就是为移动设备和嵌入式设备提供轻量级的解决方案，所以在移动端和嵌入式端都有很完备的支持，在源码中就有对应这些平台的示例，如图 13.1 所示。

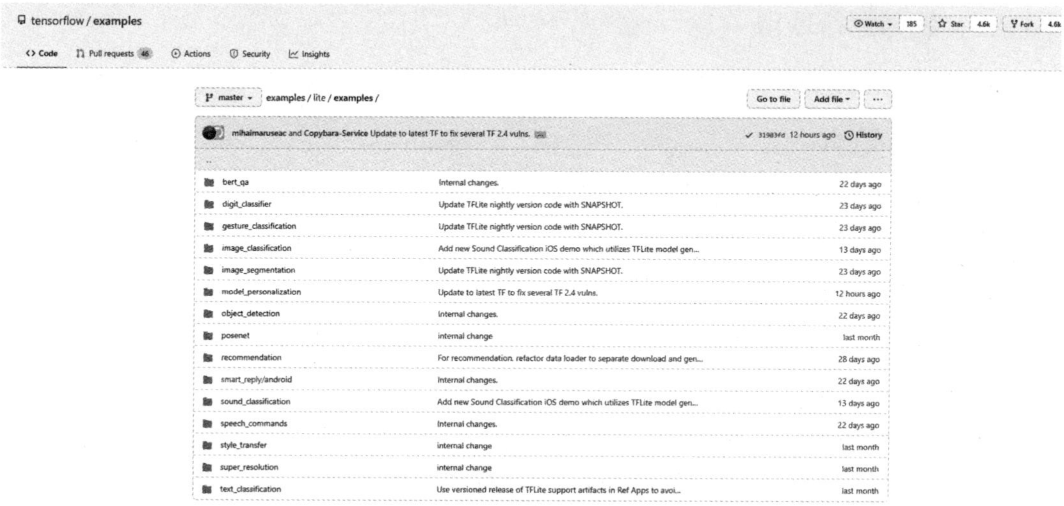

tensorflow / examples

Watch 185　Star 4.6k　Fork 4.6k

Code　Pull requests 46　Actions　Security　Insights

master　examples / lite / examples /　Go to file　Add file　…

mihaimaruseac and Copybara-Service Update to latest TF to fix several TF 2.4 vulns.　31903fd 12 hours ago　History

..		
bert_qa	Internal changes.	22 days ago
digit_classifier	Update TFLite nightly version code with SNAPSHOT.	23 days ago
gesture_classification	Update TFLite nightly version code with SNAPSHOT.	23 days ago
image_classification	Add new Sound Classification iOS demo which utilizes TFLite model gen...	13 days ago
image_segmentation	Update TFLite nightly version code with SNAPSHOT.	23 days ago
model_personalization	Update to latest TF to fix several TF 2.4 vulns.	12 hours ago
object_detection	Internal changes.	22 days ago
posenet	internal change	last month
recommendation	For recommendation. refactor data loader to separate download and gen...	28 days ago
smart_reply/android	Internal changes.	22 days ago
sound_classification	Add new Sound Classification iOS demo which utilizes TFLite model gen...	13 days ago
speech_commands	Internal changes.	22 days ago
style_transfer	internal change	last month
super_resolution	internal change	last month
text_classification	Use versioned release of TFLite support artifacts in Ref Apps to avoi...	last month

图 13.1

由图 13.1 可以看出，示例有计算机视觉方向的，如图像分类、图像分割、风格迁移等，也有自然语言处理方向的，如智能应答、文本分类等。每个案例都支持 Android 系统和 iOS 系统，部分还支持树莓派，如图 13.2 所示。

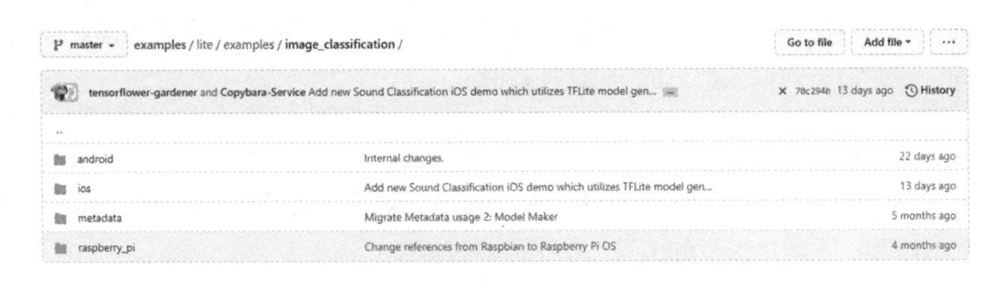

图 13.2

图 13.2 为图像分类的示例，本节将通过该示例讲解移动端的部署，以安卓端的部署为例进行讲解，其他的移动端部署类似，想深入学习的用户可以参考官方示例。

13.2.1 搭建开发环境

在开发之前，需要准备对应的开发环境，主要包括以下两点：

（1）在开发机器上安装 Android Studio；

（2）使用 USB 连接安卓设备，打开开发者模式。

13.2.2 编译运行项目

在环境搭建完成之后，就可以编译运行项目了，主要包括以下四步。

第一步，源码下载。

源码可以从 TensorFlow 官网下载，使用 Android Studio 打开源码，用户可以选择新建项目或打开已存在的项目，此处打开 lite/examples/image_classification/android 路径下的已存在的文件。

第二步，编译 Android Studio 项目。

编译项目，若缺少库则需要自行安装对应的库，build.gradle 会提示缺少的库。

本案例支持两种推理方案，即 Task Library 方案和 Support Library 方案。Task Library 方案（lib_task_API）利用 TensorFlow Lite 中现成的 API，而 Support Library 方案（lib_support）支持用户创建自定义的推理流程，两种方案可以在“构建→选择构建变量”下拉菜单中选择。

实例中使用的 mobilenet_v1_1.0_224.tflite 模型通过 download.gradle 下载，可以选择对应的量化版本的模型 mobilenet_v1_1.0_224_quant.tflite，另外示例还提供了 EfficientNet 的模型及对应的量化版本。

第三步，安装运行 App。

将 Android 设备连接计算机，并允许 ADB 权限，执行“Run→Run 'app' ”命令，就会在设备上安装应用程序。

第四步，测试应用程序。

在 Android 设备上打开 TFL Classify 应用，允许相机权限，即可对相机实时采集到的图片进行图像分类，结果如图 13.3 所示。

图 13.3

在图 13.3 中给出了三个得分最高的识别结果，其中，得分最高的是 mouse（鼠标），识别结果正确。

在 lib_support 和 lib_task_api 的代码中定义了基类 Classifier，以及对应的派生类 ClassifierFloatEfficientNet（EfficientNet 非量化模型）、ClassifierQuantizedEfficientNet（EfficientNet 量化模型）、ClassifierFloatMobileNet（MobileNet 非量化模型）、ClassifierQuantizedMobileNet（MobileNet 量化模型）。

在 lib_task_api 中直接使用现成的 API，Classifier 调用 ImageClassifier 进行图像的分类，由 ImageClassifier 对象调用 classify 函数，返回分类结果。

```
List<Classifications> results = imageClassifier.classify(inputImage, imageOptions);
```

其中，ImageClassifier 类继承自 BaseTaskApi。

在 lib_support 中，调用 Tensorflow Lite 的 API 进行推理，主要包括以下三步（为了分析而增加的日志代码在此做了删除）。

13.2.3 调用过程解析

1. 创建对象

创建对象，代码如下：

```
/*引入 Interpreter*/
import org.tensorflow.lite.Interpreter;

/*创建解释器 */
protected Interpreter tflite;
/*存储解释器选项*/
private final Interpreter.Options tfliteOptions = new Interpreter.Options();
/*存储分类类别标签*/
private final List<String> labels;
/*存储输入图像 buffer */
private TensorImage inputImageBuffer;
/*保存输出的得分 */
private final TensorBuffer outputProbabilityBuffer;
/*用于处理输出的得分概率值*/
private final TensorProcessor probabilityProcessor;
```

2. 初始化

初始化部分主要创建解释器。首先需要加载.tflite 模型文件，创建模型对象，然后根据模型对象和解释器的选项创建解释器。为了使推理过程更快，Lite 中引入了很多的代理方式对推理过程进行加速。

```
protected Classifier(Activity activity, Device device, int numThreads) throws IOException {
  //创建模型对象
  MappedByteBuffer tfliteModel = FileUtil.loadMappedFile(activity, getModelPath());
  //根据设备类型，选择加速的代理方式
  switch (device) {
    case NNAPI:                          //NNAPI 加速
      nnApiDelegate = new NnApiDelegate();
      tfliteOptions.addDelegate(nnApiDelegate);
      break;
    case GPU:                            //GPU 加速
      gpuDelegate = new GpuDelegate();
      tfliteOptions.addDelegate(gpuDelegate);
      break;
    case CPU:                            //在 CPU 上使用 XNNPACK 加速
```

```
        tfliteOptions.setUseXNNPACK(true);
        break;
    }
    tfliteOptions.setNumThreads(numThreads);         //设置线程数
    tflite = new Interpreter(tfliteModel, tfliteOptions);      //根据 model 和 options 创建解释器
    labels = FileUtil.loadLabels(activity, getLabelPath());    //加载分类标签

    //分别读取输入和输出张量
    int imageTensorIndex = 0;
    //输入图像维度为 {1, height, width, 3}
    int[] imageShape = tflite.getInputTensor(imageTensorIndex).shape();
    imageSizeY = imageShape[1];
    imageSizeX = imageShape[2];
    //获取输入张量的类型
    DataType imageDataType = tflite.getInputTensor(imageTensorIndex).dataType();

    int probabilityTensorIndex = 0;
    //输出图像的维度为{1, NUM_CLASSES}, NUM_CLASSES 表示分类的类别
    int[] probabilityShape =
        tflite.getOutputTensor(probabilityTensorIndex).shape();
    //获取输出张量的类型
    DataType probabilityDataType = tflite.getOutputTensor(probabilityTensorIndex).dataType();

    //创建输入张量
    inputImageBuffer = new TensorImage(imageDataType);

    //创建输出张量
    outputProbabilityBuffer = TensorBuffer.createFixedSize(
                                                    probabilityShape,
                                                    probabilityDataType);

    // 创建后处理对象
    probabilityProcessor = new TensorProcessor.Builder().add(
                                                    getPostprocessNormalizeOp()).build();
}
```

3. 模型推理

模型推理是调用 tflite.run 函数完成的，输入为图像的 buffer，输出为预测结果的得分值。

```
public List<Recognition> recognizeImage(final Bitmap bitmap, int sensorOrientation) {
    //加载输入图像，并记录加载输入图像的时间
    long startTimeForLoadImage = SystemClock.uptimeMillis();
    inputImageBuffer = loadImage(bitmap, sensorOrientation);
    long endTimeForLoadImage = SystemClock.uptimeMillis();
```

```
    //运行推理调用，并记录推理的时间
    long startTimeForReference = SystemClock.uptimeMillis();
    tflite.run(inputImageBuffer.getBuffer(), outputProbabilityBuffer.getBuffer().rewind());
    long endTimeForReference = SystemClock.uptimeMillis();

    // 获取类别标签和得分概率值之间的映射
    Map<String, Float> labeledProbability =
    new TensorLabel(labels, probabilityProcessor.process(outputProbabilityBuffer))
                .getMapWithFloatValue();

    //返回得分最高的几个结果
    return getTopKProbability(labeledProbability);
  }
```

在第 12 章中讲到，在 tensorflow/lite/tools/make 路径下，有几个平台的编译脚本，在 tensorflow/lite 路径下还可以发现另外两个和编译相关的文件，即 BUILD 和 CMakeLists.txt，这其实是 TFlite 提供的另外两种编译方式。

（1）BUILD 文件是通过 bazel 工具编译的脚本。例如，如果想编译安卓下的 C++ 动态库，然后通过 JNI 调用，可以使用如下脚本：

```
bazel build -c opt --config=android_arm //tensorflow/lite:libtensorflowlite.so
```

（2）CMakeLists.txt 文件是通过 CMake 工具编译的脚本文件，该编译方式在 TensorFlow 2.4 之后开始支持，可以通过 Cmake 编译方式在 Linux 下交叉编译安卓的动态库文件。

13.3 PC 端部署

PC 端部署包括 Linux 、Windows、ARM、MIPS 几个平台的编译，本节将介绍 TensorFlow Lite 在这些平台上的编译，并使用默认的测试工具 benchmark 进行测试。

lite 中存在三种编译相关的脚本，即 MakeFile、BUILD 和 CMakeLists.txt，在本节主要介绍使用 CMakeLists.txt 编译生成项目工程文件。

13.3.1 案例 50：Windows 平台部署

有了 CMakeLists.txt 文件，可以使用 CMake 工具编译生成解决方案文件，在 Windows 下也可以使用 Visual Studio 2019（简称 VS2019）的开发者控制台，使用行生成命令，进入到 lite 目录下，执行如下的编译命令：

```
cmake -G "Visual Studio 16 2019" -DCMAKE_BUILD_TYPE=Release -B ./build_release -S ./
```

上述命令指定 VS2019 编译 Release 版本的库，可以通过其他的控制开关控制编译的参数，例如，-DTFLITE_ENABLE_XNNPACK 可以控制是否使用 XNNPACK 对推理过程进行加速。-B 指定生成目录，-S 指定源码所在目录（CMakeLists.txt 文件所在层级目录）。最终生成的解决方案文件如图 13.4 所示。

xnnpack	2020/11/17 9:13	文件夹	
ALL_BUILD.vcxproj	2020/11/17 10:03	VC++ Project	27 KB
ALL_BUILD.vcxproj.filters	2020/11/17 10:03	VC++ Project Filters F...	1 KB
benchmark_model.vcxproj	2020/11/17 10:03	VC++ Project	73 KB
benchmark_model.vcxproj.filters	2020/11/17 10:03	VC++ Project Filters F...	5 KB
build_release.rar	2020/11/17 10:43	WinRAR 压缩文件	169,854 KB
buildtests.sh	2020/11/17 9:04	Shell Script	1 KB
check.sh	2020/11/17 9:04	Shell Script	1 KB
cmake_install.cmake	2020/11/17 10:03	CMAKE 文件	2 KB
CMakeCache.txt	2020/11/17 10:03	文本文档	48 KB
debug.sh	2020/11/17 9:04	Shell Script	1 KB
INSTALL.vcxproj	2020/11/17 10:03	VC++ Project	14 KB
INSTALL.vcxproj.filters	2020/11/17 10:03	VC++ Project Filters F...	1 KB
install_manifest.txt	2020/11/17 11:16	文本文档	0 KB
release.sh	2020/11/17 9:04	Shell Script	1 KB
tensorflow-lite.sln	2020/11/17 10:03	Visual Studio Solution	73 KB
tensorflow-lite.vcxproj	2020/11/17 10:03	VC++ Project	94 KB
tensorflow-lite.vcxproj.filters	2020/11/17 10:03	VC++ Project Filters F...	55 KB
tensorflow-lite.vcxproj.user	2020/11/17 11:04	Per-User Project Opti...	1 KB
ZERO_CHECK.vcxproj	2020/11/17 10:03	VC++ Project	86 KB
ZERO_CHECK.vcxproj.filters	2020/11/17 10:03	VC++ Project Filters F...	1 KB

图 13.4

然后就可以使用 VS2019 打开项目文件，生成对应的二进制库文件，如图 13.5 所示。

名称	修改日期	类型	大小
benchmark_model.exe	2020/11/17 11:23	应用程序	2,174 KB
mobilenet_v1_1.0_224.tflite	2020/2/24 11:05	TFLITE 文件	16,505 KB
tensorflow-lite.lib	2020/11/17 11:10	Object File Library	24,104 KB

图 13.5

在编译完成之后，可以使用测试平台 benchmark_model.exe 进行测试，在控制台下输入如下命令就可以进行测试。

```
benchmark_model.exe --graph=mobilenet_v1_1.0_224.tflite
```

执行后出现如图 13.6 所示的打印结果，说明执行成功。

```
命令提示符

D:\                    \tensorflow\tensorflow\lite\build_release\Release>benchmark_model.exe --graph=mobilenet_v1_1.0_224.tflite
STARTING!
Log parameter values verbosely: [0]
Graph: [mobilenet_v1_1.0_224.tflite]
Loaded model mobilenet_v1_1.0_224.tflite
The input model file size (MB): 16.9008
Initialized session in 50.568ms.
Running benchmark for at least 1 iterations and at least 0.5 seconds but terminate if exceeding 150 seconds.
count=8 first=74176 curr=69631 min=69572 max=74176 avg=70515.1 std=1537

Running benchmark for at least 50 iterations and at least 1 seconds but terminate if exceeding 150 seconds.
count=50 first=69983 curr=69637 min=69209 max=72365 avg=69739.8 std=466

Inference timings in us: Init: 50568, First inference: 74176, Warmup (avg): 70515.1, Inference (avg): 69739.8
```

图 13.6

在图 13.6 中，使用 mobilenet_v1_1.0_224.tflite 进行推理测试，平均推理时间为 69.74ms。如果使用 XNNPACK 加速方案进行推理加速，可以在测试命令中增加对应的开关参数 --use_xnnpack=true。

```
benchmark_model.exe --graph=mobilenet_v1_1.0_224.tflite --use_xnnpack=true
```

执行结果如图 13.7 所示。

```
选择命令提示符

D:\                    \tensorflow\tensorflow\lite\build_release\Release>benchmark_model.exe --graph=mobilenet_v1_1.0_224.tflite --use_xnnpack=true
STARTING!
Log parameter values verbosely: [0]
Graph: [mobilenet_v1_1.0_224.tflite]
Use xnnpack: [1]
Loaded model mobilenet_v1_1.0_224.tflite
INFO: Created TensorFlow Lite XNNPACK delegate for CPU.
Explicitly applied XNNPACK delegate, and the model graph will be partially executed by the delegate w/ 2 delegate kernels.
The input model file size (MB): 16.9008
Initialized session in 28.866ms.
Running benchmark for at least 1 iterations and at least 0.5 seconds but terminate if exceeding 150 seconds.
count=27 first=23846 curr=18640 min=18582 max=23846 avg=19019.8 std=965

Running benchmark for at least 50 iterations and at least 1 seconds but terminate if exceeding 150 seconds.
count=54 first=18907 curr=18643 min=18507 max=19369 avg=18773.3 std=190

Inference timings in us: Init: 28866, First inference: 23846, Warmup (avg): 19019.8, Inference (avg): 18773.3
```

图 13.7

对比图 13.6 和图 13.7，平均推理时间由 69.74ms 缩减到 18.77ms，这说明在 mobilenet_v1_1.0_224.tflite 模型上使用 XNNPACK delegate 进行推理加速后速度提升了 2.72 倍。

注意：使用 XNNPACK delegate 进行推理加速，目前不支持量化模型。

另外，TFlite 还提供了 nnapi、OpenGL 等的加速方案对推理进行加速，可以在 CMakeLists.txt 中查看对应的编译开关。

在 TensorFlow 2.4 中，lite 的 CMakeLists.txt 文件默认编译的是静态库，在开发与版本升级维护中，静态库的使用并不是很方便。如果想编译动态库，需要手动修改 CMakeLists.txt 文件，在 tensorflow-lite 后面增加 SHARED 字段，最后生成的即为动态库。

```
#TFLite library
add_library(tensorflow-lite SHARED
  ${TFLITE_CORE_API_SRCS}
  ${TFLITE_CORE_SRCS}
  ${TFLITE_C_SRCS}
  ...
)
```

重新执行 cmake 命令，最终会在编译目录下的 Release 文件夹中生成动态库 tensorflow-lite.dll。用户可以使用 dumpbin 命令查看该动态库的导出符号。

```
dumpbin tensorflow-lite.dll /EXPORTS
```

查看导出符号的结果如图 13.8 所示。

```
D:\tflite_test\bin>dumpbin tensorflow-lited.dll /EXPORTS
Microsoft (R) COFF/PE Dumper Version 14.24.28314.0
Copyright (C) Microsoft Corporation.  All rights reserved.


Dump of file tensorflow-lited.dll

File Type: DLL

  Section contains the following exports for tensorflow-lite.dll

    00000000 characteristics
    FFFFFFFF time date stamp
        0.00 version
           1 ordinal base
          32 number of functions
          32 number of names

    ordinal hint RVA      name

          1    0 0000EC7D TfLiteInterpreterAllocateTensors = @ILT+56440(TfLiteInterpreterAllocateTensors)
          2    1 0000FA5B TfLiteInterpreterCreate = @ILT+59990(TfLiteInterpreterCreate)
          3    2 0000D562 TfLiteInterpreterCreateWithSelectedOps = @ILT+50525(TfLiteInterpreterCreateWithSelectedOps)
          4    3 00008BD9 TfLiteInterpreterDelete = @ILT+31700(TfLiteInterpreterDelete)
          5    4 00007F27 TfLiteInterpreterGetInputTensor = @ILT+28450(TfLiteInterpreterGetInputTensor)
          6    5 0001CD87 TfLiteInterpreterGetInputTensorCount = @ILT+114050(TfLiteInterpreterGetInputTensorCount)
          7    6 000076F8 TfLiteInterpreterGetOutputTensor = @ILT+26355(TfLiteInterpreterGetOutputTensor)
          8    7 00003E13 TfLiteInterpreterGetOutputTensorCount = @ILT+11790(TfLiteInterpreterGetOutputTensorCount)
          9    8 0000FAB0 TfLiteInterpreterInvoke = @ILT+60075(TfLiteInterpreterInvoke)
         10    9 0001ACC6 TfLiteInterpreterOptionsAddBuiltinOp = @ILT+105665(TfLiteInterpreterOptionsAddBuiltinOp)
         11    A 000170E9 TfLiteInterpreterOptionsAddCustomOp = @ILT+90340(TfLiteInterpreterOptionsAddCustomOp)
         12    B 00003517 TfLiteInterpreterOptionsAddDelegate = @ILT+9490(TfLiteInterpreterOptionsAddDelegate)
         13    C 0001A181 TfLiteInterpreterOptionsCreate = @ILT+102780(TfLiteInterpreterOptionsCreate)
         14    D 00009142 TfLiteInterpreterOptionsDelete = @ILT+33085(TfLiteInterpreterOptionsDelete)
         15    E 0001C8FF TfLiteInterpreterOptionsSetErrorReporter = @ILT+112890(TfLiteInterpreterOptionsSetErrorReporter)
         16    F 0000D1A7 TfLiteInterpreterOptionsSetNumThreads = @ILT+49570(TfLiteInterpreterOptionsSetNumThreads)
         17   10 0000FCD6 TfLiteInterpreterOptionsSetUseNNAPI = @ILT+60625(TfLiteInterpreterOptionsSetUseNNAPI)
         18   11 0000DF5D TfLiteInterpreterResetVariableTensors = @ILT+53080(TfLiteInterpreterResetVariableTensors)
         19   12 00009DEA TfLiteInterpreterResizeInputTensor = @ILT+36325(TfLiteInterpreterResizeInputTensor)
         20   13 000081C0 TfLiteModelCreate = @ILT+29115(TfLiteModelCreate)
         21   14 00003706 TfLiteModelCreateFromFile = @ILT+9985(TfLiteModelCreateFromFile)
         22   15 00002FC2 TfLiteModelDelete = @ILT+8125(TfLiteModelDelete)
         23   16 0001B15D TfLiteTensorByteSize = @ILT+106840(TfLiteTensorByteSize)
         24   17 000048A4 TfLiteTensorCopyFromBuffer = @ILT+14495(TfLiteTensorCopyFromBuffer)
         25   18 00017DD2 TfLiteTensorCopyToBuffer = @ILT+93645(TfLiteTensorCopyToBuffer)
         26   19 0001A014 TfLiteTensorData = @ILT+102415(TfLiteTensorData)
         27   1A 0000278E TfLiteTensorDim = @ILT+6025(TfLiteTensorDim)
         28   1B 00001CDA TfLiteTensorName = @ILT+3285(TfLiteTensorName)
         29   1C 00010073 TfLiteTensorNumDims = @ILT+61550(TfLiteTensorNumDims)
         30   1D 0000628F TfLiteTensorQuantizationParams = @ILT+21130(TfLiteTensorQuantizationParams)
         31   1E 00002329 TfLiteTensorType = @ILT+4900(TfLiteTensorType)
         32   1F 000085F8 TfLiteVersion = @ILT+30195(TfLiteVersion)

  Summary

        1000 .00cfg
       A9000 .data
```

图 13.8

下面以 CIFAR-10 的项目为例，讲解一下调用 tensorflow-lite.dll 实现推理的过程。本案例使用 VS2019 进行开发。

1. 编写推理代码

本案例通过编写 CMakeLists.txt 的方法组织代码结构，也可以使用 VS2019 新建项目的方法。

首先新建测试文件夹 tflite_test，新建推理代码文件 CIFAR-10.h 和 CIFAR-10.cpp，并添加类 CIFAR-10，这个类将作为 CIFAR-10 推理过程开发的类。

在项目文件夹下新建文件夹 include、lib 和 bin，将 TFlite 2.4 中的对外接口头文件（tensorflow\tensorflow\lite\c）复制到项目路径下，如图 13.9 所示。

(D:) › tflite_test › include › tflite

名称	修改日期	类型	大小
builtin_op_data.h	2020/12/10 15:29	C++ Header file	12 KB
builtin_ops.h	2020/11/7 9:46	C++ Header file	6 KB
c_api.h	2020/12/4 10:00	C++ Header file	12 KB
c_api_experimental.h	2020/12/10 15:29	C++ Header file	6 KB
c_api_internal.h	2020/12/4 10:00	C++ Header file	6 KB
common.h	2020/12/4 10:00	C++ Header file	40 KB

图 13.9

将 tensorflow-lite.lib 文件复制到 lib 文件夹下，tensorflow-lite.dll 文件复制到 bin 文件夹下，若编译的为 Debug 的库，则可以将对应的 tensorflow-lite.pdb 文件复制到 lib 文件夹下，方便进入源码调试。同理需要将 OpenCV 的库复制到对应的路径下。

提示：如果没有 VS2019 的 OpenCV 库，可以在进阶必备中查看编译方法。

在模型部署的过程中，最重要的两个步骤就是初始化和推理，初始化负责加载模型，推理负责使用加载的模型进行功能推理得到最终结果。因此，在 CIFAR-10.h 文件 CIFAR-10 的类中添加初始化和推理的接口，代码如下：

```
#pragma once
#include <iostream>
#include "tflite/c_API.h"
#include "tflite/c_API_experimental.h"
#include "tflite/builtin_op_data.h"
#include "opencv2/opencv.hpp"
```

```
class CIFAR-10
{
public:
    CIFAR-10();                                            //构造函数
    ~CIFAR-10();                                           //析构函数
    int init(std::string model_path);                      //初始化
    int inference(std::string img_path, int& result);      //推理

private:
    TfLiteInterpreter* m_interpreter;                      //TFlite 的解释器
};
```

CIFAR-10 类的具体实现在 CIFAR-10.cpp 文件中，下面先给出 CIFAR-10.cpp 文件的内容，然后就其中的细节做具体的分析。

```
#include "CIFAR-10.h"

CIFAR-10::CIFAR-10() {
}

CIFAR-10::~CIFAR-10() {
}

int CIFAR-10::init(std::string model_path) {
    TfLiteModel* model = TfLiteModelCreateFromFile(model_path.c_str());    //创建模型
    if (!model) {
        return -1;
    }
    TfLiteInterpreterOptions* option = TfLiteInterpreterOptionsCreate();
    if (!option) {
        return -2;
    }
    m_interpreter = TfLiteInterpreterCreate(model, option);   //创建解释器
    if (!m_interpreter) {
        return -3;
    }
    return 0;
}
int CIFAR-10::inference(std::string img_path, int& result) {
    cv::Mat src_img = cv::imread(img_path);
    cv::Mat img;
    cv::cvtColor(src_img, img, cv::COLOR_BGR2RGB);
    int img_size = img.rows * img.cols * img.channels();
    int size_arr[] = { 1, img.rows, img.cols, img.channels() };
```

```
    //处理输入张量
    TfLiteInterpreterResizeInputTensor(m_interpreter, 0, size_arr, 4);
    if (TfLiteInterpreterAllocateTensors(m_interpreter) != kTfLiteOk) {
        return -1;
    }

    auto input_tensor_count = TfLiteInterpreterGetInputTensorCount(m_interpreter);
    TfLiteTensor* input_tensor = TfLiteInterpreterGetInputTensor(m_interpreter, 0);
    int copy_size = img_size * sizeof(float);
    std::copy_n(img.data, copy_size, input_tensor->data.raw);

    //执行推理
    if (TfLiteInterpreterInvoke(m_interpreter) != kTfLiteOk) {
        return -2;
    }

    //获取输出张量
    int output_count = TfLiteInterpreterGetOutputTensorCount(m_interpreter);
    const TfLiteTensor* out_tensor = TfLiteInterpreterGetOutputTensor(m_interpreter, 0);
    TfLiteIntArray* out_shape = out_tensor->dims;
    int num_element = 1;
    for (int i = 0; i < out_shape->size; i++) {
        num_element *= out_shape->data[i];
    }

    //输出转换
    std::vector<float> probs;
    for (int i = 0; i < num_element; i++) {
        probs.emplace_back(out_tensor->data.f[i]);
    }
    if (probs.empty()) {
        return -3;
    }
    int maxIndex = 0;
    float maxScore = probs[0];
    for (size_t i = 1; i < probs.size(); i++)  {
        if (probs[i] > maxScore)  {
            maxIndex = i;           //得分最高的类别
            maxScore = probs[i];    //最高得分
        }
    }
    result = maxIndex;
    return 0;
}
```

下面对 CIFAR-10.cpp 文件的内容做深入的解析。

CIFAR-10 类有 4 个成员函数，其中的构造函数和析构函数就不做说明了，另外两个函数就是初始化函数 init 和推理过程函数 inference，还有一个成员变量就是推理需要的解释器 m_interpreter。

1）init

init 接口是为推理做准备的，主要是通过模型创建推理所需要的解释器，其中的参数传入的就是模型的所在路径。有了模型路径，通过 TfLiteModelCreateFromFile 从文件中创建 TfliteModel 对象，TfliteModel 类结构为模型存储结构。

```
TfLiteModel* model = TfLiteModelCreateFromFile(model_path.c_str());    //创建模型
```

在模型推理的过程中，会有一些参数的配置，这些参数的配置就是通过 TfLiteInterpreterOptions 来配置的。

```
TfLiteInterpreterOptions* option = TfLiteInterpreterOptionsCreate();
```

例如，可以通过“option->use_nnapi = true;”的设置使用 NNAPI delegate 进行模型推理加速，通过“option->num_threads = 4;”的设置使用 4 个线程进行推理等。

这样就可以通过模型对象和解释器选项来创建解释器，用于模型的推理。

```
m_interpreter = TfLiteInterpreterCreate(model, option);    //创建解释器
```

2）inference

inference 接口传入了两个参数，img_path 和 result，其中 img_path 是需要使用 CIFAR-10 模型识别的图片路径，经过推理，最终的结果转换为识别的类别索引 index，通过 result 函数传回。

inference 接口分为以下几个部分：

（1）读取图像并预处理。

```
cv::Mat src_img = cv::imread(img_path);
cv::Mat img;
cv::cvtColor(src_img, img, cv::COLOR_BGR2RGB);
```

这里就是从输入的图片路径中读取图像，然后存储到 OpenCV 的 Mat 结构中。

（2）给输入张量分配内存，并将图像数据传入到输入张量中。

```
TfLiteInterpreterResizeInputTensor(m_interpreter, 0, size_arr, 4);
if (TfLiteInterpreterAllocateTensors(m_interpreter) != kTfLiteOk) {
      return -1;
}

auto input_tensor_count = TfLiteInterpreterGetInputTensorCount(m_interpreter);
```

```
TfLiteTensor* input_tensor = TfLiteInterpreterGetInputTensor(m_interpreter, 0);
int copy_size = img_size * sizeof(float);
std::copy_n(img.data, copy_size, input_tensor->data.raw);
```

TfLiteInterpreterResizeInputTensor 可以按照输入图像调整输入张量的大小，TfLiteInterpreterAllocateTensors 负责给输入张量分配内存。

调用 TfLiteInterpreterGetInputTensorCount 接口可以获取模型输入的数量，在对模型熟悉的情况下这个调用暂时没有用处。

TfLiteInterpreterGetInputTensor 可以获取输入张量，传入两个参数。第一个参数是解释器，第二个参数是获取的输入张量的索引（index），即获取第几个输入，index 是从 0 开始计算的。

最后通过 copy_n 函数将输入图像的数据传到输入张量中去，用于后续的推理。

（3）模型推理。

模型推理是通过 TfLiteInterpreterInvoke(m_interpreter)接口调用来执行的，根据输入数据，推理得到最终的结果。

（4）获取输出张量。

```
//获取输出张量的数量
int output_count = TfLiteInterpreterGetOutputTensorCount(m_interpreter);
//获取第 0 个输出张量
const TfLiteTensor* out_tensor = TfLiteInterpreterGetOutputTensor(m_interpreter, 0);
TfLiteIntArray* out_shape = out_tensor->dims;          //获取输出张量的形状
int num_element = 1;                                   //获取输出张量中的元素个数
for (int i = 0; i < out_shape->size; i++) {
  num_element *= out_shape->data[i];
}
```

TfLiteInterpreterGetOutputTensorCount 可以获取有多少个输出张量，如果对模型熟悉且模型输出张量的数量固定也可以不用去获取。

和获取输入张量类似，TfLiteInterpreterGetOutputTensor(m_interpreter, 0)可以获取第 0 个输出张量，因为本模型只有一个输出所以只需要获取 index 为 0 的输出张量。

out_shape 就是获取输出的张量的维度，根据维度得到输出数据的元素的个数。

（5）输出转换。

CIFAR-10 图像识别总共是 10 个类别，最终的预测输出是 10 个类别的得分，所以需要找到得分最高的类别的 index，这个 index 对应着类别标签就可以得到最终的图片识别结果。

CIFAR-10 图像识别的标签为 airplane、automobile、bird、cat、dear、dog、frog、horse、ship、truck，因而若得分最高的 index 为 0，则识别结果为 airplane；若得分最高的 index 为 9，则识别结果为 truck。

2. 编写测试代码

有了推理过程，接下来就可以写一个测试代码看看调用过程，测试代码相对比较简单，就是调用 CIFAR-10 的类进行初始化和推理，得到最终的结果 index。

测试代码文件命名为 tflite_test.cpp，代码如下：

```
#include <iostream>
#include "CIFAR-10.h"

int main()
{
    std::string labels[10] = { "airplane", "automobile", "bird", "cat", "dear", "dog", "frog",
"horse", "ship", "truck" };
    CIFAR-10 obj;
    obj.init("D:/tflite_test/CIFAR-10.tflite");           //参数为模型路径
    int result = -1;
    obj.inference("D:/tflite_test/cat.jpg", result);      //参数传入待识别图像路径
    std::cout << "predict result: " << labels[result] << std::endl;
}
```

3. 编写 CMakeLists.txt

编写 Cmake 脚本文件 CMakeLists.txt，用于生成项目工程文件（用户可以使用 VS2019 创建项目工程，但是使用 Cmake 脚本便于项目管理），脚本内容如下：

```
CMAKE_MINIMUM_REQUIRED(VERSION 3.16)            #最低的 CMake 版本要求
PROJECT(tflite_test)                            #定义工程名称
SET_PROPERTY(GLOBAL PROPERTY USE_FOLDERS ON)
INCLUDE_DIRECTORIES(                            #头文件
    ${PROJECT_SOURCE_DIR}/include
    )

SET(TFLITE_TEST_SOURCE_FILES                    #参与编译的代码
    CIFAR-10.cpp
    tflite_test.cpp
    )

if (CMAKE_BUILD_TYPE MATCHES "Release")
    SET(LINK_LIB_LIST                       #库链接
        ${PROJECT_SOURCE_DIR}/libs/OpenCV_world401.lib
```

```
        ${PROJECT_SOURCE_DIR}/libs/tensorflow-lite.lib
    )
else()
    SET(LINK_LIB_LIST
        ${PROJECT_SOURCE_DIR}/libs/OpenCV_world401d.lib
        ${PROJECT_SOURCE_DIR}/libs/tensorflow-lited.lib
    )
endif()

link_libraries(${LINK_LIB_LIST})

ADD_EXECUTABLE(tflite_test ${TFLITE_TEST_SOURCE_FILES})   #编译可执行文件

#编译输出的 exe 文件名为 tflite_test.exe
SET_TARGET_PROPERTIES(tflite_test PROPERTIES OUTPUT_NAME "tflite_test")
if (CMAKE_BUILD_TYPE MATCHES "Release")                    #将动态库文件复制到对应的路径下
    file(COPY  "${PROJECT_SOURCE_DIR}/bin/OpenCV_world401.dll" DESTINATION
"${EXECUTABLE_OUTPUT_PATH}/Release/")
    file(COPY  "${PROJECT_SOURCE_DIR}/bin/tensorflow-lite.dll" DESTINATION
"${EXECUTABLE_OUTPUT_PATH}/Release/")
else()
    file(COPY  "${PROJECT_SOURCE_DIR}/bin/OpenCV_world401d.dll" DESTINATION
"${EXECUTABLE_OUTPUT_PATH}/Debug/")
    file(COPY  "${PROJECT_SOURCE_DIR}/bin/tensorflow-lite.dll" DESTINATION
"${EXECUTABLE_OUTPUT_PATH}/Debug/")
endif()
```

4. 使用 CMake 编译项目

在 tflite_test 路径下新建文件夹 build，打开 Developer Command Prompt for VS2019，进入到 build 路径下，使用如下命令，可以编译本项目，结果如图 13.10 所示。

```
cmake ../ -DCMAKE_BUILD_TYPE=Release
```

编译选项-DCMAKE_BUILD_TYPE=Release 指定编译 Release 版本，若想生成 Debug 则编译选项指定为-DCMAKE_BUILD_TYPE=Debug。

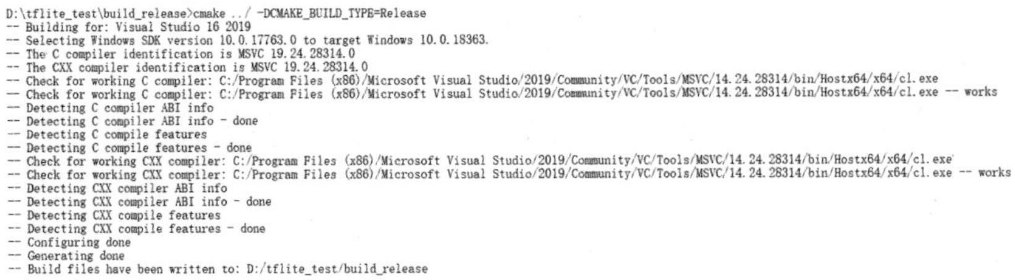

```
D:\tflite_test\build_release>cmake ../ -DCMAKE_BUILD_TYPE=Release
-- Building for: Visual Studio 16 2019
-- Selecting Windows SDK version 10.0.17763.0 to target Windows 10.0.18363.
-- The C compiler identification is MSVC 19.24.28314.0
-- The CXX compiler identification is MSVC 19.24.28314.0
-- Check for working C compiler: C:/Program Files (x86)/Microsoft Visual Studio/2019/Community/VC/Tools/MSVC/14.24.28314/bin/Hostx64/x64/cl.exe
-- Check for working C compiler: C:/Program Files (x86)/Microsoft Visual Studio/2019/Community/VC/Tools/MSVC/14.24.28314/bin/Hostx64/x64/cl.exe -- works
-- Detecting C compiler ABI info
-- Detecting C compiler ABI info - done
-- Detecting C compile features
-- Detecting C compile features - done
-- Check for working CXX compiler: C:/Program Files (x86)/Microsoft Visual Studio/2019/Community/VC/Tools/MSVC/14.24.28314/bin/Hostx64/x64/cl.exe
-- Check for working CXX compiler: C:/Program Files (x86)/Microsoft Visual Studio/2019/Community/VC/Tools/MSVC/14.24.28314/bin/Hostx64/x64/cl.exe -- works
-- Detecting CXX compiler ABI info
-- Detecting CXX compiler ABI info - done
-- Detecting CXX compile features
-- Detecting CXX compile features - done
-- Configuring done
-- Generating done
-- Build files have been written to: D:/tflite_test/build_release
```

图 13.10

显示“Generating done”说明项目工程文件生成成功，如图 13.11 所示。

名称	修改日期	类型	大小
.vs	2020/12/11 17:25	文件夹	
CMakeFiles	2020/12/11 17:26	文件夹	
Release	2020/12/11 17:26	文件夹	
tflite_test.dir	2020/12/11 17:26	文件夹	
x64	2020/12/11 17:26	文件夹	
ALL_BUILD.vcxproj	2020/12/11 17:22	VC++ Project	38 KB
ALL_BUILD.vcxproj.filters	2020/12/11 17:22	VC++ Project Fil...	1 KB
ALL_BUILD.vcxproj.user	2020/12/11 17:26	Per-User Project...	1 KB
cmake_install.cmake	2020/12/11 17:22	CMAKE 文件	2 KB
CMakeCache.txt	2020/12/11 17:22	文本文档	14 KB
tflite_test.sln	2020/12/11 17:22	Visual Studio Sol...	4 KB
tflite_test.vcxproj	2020/12/11 17:22	VC++ Project	48 KB
tflite_test.vcxproj.filters	2020/12/11 17:22	VC++ Project Fil...	1 KB
tflite_test.vcxproj.user	2020/12/11 17:26	Per-User Project...	1 KB
ZERO_CHECK.vcxproj	2020/12/11 17:22	VC++ Project	37 KB
ZERO_CHECK.vcxproj.filters	2020/12/11 17:22	VC++ Project Fil...	1 KB

图 13.11

使用 VS2019 打开 tflite_test.sln 文件，配置 x64 和 release，就可以在图 13.11 中的 Release 目录下生成 tflite_test.exe，测试中传入的 cat.jpg 如图 13.12 所示。

图 13.12

测试结果如图 13.13 所示。

```
Microsoft Visual Studio 调试控制台
predict result: cat

D:\tflite_test\build_release\Release\tflite_test.exe (进程 9080)已退出，代码为 0。
要在调试停止时自动关闭控制台，请启用“工具”->“选项”->“调试”->“调试停止时自动关闭控制台”。
按任意键关闭此窗口. . .
```

图 13.13

注意：tensorflow-lite 的 Release 和 Debug 模式生成文件的名称相同，在部署使用中需要做好区分。

13.3.2 案例 51：Linux 平台部署

Linux 上的编译相对比较简单，在 TFlite 2.4 中，有 CMakelists.txt 文件和 MakeFile 文件，下面分别介绍一下它们在 Ubuntu 16.04 上的编译与测试。

1. 使用 CMakeLists.txt 文件编译

CMakeLists.txt 文件存储于\tensorflow\tensorflow\lite 路径下，使用 Cmake 生成项目工程文件 MakeFile，在这个过程中会下载第三方库，如 eigen 等。使用 Cmake 生成项目的命令如下：

```
cmake ./ -B ./build_x64
```

cmake 命令执行的 terminal 在 lite 目录层级下，也是 CMakeLists.txt 所在的文件夹，所以 cmake 之后的./就表示 CMakeLists.txt 在当前的文件夹，-B 指定生成的项目工程存储的路径。可以使用其他的路径，修改好对应的路径即可。

在使用 Cmake 的时候需要注意 GCC 和 G++的版本，在 GCC6.0 以下会报错：

```
undefined reference to `_kshiftli_mask64`
```

主要原因是 GCC 的版本太低，只要升级一下 GCC 版本，清除掉以前的编译结果，重新执行 cmake 命令就可以了。

在执行 cmake 命令的过程中需要从 GitLab 上下载第三方库，如果因为下载速度太慢而超时出错，可以考虑写一个脚本，不停地尝试下载。

```
for i in `seq 100`
do
  cmake  ./ -B ./build_x64
done
```

在 cmake 命令成功之后，cd build_x64 进入到 build_x64 目录下，执行 make 命令生成 libtensorflow-lite.a 文件，然后执行 make benchmark_model 命令生成测试平台工具 benchmark_model。最终在 build_x64 目录下生成的文件如图 13.14 所示。

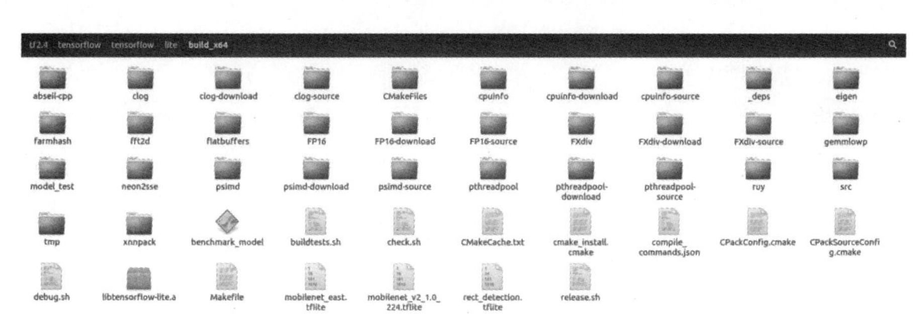

图 13.14

目录 eigen、xnnpack 等都是在执行 Cmake 命令的过程中下载的第三方库。

编译生成的二进制库文件为 benchmark_model 和 libtensorflow-lite.a，TensorFlow 提供了常见用例的优化模型，可以下载对应的用例的模型。本案例下载的是图像分类的模型 mobilenet_v1_1.0_224_quant.tflite，使用 benchmark 测试的命令如下：

```
./benchmark_model --graph=mobilenet_v1_1.0_224_quant.tflite
```

测试之后的打印日志结果如图 13.15 所示。

```
STARTING!
Log parameter values verbosely: [0]
Graph: [mobilenet_v1_1.0_224_quant.tflite]
Loaded model mobilenet_v1_1.0_224_quant.tflite
The input model file size (MB): 4.27635
Initialized session in 1.515ms.
Running benchmark for at least 1 iterations and at least 0.5 seconds but termina
te if exceeding 150 seconds.
count=4 first=165138 curr=135909 min=134817 max=165138 avg=144261 std=12291

Running benchmark for at least 50 iterations and at least 1 seconds but terminat
e if exceeding 150 seconds.
count=50 first=141944 curr=138635 min=137556 max=146241 avg=141651 std=2364

Inference timings in us: Init: 1515, First inference: 165138, Warmup (avg): 1442
61, Inference (avg): 141651
Note: as the benchmark tool itself affects memory footprint, the following is on
ly APPROXIMATE to the actual memory footprint of the model at runtime. Take the
information at your discretion.
Peak memory footprint (MB): init=3.00391 overall=9.07031
```

图 13.15

从日志可以看出，有 4 轮的预热（Warmup）操作，后面的 50 轮测试，平均每一轮的推理时间为 141 651 μs。

2. 使用 MakeFile 文件编译

TFlite 的工具文件夹提供了编译相关的 build_lib.sh 等 6 个脚本及 MakeFile 文件，存储在\tensorflow\tensorflow\lite\tools\make 路径下，如图 13.16 所示。

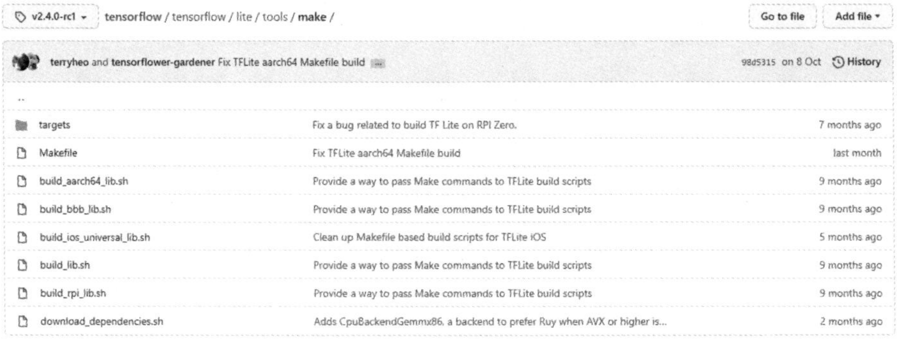

v2.4.0-rc1 tensorflow / tensorflow / lite / tools / make / Go to file Add file

terryheo and tensorflower-gardener Fix TFLite aarch64 Makefile build 98d5315 on 8 Oct History

..		
targets	Fix a bug related to build TF Lite on RPI Zero.	7 months ago
Makefile	Fix TFLite aarch64 Makefile build	last month
build_aarch64_lib.sh	Provide a way to pass Make commands to TFLite build scripts	9 months ago
build_bbb_lib.sh	Provide a way to pass Make commands to TFLite build scripts	9 months ago
build_ios_universal_lib.sh	Clean up Makefile based build scripts for TFLite iOS	5 months ago
build_lib.sh	Provide a way to pass Make commands to TFLite build scripts	9 months ago
build_rpi_lib.sh	Provide a way to pass Make commands to TFLite build scripts	9 months ago
download_dependencies.sh	Adds CpuBackendGemmx86, a backend to prefer Ruy when AVX or higher is...	2 months ago

图 13.16

如果想编译对应的平台，只需要运行对应的脚本即可。在编译之前，需要使用 download_dependencies.sh 下载依赖的第三方库，下载完成之后会存于 downloads 目录下。

打开脚本可以发现，其实这些脚本最终执行的都是该目录下的 Makefile 文件，以 build_lib.sh 为例：

```
set -x
set -e

SCRIPT_DIR="$(cd "$(dirname "${BASH_SOURCE[0]}")" && pwd)"
TENSORFLOW_DIR="${SCRIPT_DIR}/../../../.."

make -j 4 -C "${TENSORFLOW_DIR}" -f tensorflow/lite/tools/make/Makefile $@
```

在 Linux 系统下只要执行脚本 build_lib.sh 就可以了。

```
sh ./build_lib.sh
```

最终编译结果存储于/make/gen/linux_x86_64 目录下，包含 bin、lib、obj 三个文件夹，其中前面用到的 benchmark_model 就存储于 bin 目录下，libtensorflow-lite.a 存于 lib 目录下。

下面继续介绍用 CMakeLists.txt 编译动态库并调用，如 13.2.1 节中增加 SHARED 字段后在 make 的时候会报错，需要在 CMakeLists.txt 中添加如下的配置：

```
set(CMAKE_C_FLAGS "${CMAKE_C_FLAGS} -fPIC")
set(CMAKE_CXX_FLAGS "${CMAKE_CXX_FLAGS} -fPIC")
```

添加-fPIC 生成位置无关代码，在动态库编译时常用。使用前面的 Cmake 方式编译生成项目工程文件 MakeFile，然后 make 即可生成 libtensorflow-lite.so。

同理将 13.2.1 节中的 CIFAR-10.h、CIFAR-10.cpp、tflite_test.cpp 和 CMakeLists.txt 复制到 Linux x64 机器的 tflite_test 路径下，CMakeLists.txt 需要做一些修改，修改后如下：

```
CMAKE_MINIMUM_REQUIRED(VERSION 3.16)
PROJECT(tflite_test)
SET_PROPERTY(GLOBAL PROPERTY USE_FOLDERS ON)
INCLUDE_DIRECTORIES(
    ${PROJECT_SOURCE_DIR}/include
    )

SET(TFLITE_TEST_SOURCE_FILES
    CIFAR-10.cpp
    tflite_test.cpp
)

if (CPU_MIPS)
    link_directories("${CMAKE_SOURCE_DIR}/libs/mips/")
    link_libraries("opencv_world")
    link_libraries("tensorflow-lite")
endif()

if (CPU_x86_64)
    link_directories("${CMAKE_SOURCE_DIR}/libs/x86_64")
    link_directories("${CMAKE_SOURCE_DIR}/libs/x86_64")
    link_libraries("opencv_world")
    link_libraries("tensorflow-lite")
endif()

if (CPU_AARCH64)
    link_directories("${CMAKE_SOURCE_DIR}/libs/arm")
    link_directories("${CMAKE_SOURCE_DIR}/libs/arm")
    link_libraries("opencv_world")
    link_libraries("tensorflow-lite")
endif()

ADD_EXECUTABLE(tflite_test ${TFLITE_TEST_SOURCE_FILES})
SET_TARGET_PROPERTIES(tflite_test PROPERTIES OUTPUT_NAME "tflite_test")
```

将 Windows 文件复制过来时注意修改测试模型和测试图片的路径，如果使用相对路径就不存在这个问题了。修改处理完成后，在 tflite_test 路径下新建 build 文件夹，打开 terminal 进入 build 目录，使用 Cmake 生成项目工程，代码如下。

```
cmake ../ -B ./
```

对于本测试中文件较少的情况，也可以直接使用 g++命令进行编译。

```
g++ -o tfliteTest CIFAR-10.cpp tflite_test.cpp -std=c++11 -g -L. -L ../libs/x86_64  -lopencv_world
-ltensorflow-lite
```

这样就在 tflite_test 路径下生成了 tfliteTest 输出文件，执行推理的结果如图 13.17 所示。

```
xiaoling@xiaoling:~/tf_build/tflite_test$ ./tfliteTest
INFO: Created TensorFlow Lite XNNPACK delegate for CPU.
predict result: cat
xiaoling@xiaoling:~/tf_build/tflite_test$
```

图 13.17

13.3.3 案例 52：ARM 平台部署

很多公司在业务开发中会接触到国产化平台，例如，飞腾处理器使用 ARM 架构，在开发中不一定有很多的物理机或者在机器上没有搭建开发环境，此时就需要使用交叉编译的方式在 Ubuntu 等 Linux 系统下编译。

使用交叉编译的方式，首先需要搭建交叉编译环境，下载交叉编译工具链，可以通过下面的命令来实现。

（1）使用 apt-cache search aarch64 检查可用的安装版本。

```
xiaoling@xiaoling:~/aarch64$ apt-cache search aarch64
binutils-aarch64-linux-gnu - GNU binary utilities, for aarch64-linux-gnu target
cpp-5-aarch64-linux-gnu - GNU C preprocessor
cpp-aarch64-linux-gnu - GNU C preprocessor (cpp) for the arm64 architecture
g++-5-aarch64-linux-gnu - GNU C++ compiler
g++-aarch64-linux-gnu - GNU C++ compiler for the arm64 architecture
gcc-5-aarch64-linux-gnu - GNU C compiler
gcc-5-aarch64-linux-gnu-base - GCC, the GNU Compiler Collection (base package)
gcc-aarch64-linux-gnu - GNU C compiler for the arm64 architecture
...
```

可以看到 gcc-5-aarch64-linux-gnu 和 g++-5-aarch64-linux-gnu 两个编译器。

（2）安装 gcc-5-aarch64-linux-gnu 和 g++-5-aarch64-linux-gnu。

```
sudo apt-get install gcc-5-aarch64-linux-gnu
sudo apt-get install gcc-5-aarch64-linux-gnu
```

（3）安装依赖。

```
sudo apt --fix-broken install
```

（4）安装一个没有版本号的 GCC 和 G++。

```
sudo apt-get install gcc-aarch64-linux-gnu
sudo apt-get install gcc-aarch64-linux-gnu
```

（5）查看安装版本。

```
aarch64-linux-gnu-g++ -v
aarch64-linux-gnu-gcc -v
```

安装完成后，可以使用如下的验证代码进行测试，代码文件命名为 helloworld.cpp。

```
#include<iostream>
using namespace std;

int main(){
    cout << "this is aarch64 helloworld!" << endl;
    return 0;
}
```

交叉编译命令如下：

```
aarch64-linux-gnu-g++ helloworld.cpp -o helloworld
```

生成的文件通过 file 命令查看，如下所示。

```
xiaoling@xiaoling:~/aarch64$ ls
helloworld  helloworld.cpp
xiaoling@xiaoling:~/aarch64$ file helloworld
helloworld: ELF 64-bit LSB executable, ARM aarch64, version 1 (SYSV), dynamically linked,
interpreter /lib/ld-linux-aarch64.so.1, for GNU/Linux 3.7.0,
BuildID[sha1]=f12aa4740abff9bdfc55c76886a7527dcbc80119, not stripped
```

可以看到这是一个 aarch64 的可执行文件，在飞腾中标麒麟的机器上执行的结果如图 13.18 所示。

```
:~/tf2.4/test$ ls
helloworld

:~/tf2.4/test$ file helloworld
helloworld: ELF 64-bit LSB executable, ARM aarch64, version 1 (SYSV), dynamicall
y linked, interpreter /lib/ld-linux-aarch64.so.1, for GNU/Linux 3.7.0, BuildID[s
ha1]=f12aa4740abff9bdfc55c76886a7527dcbc80119, not stripped

:~/tf2.4/test$ ./helloworld
this is aarch64 helloworld!
```

图 13.18

注意：图 13.18 中隐藏了机器的用户信息，不影响结果分析，后续会有类似情况，不再做逐一说明。

从图 13.18 中可以看到，编译结果 helloworld 能够正常执行，交叉编译环境正确。

下面在 Ubuntu16.04 下交叉编译 TFlite 2.4，使用如下命令指定编译器。

```
export CC=aarch64-linux-gnu-gcc
export CXX=aarch64-linux-gnu-g++
```

在 lite 目录下执行 cmake 命令生成项目文件，需要先新建文件夹 build_aarch64。

```
cmake ./ -B ./build_arm
```

cmake 结束后显示“Generating Done”（见图 13.19），这样就生成了项目工程文件。

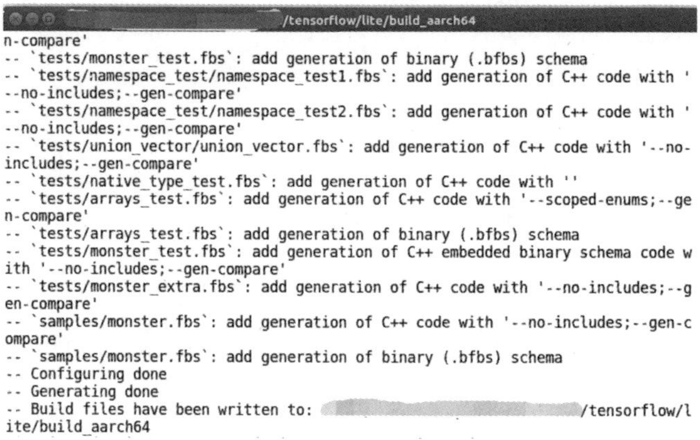

```
/tensorflow/lite/build_aarch64
n-compare'
-- `tests/monster_test.fbs`: add generation of binary (.bfbs) schema
-- `tests/namespace_test/namespace_test1.fbs`: add generation of C++ code with '
--no-includes;--gen-compare'
-- `tests/namespace_test/namespace_test2.fbs`: add generation of C++ code with '
--no-includes;--gen-compare'
-- `tests/union_vector/union_vector.fbs`: add generation of C++ code with '--no-
includes;--gen-compare'
-- `tests/native_type_test.fbs`: add generation of C++ code with ''
-- `tests/arrays_test.fbs`: add generation of C++ code with '--scoped-enums;--ge
n-compare'
-- `tests/arrays_test.fbs`: add generation of binary (.bfbs) schema
-- `tests/monster_test.fbs`: add generation of C++ embedded binary schema code w
ith '--no-includes;--gen-compare'
-- `tests/monster_extra.fbs`: add generation of C++ code with '--no-includes;--g
en-compare'
-- `samples/monster.fbs`: add generation of C++ code with '--no-includes;--gen-c
ompare'
-- `samples/monster.fbs`: add generation of binary (.bfbs) schema
-- Configuring done
-- Generating done
-- Build files have been written to: /tensorflow/l
ite/build_aarch64
```

图 13.19

make 后可以生成对应的动态库文件 libtensorflow-lite.so。

ARM 平台上推理的执行和 Linux x64 的流程一样，只是编译的命令有所差异。

如果使用 Cmake 编译项目工程文件，在执行 cmake 命令之前，需要先指定编译器。

```
export CC=aarch64-linux-gnu-gcc
export CXX=aarch64-linux-gnu-g++
```

若使用 g++编译可执行文件，则将 g++替换为交叉编译器即可。

```
aarch64-linux-gnu-g++ -o tfliteTest CIFAR-10.cpp tflite_test.cpp -std=c++11 -g -L.
-L../tflite_test/libs/x86_64  -lOpenCV_world -ltensorflow-lite
```

13.3.4 案例 53：MIPS 平台部署

在龙芯机器上使用的是 MIPS 处理器，搭建交叉编译环境，下载交叉编译工具链的过程与 ARM 类似，在此不展开说明，过程如下：

（1）apt-cache search mips64 检查可用的安装版本。

（2）安装 gcc-5-mips64-linux-gnu 和 g++-5-mips64-linux-gnu。

```
sudo apt-get install gcc-5-mips64-linux-gnuabi64
sudo apt-get install g++-5-mips64-linux-gnuabi64
```

（3）安装依赖。

```
sudo apt --fix-broken install
```

（4）安装一个没有版本号的 GCC 和 g++。

```
sudo apt-get install gcc-mips64-linux-gnuabi64
sudo apt-get install g++-mips64-linux-gnuabi64
```

（5）查看安装版本。

```
mips64-linux-gnu-g++ -v
mips64-linux-gnu-gcc -v
```

编译测试代码并查看可执行文件使用如下命令：

```
xiaoling@xiaoling:~/mips64$ mips64-linux-gnuabi64-g++ helloworld.cpp -o helloworld
xiaoling@xiaoling:~/mips64$ file helloworld
helloworld: ELF 64-bit MSB executable, MIPS, MIPS64 rel2 version 1 (SYSV), dynamically linked,
interpreter /lib64/ld.so.1, BuildID[sha1]=ec6282bf5269a43de22b621f4df20ab643986af1, for
GNU/Linux 3.2.0, not stripped
```

使用 file 命令查看编译的测试输出，可以看到输出文件的类型为 MIPS 类型。

tensorflow-lite 动态库的编译方式和 ARM 架构下的编译方式一样，通过 Cmake 方式编译生成项目工程文件 MakeFile，然后 make 后就可以生成对应的动态库文件 libtensorflow-lite.so。

如果在 MIPS 平台上使用 Cmake 编译项目工程文件，那么在执行 cmake 命令之前，需要先指定编译器。

```
export CC=mips64-linux-gnuabi64-gcc
export CXX=mips64-linux-gnuabi64-g++
```

对于测试代码，若使用 g++编译可执行文件，则将 g++替换为交叉编译器即可。

```
mips64-linux-gnuabi64-g++ -o tfliteTest CIFAR-10.cpp tflite_test.cpp -std=c++11 -g -L.
-L../tflite_test/libs/x86_64  -lOpenCV_world -ltensorflow-lite
```

其他的流程均相同，在这里不再赘述，有需要的开发者可以参考 Linux x64 和 ARM 的流程进行编译。

13.4　进阶必备：推理框架拓展与 OpenCV 编译部署

除了本书用到的 TensorFlow Lite，还有很多公司研究并开发自己的推理框架，想深入学习的用户可以根据需求自行选择。

13.4.1　其他深度学习推理框架

Google 开发的 TensorFlow Lite 在深度学习领域热度非常高，但不适合所有的公司，于是很多公司根据自己的业务或用户不同，开发了自己的深度学习推理框架，如阿里巴巴的 MNN、小米的 MACE、百度的 Paddle、腾讯的 NCNN，它们对应的框架源代码都可以在 GitHub 上下载。

如果想要使用对应的框架，可以仔细阅读项目中的 README.md 文件。以腾讯的 NCNN 为例，它是一个为手机端极致优化的高性能神经网络前向计算（推理，不能反向传播，因而不能用于训练）框架。NCNN 从设计之初就在考虑手机端的部署和使用，没有第三方依赖，支持跨平台。NCNN 目前已在腾讯多款应用中使用，如 QQ、微信等。

README 文件中说明了 NCNN 支持的系统有 Linux 等 15 种，实际的使用情况用户可以根据自己的平台进行验证。

所有推理框架的使用步骤基本一样，用户可以参考官方提供的案例学习使用，主要步骤就是框架安装、模型转换、应用开发。每个平台都有自己的优缺点，用户根据自己的业务，参考安装包的体积、算子的支持力度、文件的完成度、框架的稳定性，选择适合自己的平台使用即可。

本书选择 TFlite 是因为该框架的文档支持比较全面，当编译为动态库时库的大小可以接受，算子支持较多，而且自己封装，对外暴露接口难度较小，稳定性高。

13.4.2　OpenCV 编译

计算机视觉算法的部署必定需要用到图像处理库，不管选用哪一种图像处理库，在部署时都需要调用对应的库文件。获取库文件的第一种方法就是下载编译好的二进制库文件，对于这种方法若平台或版本不匹配则会出现不兼容的问题；第二种方法就是源码编译，如 OpenCV 有对应的开源源码，这种方法自由度高，难度也较大一些。

本书使用 OpenCV 作为图像处理库，因此本节介绍 OpenCV 在 Windows 平台上的编译，其他平台的编译方法近似。OpenCV 的编译分为以下三步。

第一步，下载 OpenCV 的源码，如图 13.20 所示。

(D:) › › opencv › opencv401 › sources ›

名称	修改日期	类型	大小
.cache	2020/11/5 15:08	文件夹	
3rdparty	2019/11/25 17:50	文件夹	
apps	2019/11/25 17:50	文件夹	
cmake	2019/11/25 17:50	文件夹	
data	2019/11/25 17:50	文件夹	
doc	2019/11/25 17:50	文件夹	
include	2019/11/25 17:50	文件夹	
modules	2019/11/25 17:50	文件夹	
platforms	2019/11/25 17:50	文件夹	
samples	2019/11/25 17:50	文件夹	
.editorconfig	2018/10/27 10:33	EDITORCONFIG ...	1 KB
CMakeLists.txt	2018/12/19 12:42	文本文档	69 KB
CONTRIBUTING.md	2018/4/11 10:35	Markdown File	1 KB
LICENSE	2018/4/11 10:35	文件	3 KB
README.md	2018/9/1 9:50	Markdown File	1 KB

图 13.20

第二步，在 source 同级路径下新建文件夹 build，打开 VS2019 的开发控制台 Developer Command Prompt for VS2019，进入 build 路径下，使用 cmake 命令编译 OpenCV 项目文件，其中 -DBUILD_SHARED_LIBS=OFF 表示关闭编译动态库而编译静态库，-DBUILD_opencv_world=ON 表示编译 opencv_world 库，这个是需要调用的 OpenCV 库。

```
cmake ../sources -B ./ -DBUILD_opencv_world=ON
```

生成的项目文件如图 13.21 所示。

名称	修改日期	类型	大小
ALL_BUILD.vcxproj	2020/12/10 12:05	VC++ Project	33 KB
ALL_BUILD.vcxproj.filters	2020/12/10 11:55	VC++ Project Fil...	1 KB
cmake_install.cmake	2020/12/10 11:55	CMAKE 文件	7 KB
cmake_uninstall.cmake	2020/12/10 11:55	CMAKE 文件	2 KB
CMakeCache.txt	2020/12/10 12:05	文本文档	240 KB
CMakeDownloadLog.txt	2020/12/10 12:05	文本文档	5 KB
CMakeVars.txt	2020/12/10 12:05	文本文档	281 KB
CPackConfig.cmake	2020/12/10 11:55	CMAKE 文件	10 KB
CPackSourceConfig.cmake	2020/12/10 11:55	CMAKE 文件	10 KB
CTestTestfile.cmake	2020/12/10 11:55	CMAKE 文件	1 KB
custom_hal.hpp	2020/12/10 11:55	C++ Header file	1 KB
cv_cpu_config.h	2020/12/10 11:55	C++ Header file	1 KB
cvconfig.h	2020/12/10 11:55	C++ Header file	5 KB
download_with_curl.sh	2020/12/10 12:05	Shell Script	2 KB
download_with_wget.sh	2020/12/10 12:05	Shell Script	1 KB
INSTALL.vcxproj	2020/12/10 11:55	VC++ Project	7 KB
INSTALL.vcxproj.filters	2020/12/10 11:55	VC++ Project Fil...	1 KB
install_manifest.txt	2020/12/10 12:58	文本文档	28 KB
OpenCV.sln	2020/12/10 12:05	Microsoft Visual...	88 KB

图 13.21

第三步，用 VS2019 打开 OpenCV.sln 的解决方案，选中解决方案生成。生成完成后，在“属性管理器”中选择“INSTALL”命令（见图 13.22），单击“生成”按钮，即可生成 OpenCV 的安装库。

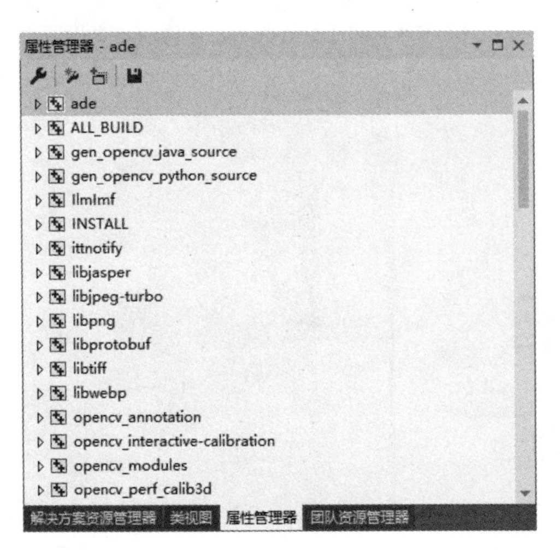

图 13.22

编译结果存储在 install 目录下，bin 目录存储编译的动态库文件，lib 目录存储对应的静态库文件，头文件存储在 include 路径下。

如果想编译 OpenCV 的静态库，可以加上编译选项-DBUILD_SHARED_LIBS=OFF，生成的静态库文件在 staticlib 文件夹路径下。

如果用户想在多种平台上进行部署，而手头上不一定有对应的机型，此时需要在工作机下交叉编译目标机型对应的开发库或可执行文件。

以工作机 Ubuntu 为例，想编译出 MIPS 机型下对应的二进制库，需要使用 Ubuntu 交叉编译 MIPS。交叉编译需要安装对应的交叉编译工具链，然后指定交叉编译工具链编译即可。

Broadview®
www.broadview.com.cn

系列书推荐

《Python机器学习算法与实战》
孙云林 余本国 著

《Python大数据分析与应用实战》
余本国 刘宁 李春报 著

《OpenCV算法快速进阶实战》
肖铃 著

《TensorFlow 2.X项目实战》
李金洪 著

扫码京东购买

《基于BERT模型的自然语言处理实战》
李金洪 著

虚位以待　我们期待你的大作
欢迎投稿：liuw@phei.com.cn

電子工業出版社
PUBLISHING HOUSE OF ELECTRONICS INDUSTRY
http://www.phei.com.cn